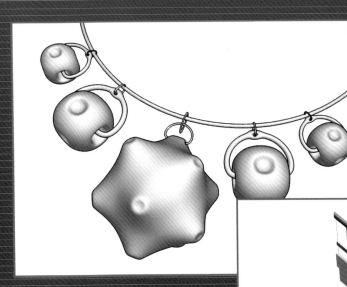

■ 项链效果（见2.4.3节）

■ 楼梯与栏杆组合效果（见3.4.2节）

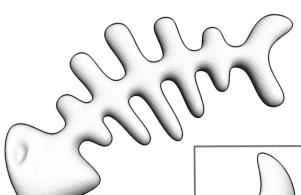

■ 弯曲修改效果（见3.6.1节）

■ 玩具鱼模型效果（见第3.7节）

■ 枕头效果（见7.5节）

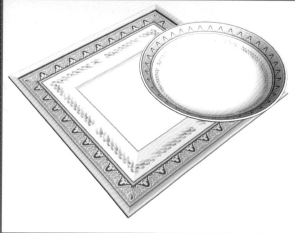

■ 盘子渲染效果（见8.5.5节）

■ 水果静物效果（见8.5.5节）

饮料罐效果（见8.6.2节）

地球效果（见8.6.3节）

卡通材质效果（见8.6.4节）

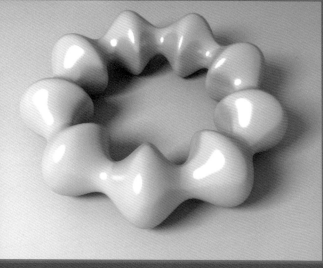

环形结渲染效果（见9.5节）

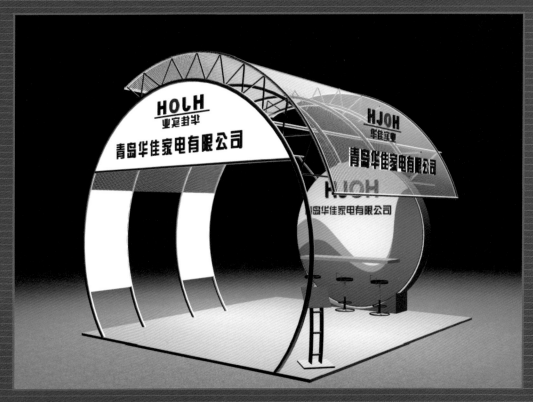

■ 展示效果（见8.7节）

■ 材质灯光效果（见10.8节）

客厅效果图1（见11.4.4节）

客厅效果图2（见11.5节）

■ 汽车建模及渲染效果1（见第12章）

■ 汽车建模及渲染效果2（见第12章）

■ 汽车建模及渲染效果3（见第12章）

■ 汽车建模及渲染效果4（见第12章）

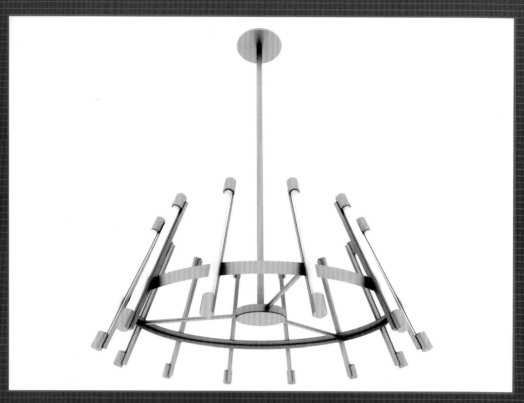

■ 灯具效果（见4.6节）

■ 自行车渲染效果（见12.3节）

21世纪高等院校数字艺术类规划教材
21st Century University Planned textbooks of Digital Art

三维建模与渲染教程
——3ds Max+V-Ray

艾萍　赵博　主编

吴登峰　丁海燕　副主编

人民邮电出版社

北　京

图书在版编目（CIP）数据

三维建模与渲染教程：3ds Max+V-Ray / 艾萍，赵
博主编. -- 北京：人民邮电出版社，2011.4
21世纪高等院校数字艺术类规划教材
ISBN 978-7-115-22716-4

Ⅰ. ①三… Ⅱ. ①艾… ②赵… Ⅲ. ①三维－动画－
图形软件，3DS MAX、VRay－高等学校－教材 Ⅳ.
①TP391.41

中国版本图书馆CIP数据核字(2011)第032244号

内 容 提 要

本书基于 3ds Max 9 中文版进行编写，共分 12 章，分别介绍了 3ds Max 9 的基础知识、建模方法与渲染插件 V-Ray 的基本用法。内容包括计算机三维图形概述、3ds Max 界面与基础操作、参数化建模、常用辅助工具、样条线建模、复合建模方式、高级多边形建模、材质与灯光基础、V-Ray 渲染器基础等。本书遵循由浅入深、命令解释与实例演示相结合的方式进行介绍，使读者能尽快掌握 3ds Max 的建模与渲染功能。

本书配有一张光盘，光盘中收录了书中实例及课后习题涉及的素材、制作结果等文件，以方便读者学习使用。

本书适合作为普通高等院校数字艺术、数字媒体、动画、游戏、计算机等专业相关课程的教材或参考书，也适合各类相关专业培训学校作为培训教材。

21 世纪高等院校数字艺术类规划教材

三维建模与渲染教程——3ds Max+V-Ray

◆ 主　　编　艾萍　赵博

　　副主编　吴登峰　丁海燕

　　责任编辑　蒋　亮

◆ 人民邮电出版社出版发行　　北京市崇文区夕照寺街 14 号

　　邮编　100061　电子函件　315@ptpress.com.cn

　　网址　http://www.ptpress.com.cn

北京铭成印刷有限公司印刷

◆ 开本：787×1092　1/16　　　　彩插：4

　　印张：20.25　　　　　　　　2011 年 4 月第 1 版

　　字数：590 千字　　　　　　　2011 年 4 月北京第 1 次印刷

ISBN 978-7-115-22716-4

定价：45.00 元（附光盘）

读者服务热线：**(010)67170985**　印装质量热线：**(010)67129223**
反盗版热线：**(010)67171154**
广告经营许可证：京崇工商广字第 0021 号

前言

3ds Max 在国内拥有大量的用户，它能稳定地运行在 Windows 操作系统中，而且易于操作，被广泛应用于三维造型设计、三维动画制作、建筑效果图设计与制作、工程设计、影视广告制作、三维游戏设计、多媒体教学等领域。

本书首先介绍 3ds Max 9 的基本功能，主要包括界面的功能划分、常用建模方式、材质、灯光的应用等，之后又介绍了 V-Ray 渲染器的使用方法与流程。本书将 3ds Max 9 的基本功能与建模、渲染功能进行了系统的归类，每类功能都是先介绍关键的知识点，再配以相应的实例进行讲解。读者只要跟随实例认真练习，就一定能够掌握各种操作及技巧。在每章的最后还设有练习题，读者可据此检验学习效果。

全书共分为 12 章，具体内容简要介绍如下。第 1 章为计算机三维图形概述，介绍计算机三维图形的发展历程、应用领域、设计制作流程、3ds Max 9 的基本介绍以及常用建模方法等基础知识；第 2 章介绍 3ds Max 9 界面与基础操作，内容包括 3ds Max 9 的界面基础操作、视图操作以及对象的选择与变换等；第 3 章介绍参数化建模，内容包括基本参数化模型的创建、常用参数化修改器的使用方式等；第 4 章介绍常用辅助工具，内容包括常用辅助工具的使用方法、对象成组操作及层管理器；第 5 章介绍样条线建模，内容包括二维图形的创建、编辑方法以及常用二维修改器的使用方法；第 6 章介绍复合建模方式，其中简要介绍常用复合建模方式，并重点介绍放样与布尔运算的使用方式；第 7 章介绍高级多边形建模，内容包括多边形建模的流程与常用参数，以及修改器的使用方式；第 8 章介绍 3ds Max 9 材质与灯光，内容包括渲染的基本概念、材质编辑器的界面、结构以及基础材质的调节方法，常用的灯光类型和使用方法，贴图及贴图坐标的设置方式；第 9 章介绍 V-Ray 渲染器，内容包括 V-Ray 渲染器的特点、灯光与材质的调节方式、渲染流程以及选项参数含义；第 10 章介绍构图与渲染，内容包括构图的基本知识、摄像机的创建与使用方法、构图与渲染输出的设置方式；第 11 章以一个完整的室内效果图的设计制作案例讲解建模、设置材质与灯光、渲染与输出的流程；第 12 章以一个复杂的汽车模型制作案例讲解多边形建模的流程与方式。

本书适合作为普通高等院校数字艺术、数字媒体、动画、游戏、计算机等专业相关课程的教材或参考书，也适合各类相关专业培训学校作为培训教材。

为了方便读者学习，本书附带了一张光盘，其中按章收录了各章中所用到的主要场景、贴图文件及最终结果线框文件，收录了书中对应章节一些插图的彩色效果图，按章收录了课后习题中的场景、贴图文件及最终结果线框文件。

本书由艾萍、赵博任主编，吴登峰、丁海燕任副主编，参加编写工作的还有沈精虎、黄业清、宋一兵、谭雪松、向先波、冯辉、郭英文、计晓明、董彩霞、滕玲、田晓芳、管振起等。

由于编者水平有限，书中难免存在疏漏之处，敬请广大读者指正。

编　者
2010 年 10 月

目录

三维建模与渲染教程
——3ds Max+V-Ray

第1章 计算机三维图形概述

计算机三维图形是在计算机和特殊三维软件帮助下创造的艺术作品。一般来讲，该术语可指代创造这些图形的过程，或者三维计算机图形技术的研究领域及其相关技术。

3ds Max（原名 3D Studio Max）是由 Autodesk 公司下属的传媒娱乐部开发的基于个人计算机（personal computer，PC）平台上的功能强大的三维计算机图形软件。作为世界上应用最广泛的三维造型与动画制作软件之一，3ds Max 的功能强大，扩展性好，而且能稳定地运行在 Windows 操作系统下，易于操作，另外还有丰富的插件。完备的功能使得 3ds Max 广泛应用于影视动画、游戏开发、建筑设计、工业造型设计等领域。

【教学目标】

- 了解计算机三维图形的发展历程。
- 了解计算机三维图形及 3ds Max 的应用领域。
- 了解 3ds Max 的基本特点。
- 了解常用的三维建模方法。
- 掌握素材库的归档整理方法。

1.1 计算机三维图形的发展历程

计算机的出现对人类的影响和意义是超出想象的，人类从此进入了以数字化为代表的信息时代。在各种信息交换、传递、保存等过程中，图形图像、影像等对于人类来说是最重要的手段。通过计算机生成图形的操作称为计算机图形学（Computer Graphics）。计算机图形学作为一门建立在计算机科学、数学、物理学、心理学以及艺术等学科基础上的综合学科，主要是在 20 世纪 50 年代以后发展起来的，它是研究利用计算机技术创建和处理图形的理论、方法和技术。

随着计算机应用的普及，计算机图形学在产业、科学、电影、游戏、艺术等多个领域中起到了非常重要的作用。特别是现在，随着个人计算机上图形功能的增强，很多人都可以非常轻松地进行有关计算机图形学方面的工作。各种扣人心弦的三维游戏，震感人心的虚拟场景，质感逼真的预想效果等不断冲击着人们的感官，人类也因此跨入了一个三维时代。计算机图形学已经成为计算机科学最为活跃的领域之一，在世界范围内得到了普遍重视和快速发展。

1.1.1 计算机图形学的发展历程

计算机动画是在计算机图形学及其图形基础上发展而来的，其在 20 世纪 80 年代以前一直发展比较缓慢，主要原因是图形设备昂贵，功能简单，基于图形的应用软件缺乏。可见计算机图形硬件设备（尤其是外围设备）的发展在相当大的程度上影响着计算机图形学的发展。

1950 年，第一台图形显示器在美国麻省理工学院（MIT）的旋风 1 号计算机上配置成功，它类似于示波器的 CRT（Cathode Ray Tube，阴极射线管）显示器，可以显示一些简单的图形。1958 年美国 Calcomp 公司 [1] 将联机的数字记录仪发展成滚筒式绘图仪，GerBer 公司（美国格柏科技有限公司，是美国的一家专业生产服装及相关行业现代化生产的软件及设备的国际性大公司，主要生产服装的 CAD/CAS 全自动铺布机/CAM 全自动裁床等设备）首先将数控机床发展成平板绘图仪。由此，计算机不仅能输出数据，而且可直接输出图形。在 20 世纪 50 年代，计算机图形学处于准备和酝酿时期，称之为"被动"的图形学。

到 20 世纪 50 年代末期，MIT 林肯实验室在"旋风"计算机上开发 SAGE（半自动地面防御系统）空中防御体系第一次使用了具有指挥和控制功能的 CRT 显示器，操作者可以用笔在屏幕上指出被确定的目标。与此同时，类似的技术在设计和生产过程中也陆续得到了应用，它预示着交互式计算机图形学的诞生。

1962 年，MIT 林肯实验室的 Ivan E.Sutherland（1988 年的图灵奖获得者，因在计算机图形学方面的贡献而获奖）发表的博士论文"Sketchpad：一个人机通信的图形系统"中首先使用了术语"Computer Graphics"（缩写为 CG），并提出交互式图形学的概念，从而确定了计算机图形学作为一个崭新的科学分支的独立地位。

20 世纪 60 年代中期，美国通用汽车公司、贝尔电话实验室、洛克希德公司、麻省理工

---

[1] GTCO CalComp 有限公司成立于 1975 年，是一家领先的设计和制造厂商，业务函盖：大幅面数字化仪、桌面绘图板、宽幅扫描仪和 Intere 网络会议工具。

学院、英国剑桥大学及日本富士通信公司都开展了计算机图形学的研究。同时，挪威、法国等国家也对计算机图形学进行了研究，使计算机图形学进入了迅速发展并逐步得到广泛应用的新时期。

20 世纪 70 年代，计算机图形技术进入了实用化的阶段，许多新型、较完备的图形设备不断研制出来。小型机、工作站逐步发展，光栅扫描显示器、行式打印机、绘图仪等图形显示和输出设备相继投入使用。除了工业和军事方面的应用外，计算机图形还进入了科学研究、文化教育和企业管理等领域。计算机图形应用的发展又进一步推动了图形设备的发展。

20 世纪 80 年代中期，计算机图形设备进入了迅速发展时期，出现了带有光栅图形显示器的个人计算机和工作站，以及大量简单易用、价格便宜的基于图形的应用软件，从而进一步推动了计算机图形学的迅速发展和推广。光栅显示器上显示的图形，称之为光栅图形。光栅显示器可以看作是一个像素矩阵，在光栅显示器上显示的任何一个图形，实际上都是一些具有一种或多种颜色和灰度像素的集合。由于对一个具体的光栅显示器来说，像素个数是有限的，像素的颜色和灰度等级也是有限的，像素是有大小的，所以光栅图形只是近似的实际图形。计算机运算能力的提高，图形处理速度的加快，使得图形学的各个研究方向得到充分发展，图形学已广泛应用于动画、科学计算可视化、CAD/CAM、影视娱乐等各个领域。

20 世纪 90 年代以来，随着计算机系统、图形输入/输出设备的发展，计算机图形学朝着标准化、集成化和智能化的方向发展。国际标准化组织（ISO）公布的有关计算机图形的标准逐步完善。计算机图形学与多媒体技术、人工智能和专家系统技术的结合产生了良好的效果。科学计算的可视化、虚拟现实环境的应用给计算机图形的应用又开辟了一个更新更广的天地。

1.1.2　3ds Max 软件的发展历程

DOS 版本的 3D Studio 诞生在 20 世纪 80 年代末。在 20 世纪 90 年代以前，只有少数几种在 PC 上可以运行的渲染和动画软件。这些软件或者功能极为有限，或者价格非常昂贵，或者二者兼而有之。在 Windows NT 出现以前，工业级的 CG[1] 制作被 SGI[2] 图形工作站所垄断。

3ds Max 其前身是基于 DOS 操作系统的 3D Studio 系列软件。3D Studio Max+Windows NT 组合的出现一下子降低了 CG 制作的门槛。其首选开始运用在电脑游戏中的动画制作，后更进一步开始参与影视片的特效制作，例如《X 战警 II》、《最后的武士》等影片中的特效制作。3ds Max 对 CG 制作产生了历史性的影响，使得 CG 软件制作平台纷纷由 UNIX 工作站向基于网络的 PC 平台转移，CG 制作成本也大大降低，CG 制作应用领域由电影的高端应用进入到电视游戏等低端应用。

3ds Max 系列软件是在 Windows 系统下运行的工作站级的具有专业质量的动画和渲染软件，并具有现代 Windows 风格的界面。3ds Max 的历史版本与沿革可参见表 1-1。

---

[1] 随着以计算机为主要工具进行视觉设计和生产的一系列相关产业的形成，国际上习惯将利用计算机技术进行视觉设计和生产的领域通称为 CG。它既包括技术也包括艺术，几乎囊括了当今电脑时代中所有的视觉艺术创作活动，如平面印刷品的设计、网页设计、三维动画、影视特效、多媒体技术、以计算机辅助设计为主的建筑设计及工业造型设计等。现在 CG 的概念正在扩大，由 CG 和虚拟真实技术制作的媒体文化，都可以归于 CG 范畴，它们已经形成一个可观的经济产业。

[2] 总部设在美国加州旧金山硅谷 MOUNTAIN VIEW 的 SGI 公司（www.sgi.com）是业界高性能计算系统、复杂数据管理及可视化产品的重要提供商。它提供世界上最优秀的服务器系列以及具有超级计算能力的可视化工作站。

表 1-1 　　　　　　　　　　　　　　 **3ds Max** 的历史版本与沿革

版　　本	发布时间	说　　　明
3D Studio Max 1.0	1996 年 4 月	这是 3D Studio 系列的第一个 Windows 版本
3D Studio Max R2	1997 年 9 月	新的软件不仅具有超过以往 3D Studio Max 几倍的性能，而且还支持各种三维图形应用程序开发接口，包括 OpenGL[1] 和 Direct3D[2]。3D Studio Max 针对 Intel PentiumPro 和 Pentium Ⅱ 处理器进行了优化，特别适合 IntelPentium 多处理器系统
3D Studio Max R3	1999 年 6 月	这是带有 Kinetix 标志的最后版本
Discreet 3ds Max 4	2000 年 7 月	从 4.0 版开始，软件名称改写为小写的 3ds Max。3ds Max 4 主要在角色动画制作方面有了较大提高
Discreet 3ds Max 5	2002 年 7 月	这是第 1 个支持早先版本的插件格式的版本，3ds Max 4 的插件可以用在 3ds Max 5 上，不用重新编写。3ds Max 5 在动画制作、纹理、场景管理、建模、灯光等方面都有所提高，加入了骨头工具（Bone Tools）和重新设计的 UV 工具（UVTools）
Discreet 3ds Max 6	2003 年 7 月	主要是集成了 mentalray 渲染器
Discreet 3ds Max 7	2004 年 8 月	这个版本是基于 3ds Max 6 的核心上进化的。3ds Max 7 为了满足业内对威力强大而且使用方便的非线性动画工具的需求，集成了获奖的高级人物动作工具套件 Character studio。并且从这个版本开始，3ds Max 正式支持法线贴图技术，增加了多边形编辑修改器（Edit Poly Modifier），使动画制作更为方便和快速
Autodesk 3ds Max 8	2005 年 9 月	3ds Max 8 能够有效解决由于不断增长的 3D 工作流程的复杂性对数据管理、角色动画及其速度、性能提升的要求
Autodesk 3ds Max 9	2006 年 10 月	Autodesk 在 Siggraph 2006 User Group 大会上正式公布 3ds Max 9 与 Maya 8，首次发布包含 32 位和 64 位的版本

1.2 计算机三维图形的应用领域

　　计算机图形设计的硬件设备和软件功能不断增强，使其应用得到迅猛的发展。由于给人们提供了一种直观的信息交流的工具，计算机三维图形已被广泛地用于各个不同的领域，如影视、游戏、工业设计、科学研究、艺术、医学、广告、教育、培训、军事等。应用的需求反过来推动了图形学的发展，计算机图形已经形成了一个巨大的产业。下面介绍一些具有代表性的计算机三维图形应用领域。

1.2.1 计算机辅助设计与制造

　　计算机辅助设计（CAD）与计算机辅助制造（CAM）是计算机图形学应用最广泛、最活跃的

---

[1] 是 Open Graphics Lib 的缩写，是一套三维图形处理库，也是该领域的工业标准。计算机三维图形是指将用数据描述的三维空间通过计算转换成二维图像并显示或打印出来的技术。

[2] （是微软为提高 3D 游戏在 Win 95/98 中的显示性能而开发的显示程序。这个基于显示光栅加速引擎非常强大和复杂，它在显示满屏状态，提供多边形计算、贴图场景等优化能力）。

领域之一。目前，将计算机图形处理技术运用于大楼、汽车、飞机、轮船、宇宙飞船、计算机、纺织品以及建筑工程、机械结构和部件、电路设计、电子线路或器件等的设计和制造过程中，已成为 CAD/CAM 的总体发展趋势。

CAD 技术提供了一种强有力的工具，通过交互式的图形设备对部件进行设计和描述，产生工程略图（线框图）或者更接近实际物体的透视图等，通过迅速地将各种修改信息进行组合，用户可以自由、灵活地对图形进行实验性改动和形体显示，如图 1-1 所示。

CAM 技术在各种工业制造业中得到广泛的应用。在汽车工业、航天航空业以及船舶制造中，可以利用实体的边界模型来模拟各个独立的零部件，设计规划汽车、飞机、航天器以及轮船的表面轮廓。这些独立的表面区域和交通工具的各个零部件可以分别设计，然后采用系统集成的方式再（拟合）组装到一起，从而构成并显示整个设计实体，如图 1-2 所示。

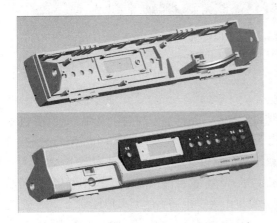

图 1-1　在 Pro/E 中进行机顶盒面板的结构设计

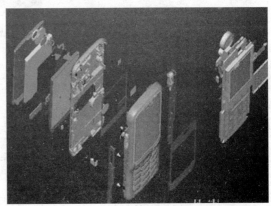

图 1-2　在 Pro/E 中实现手机的虚拟装配

1.2.2　计算机动画

计算机动画是计算机图形学和艺术相结合的产物，是伴随着计算机硬件和图形算法高速发展起来的一门高新技术。它综合利用计算机科学、艺术、数学、物理学和其他相关学科的知识，通过软件在计算机中生成绚丽多彩的连续的虚拟真实画面，给人们提供了一个充分展示个人想像力和艺术才能的新天地。在《魔鬼终结者》、《侏罗纪公园》、《玩具总动员》、《泰坦尼克》、《恐龙》等优秀电影中，我们可以充分领略到计算机动画的独特魅力，如图 1-3 所示。

传统的动画是一种胶片动画，一直被固定在二维空间。对于三维情况，如明暗处理和阴影只是偶尔考虑。而计算机动画可以生成一个虚拟的三维世界，所有的角色和景物都可以以三维的方式被创建，色、光、影、纹理和质感十分逼真，并且采用各种运动学模型，使得物体运动的计算更加准确。依据三维造型方式的不同，计算机动画可以分为刚体动画、变形动画、基于物理的动画、粒子动画、关节动画与行为动画等。

计算机动画的应用领域十分宽广，除了用来制作影视作品外，在科学研究、视觉模拟、电子游戏、工业设计、教学训练、写真仿真、过程控制、平面绘画、建筑设计等许多方面都有重要应用，如图 1-4 所示。

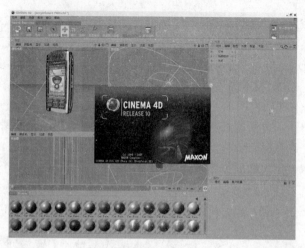

图 1-3　《玩具总动员3》电影剧照　　　　图 1-4　Cinema 4D R10 Engineering Bundle 在产品设计中的应用

1.2.3　虚拟现实技术

　　虚拟现实（Virtual Reality）也称虚拟环境或虚拟真实环境，是迅速发展的一项综合性计算机图形交互技术。它的兴起为人机交互界面的发展开创了新的研究领域，为智能工程的应用提供了新的界面工具，为各类工程的大规模的数据可视化[1]提供了新的描述方法。

　　这种技术的特点在于：由计算机产生一种人为虚拟的环境，这种虚拟的环境是通过计算机图形构成的实时三维空间，或是把其他现实环境编制到计算机中去产生逼真的"虚拟环境"，用户在其间可以"自由"地运动，随意观察周围的景物，并可以通过一些特殊的设备与虚拟物体进行交互操作，使用户产生一种身临其境的感觉，如图 1-5 和图 1-6 所示。

图 1-5　利用 VR 技术模拟产品处在不同环境下的效果　　　　图 1-6　利用 VR 技术进行方案的工程评估

1.2.4　科学计算可视化

　　科学计算可视化（Visualization in Scientific Computing）是发达国家在 20 世纪 80 年代后

---

[1] 是可视化技术在非空间数据领域的应用，使人们不再局限于通过关系数据表来观察和分析数据信息，还能以更直观的方式看到数据及其结构关系

期提出并发展起来的一个新的研究与应用领域。1987 年 2 月，美国国家科学基金会在华盛顿召开了有关科学计算机可视化的首次会议，与会者有来自计算机图形学、图像处理以及从事各种不同领域科学计算的专家。会议认为"将图形和图像技术应用于科学计算是一个全新的领域"，并指出"科学家们不仅需要分析由计算机得出的计算数据，而且需要了解在计算过程中数据的变化，而这些都需要借助于计算机图形学及图像处理技术"。会议将这一涉及多个学科的领域定名为"Visualization in Scientific Computing"，简称"Scientific Visualization"。经过 20 余年的发展，科学计算可视化理论和方法的研究已经在国际上蓬勃开展起来并开始走向应用。

目前科学计算可视化广泛应用于医学、流体力学、有限元分析、气象分析当中，如图 1-7、图 1-8 所示。尤其在医学领域，科学计算可视化有着广阔的发展前途。依靠精密机械做脑部手术、由机械人和医学专家配合做远程手术都是目前医学上很热门的课题，而这些技术的实现基础则是可视化。可视化技术将医用 CT 扫描的数据转化为三维图像，使得医生能够看到并准确地判别病人体内的患处，然后通过碰撞检测一类的技术实现手术效果的反馈，帮助医生成功完成手术。

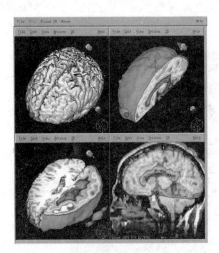　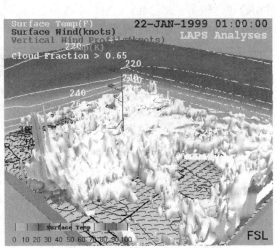

图 1-7　美国 ADAC 实验室给出的多种模态的融合图象　图 1-8　美国国家海洋和大气局预报的北克拉罗多的
天气数据的三维图象

1.3　3ds Max 的应用领域

3ds Max 是目前全球拥有用户最多的三维软件之一，应用领域十分广泛，行业分工也十分精细，尤其在三维动画、游戏、影视、建筑等领域。

在应用范围方面，拥有强大功能的 3ds Max 被广泛地应用于电视及娱乐业中，比如片头动画和视频游戏的制作。深深扎根于玩家心中的劳拉（《古墓丽影》游戏主角）角色形象就是 3ds Max 的杰作。3ds Max 在影视特效方面也有一定的应用。而在国内发展的相对比较成熟的建筑效果图和建筑动画制作中，3ds Max 的使用率更是占据了绝对优势。

不同行业对 3ds Max 的掌握程度也有不同的要求，建筑方面的应用相对来说要局限性大一些，它只要求单帧的渲染效果和环境效果，只涉及比较简单的动画；片头动画和视频游戏应用中动画占的比例很大，特别是视频游戏对角色动画的要求要高一些；影视特效方面的应用则把 3ds Max 的功能发挥到了极至。

从目前的情况来看，3ds Max 的应用主要分为以下几个领域。

1.3.1　影视广告特效

影视广告主要包括影视片头包装和影视产品广告。

影视片头包装包括影视片头动画、电视台包装等。由于电视台的增多，栏目包装变得越来越重要。片头包装其实主要以后期合成软件为主，例如 Combustion、After Effect、Premiere 等，3ds Max 一般用于制作其中的三维动画元素，如立体标志、文字以及发光、火、粒子等特效，如图 1-9 所示。

影视产品广告较片头包装要复杂很多，不仅要求质感亮丽、逼真，还涉及到复杂的建模、角色动画等。这些角色动画还常常需要与拍摄的实景进行合成。前期、后期参与的制作人员较多，可选的软件组合也比较多。3ds Max 早期版本在角色动画与渲染方面有所不足。不过随着 3ds Max 新版本功能的完善，制作这类动画现在已不成问题了。

图 1-9　影视片头包装

1.3.2　三维卡通动画

1995 年，世界上第一部完全用计算机制作的动画电影《玩具总动员》上映，该片不仅获得了破记录的票房收入，而且为电影制作开辟了一条新路。继《玩具总动员》之后，世界上掀起了三维动画片的热潮，《怪物史瑞克》、《冰河世纪》、《3D 飞屋环游记》等优秀的三维动画作品陆续上映，三维动画行业也得到了长足发展，如图 1-10 所示。除了三维动画电影之外，低精度要求的三维动画电视连续剧也在迅速发展，对于电视来说，3ds Max 可以很好地完成整个动画片的制作。

1.3.3　游戏开发

游戏开发在日本、美国、欧洲都是支柱性的娱乐产业，每年都能产生巨大的利润。3ds Max 在全球应用最广的就是游戏产业，Reactor、Character Studio（Keactor 动力学系统和 Character Studio 角色动画系统是 3ds Max 自带的高级插件模块）以及数百种插件可以给游戏开发者提供各种各样的特殊效果和工具。许多著名的游戏，如即时战略游戏"魔兽争霸Ⅲ"就是使用 3ds Max 来完成人物角色的设计与场景制作的，如图 1-11 所示。

图 1-10　怪物史莱克　　　　　　　　　图 1-11　"魔兽争霸Ⅲ"中人物及场景

1.3.4　电影电视特效

　　1993 年，斯皮尔伯格导演的《侏罗纪公园》取得了巨大的成功，采用动画特技制作的恐龙片段获得了该年度的奥斯卡最佳视觉效果奖。计算机创造出来的恐龙形象让人瞠目结舌，巨大恐龙的奔跑、跳动以及周围环境的颤动预示着恐龙复活的同时也标志了 CG 将成为未来电影产业的强大支柱。如图 1-12 所示。

　　1994 年的夏天，随着影片《阿甘正传》的上映，CG 风暴再次袭来。ILM 公司[1]的技术人员和艺术家们把影片中演员和历史上的著名人物完美的合成在同一场景中。他们还用标准的图像编辑技术制作了在战争中失去双腿的士兵形象，令人印象深刻。图 1-13 所示为《星球大战》电影海报。

图 1-12　《侏罗纪公园》电影场景　　　　　图 1-13　《星球大战》电影海报

　　电影工业对动画制作的要求很高，使用较多的是 Maya、Softimage 等软件。3ds Max 也可以达到电影级的制作水准。这个行业需要的都是高级技术人才，包括精细建模、手绘背景和贴图、插件

---

[1] 1975 年，卢卡斯成立了自己的特效公司"工业光魔"（ILM）。当时，好莱坞连特效部门都很少见。为了拍摄《星球大战》，他开创了电影特效行业。

和材质编写、高级仿真角色动画、特殊效果、大型群集场景、高精度渲染、场景匹配合成等，而且分工也越来越细。

1.3.5 建筑设计

建筑设计主要包括建筑效果图、建筑动画以及相关多媒体及 VR（虚拟现实）等。建筑效果图被广泛用于建筑设计及广告宣传等各个环节，可以直观地表达某个建筑的设计意图及最终效果等，如图 1-14 所示。还可以制作建筑景观游历动画，使预想效果更加直观、生动，如图 1-15 所示。

图 1-14　室内设计效果图

图 1-15　建筑景观游历动画

建筑设计业是国内相当巨大的产业，在这个领域中，使用最多的就是 3ds Max 软件。前期与 Autodesk 公司旗下的 AutoCAD 制图软件联系紧密，后期与平面软件 Photoshop、后期合成软件 Combustion 等相连，这种流程已经成为这个行业的惯例。

随着软件功能的不断完善，绘制建筑效果图更加快捷，并且已形成一套完整的效果图制作解决方案，现今比较流行的绘制三维建筑效果图的软件组合有以下几种。

（1）"3ds Max + Lightscape + Photoshop"组合：利用 3ds Max 制作建筑效果图的模型，然后利用 Lightscape[1] 进行渲染出图，最后使用 Photoshop 调整图像。

（2）"3ds Max + Photoshop"组合：对于某些建筑效果图，如建筑外观效果图，也可以直接利用 3ds Max 建模及渲染，然后在 Photoshop 中调整图像。

（3）"3ds Max + V-Ray + Photoshop"组合：随着 V-Ray 对于 3ds Max 的完美支持，以上两种流程已逐渐被淘汰，现在比较流行的工作流程为 3ds Max + V-Ray + Photoshop 组合，这也是比较优秀的解决方案。

下面重要介绍利用 3ds Max + Lightscape + Photoshop 组合进行建筑效果图制作的流程，示意图如图 1-16 所示，使读者对其有一个感性的认识。3ds Max + V-Ray + Photoshop 的流程则相对简单一些，与 3ds Max + Lightscape + Photoshop 的流程相似。由于 V-Ray 输出的效果图已经非常完美，所以现在的流程中往往会省去输出色块彩图与 Photoshop 调整环节。

---

[1] Lightscape 是一个独立的渲染软件，它只有渲染功能，没有建模功能，只能对已做好的三维模型渲染。一般都与建模软件 3ds Max 和 CAD 配合使用。

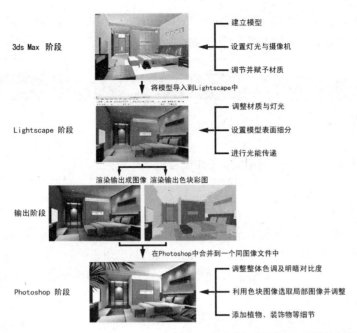

图 1-16　3ds Max + Lightscape + Photoshop 组合进行建筑效果图制作的流程

1.3.6　工业造型设计

　　3ds Max 并不是专业的工业设计软件，工业产品大多是流线型曲面，一般采用 NURBS 曲面建模软件，例如 Alias Studio 与 Rhino。使用 3ds Max 中的多边形建模只能完成外观形象设计，无法进行后期加工与生产。但是 Rhino 软件本身的渲染与材质极为简单，想要得到精美、真实的产品质感，一般会将模型导入到 3ds Max 中进行贴图与渲染，如图 1-17 所示。随着 V-Ray 这一优秀的渲染插件对 Rhino 的支持，这一项工作现在也可以完全在 Rhino 中完成。如果需要表现产品的使用方式和环境，许多设计师会使用 3ds Max 来进行虚拟现实模拟。

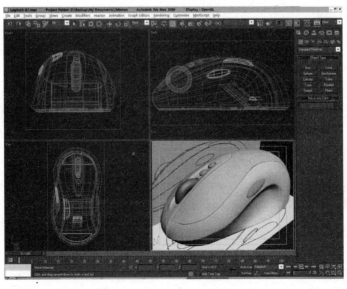

图 1-17　3ds Max 工业产品造型设计

另外，若工业产品外观建模是用于简单的效果渲染或生产加工，需要使用 NURBS 曲面建模软件；若是用于工业产品广告动画制作，需要绑定骨骼等，则最好以多边形进行建模。

1.4 计算机三维设计与制作的工作流程

计算机三维图形设计应用领域不同，工作流程也不尽相同。但是总体来说，工作流程一般主要包含以下 6 个环节。

1. 手绘构思草图

无论计算机三维图形用于何种行业，在进行实际的建模之前，最好对造型与画面构图进行规划，并勾勒简要的手绘草图。这个环节主要以手绘的方式绘制出预想图的结构素描、光影素描、手绘动漫技法、原画创作、分镜头稿等。当然。有些设计人员熟练掌握整个流程后，有时会忽略这个环节。

2. 三维建模

有了手绘草图及大概的创作思路，就进行到三维模型的创建环节，这个环节在三维软件中进行。建模的方式多种多样，到底使用何种建模方式，这取决于模型的用途。

3. 三维渲染

三维渲染这个环节也在三维软件中进行，主要包含场景布置、灯光安排、材质与贴图指定、渲染器的指定与渲染参数设定。

4. 三维动画

如果模型需要设定动画，就需要进行三维动画的创建环节。若动画只是场景游历动画，则动画的设定相对简单，只需要对摄像机指定游历路径即可；若用于影视片头的动画，设定也相对简单，主要是三维元素的空间变换与变形、摄影机等动画的设定；若设计角色动画，动画的设定就相对复杂多了，主要包括骨骼系统建立、蒙皮等。这个环节也可以在三维软件中进行。

5. 图像与动画输出

图像与动画的用途不同，输出的设定也不尽相同。这个环节也在三维软件中进行。

6. 后期处理与合成

大部分的计算机三维图形流程都包含此环节。对于建筑效果图与工业产品效果图等静帧图像，后期主要结合 Photoshop 图像处理软件对输出图像的明暗、色彩等进行调节，另外还可以添加树木、人物、汽车等元素丰富画面。对于片头动画、影视特效，则需要结合 Combustion、After Effects、Premiere 等软件进行后期合成。

1.5 3ds Max 基本介绍

3ds Max 包含多种建模手段，除了内置的几何体模型、对图形的挤压、车削、放样建模以及复合物体等基础建模外，还有多边形建模、面片建模、细分建模、NURBS 建模等高级建模。

下面先简要介绍一下 3ds Max 的一些基本特点，使读者对 3ds Max 有一个整体的认识。

1.5.1　对象类型

对象是指在三维场景中所有用创建面板创建的原始对象，对象可以被选择并编辑。3ds Max 9 中主要包含以下几种类型的对象。按下键盘的 H 键，在弹出的【选择对象】对话框中右侧【列出类型】选项栏中可以看到对象的类型，如图 1-18 所示。

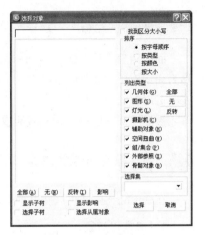

图 1-18　【选择对象】对话框

1. 几何体

几何体是指场景中的三维模型，是可被渲染的对象。几何体包括像长方体和球体这样的基本几何体，以造型更为复杂的扩展几何体，如布尔运算、放样等的复合对象，用于模拟雪、雨、灰尘等效果的粒子系统，另外还包含面片栅格、NURBS 曲面、AEC（建筑构建）扩展、动力学对象等几何体对象。

2. 图形

图形是指场景中的二维样条线。二维样条线默认是不可渲染的，可以在修改参数面板中勾选【在渲染中启用】选项使其可渲染。3ds Max 9 中的图形包括基本的样条线、扩展样条线和 NURBS 样条线。

3. 灯光

灯光用来为场景照明，是不可被渲染对象。灯光包括标准的灯光与用于全局照明的光度学灯光，如果 3ds Max 9 中安装了 V-Ray 插件，则也包含 V-Ray 灯光。

4. 摄影机

摄影机用来为输出的图像构图，可以指定渲染角度、输出范围，还可以模拟真实的相机得到各种景深效果的图像，也可以利用摄影机来创建游历动画。摄影机包括目标摄影机和自由摄影机。若安装 V-Ray 插件，则还提供了 V-Ray 的物理相机。

5. 辅助对象

辅助对象不可被渲染，主要用来在 3D 空间中指示位置、测量距离或角度、控制 3D 空间中对象的定位和对齐。辅助对象主要包括以下几种。

（1）虚拟对象：是一个中心处有基准点的立方体，没有参数，不被渲染，主要用于动画中，可以创建一个虚拟对象作为对象的父对象，当虚拟对象沿路径移动时，被约束的子对象也同步移动。

（2）点对象：是空间的一个点，由轴的三面角确定，不被渲染，有两个可修改的参数，主要用于场景中标明空间位置。

（3）卷尺对象：是用来测量对象之间距离的工具。使用方法：单击卷尺对象，在任何视图中将卷尺的三角标志放在开始拖动的起始位置，拖到终点位置后释放，就创建了一个卷尺。

（4）量角器对象：是用来测量对象之间夹角的工具。

（5）指南针对象：是用来确定平坦的星形对象上东、南、西、北位置的工具，用于日光系统。

6. 空间扭曲

空间扭曲和粒子系统是附加的建模工具。空间扭曲是使其他对象变形的"力场"，从而创建出涟漪、波浪和风吹等效果。

7. 骨骼对象

骨骼系统是骨骼对象的一个有关节的层次链接，可用于设置其他对象或层次的动画。在设置具有连续皮肤网格的角色模型的动画方面，骨骼尤为有用。

1.5.2 面向对象

面向对象编程（Object-oriented programming，OOP）是一种编写软件的抽象方法。3ds Max 被称为面向对象的软件。当用户在 3ds Max 中创建对象时，会出现与对象有关的一些选项。这些选项表明可以对对象进行什么样的操作以及每个对象具有的有效功能。只有那些对于被选对象有效的操作才被激活，其他操作则不激活或隐藏于界面之后。

1.5.3 参数化与非参数化

在 3ds Max 中，可以将几何对象分为参数化对象和非参数化对象。

1. 参数化对象

参数化是以数学方式定义的，对象的造型都基于这些参数来显示，可以在任何时候改变这些参数，使造型更新显示。3ds Max 的基本几何体与扩展几何体都是参数化对象。

参数化对象的优点是灵活，参数化对象有大量用于模型造型和动画的选项。

2. 非参数化对象

非参数化对象是指不通过参数来修改形体的对象，如多边形对象、网格对象、面片对象、NURBS 对象等。当把造型对象转化成网格对象、面片对象、NURBS 对象后，便失去了参数化本质而变成非参数化对象。

对非参数化对象不能再通过修改面板的参数来改变几何体形状，而要通过修改编辑器，或通过编辑子对象（如多边形对象的顶点、边、多边形、元素等子对象层级）以及任何参数化对象不能编辑的部分进行编辑来修改造型。

3. 塌陷

创建面板提供的所有几何体对象都是参数化的。其余所有的对象都是非参数化的。许多操作并不会删除对象的参数特性，例如为对象添加各种修改器。将参数化对象转为非参数化的操作通常称为塌陷。一般来说尽可能地保留对象的参数定义，以方便以后再次编辑。只有确信不再需要修改这些对象的参数时，才执行塌陷的操作。

1.5.4 子对象

子对象是可被选择和编辑的对象的任何组成元素，是对象几何体的子集。很多对象都有各种可供独立使用的子对象。如构成多边形的子对象可以包括顶点、边、多边形、边界与元素。非参数化对象通过编辑子对象来修改形态。

场景中的很多对象都包含子对象，在 3ds Max 中可用于编辑的子对象包括以下几种。

（1）样条线：顶点、线段和样条线。

（2）多边形对象：顶点、边、多边形、边界与元素。

（3）网格对象：顶点、边和面。

（4）面片对象：顶点、边和面片。

（5）放样对象：样条线和路径。

（6）布尔对象：运算对象。

（7）变形对象的目标。

（8）编辑修改器的 Gizmo 和中心。

（9）动画关键帧的轨迹。

图 1-19 所示为可编辑多边形对象的子对象示意图。要访问子对象，需要进入【修改器】面板。在修改器堆栈窗口中，单击修改器堆栈左侧的➕按钮可展开子对象层级，然后从该层级中选择子对象层级，如图 1-20 所示。

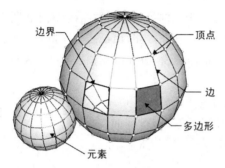

图 1-19　多边形对象的子对象

图 1-20　展开的子对象层级

1.5.5　修改器

3ds Max 提供的修改器可以对所创建的造型物体及子对象进行各种修改、调整、变形及扭曲等操作。常用修改器的使用方式参见本书 3.5 节内容的讲解。

1.6　常见三维建模方法

建模是指在场景中创建二维或三维模型的过程。三维建模是三维设计的第一步，是三维图形设计的核心和基础。3ds Max 提供了多种建模方式，选择何种建模方式不仅取决于用户喜欢如何建模，而且取决于最终建模的对象。在 3ds Max 9 中，用户可以使用任何内部建模工具或各种外挂模块或者其他兼容软件来建模，常见的建模方式如下。

1.6.1　参数化建模方法

3ds Max 提供的参数化模型是 3ds Max 三维建模技术中最基本、最简单的建模方法，是系统内部提供的、可以直接创建物体的内置模型。内置模型可以搭建简单的模型，同时也是创建复杂模型的基础。通过对内置模型的编辑可以创建出非常复杂的模型。

虽然现实世界中的各种物体形状各异，但可以归纳为标准几何体或几何体的组合和变形。从理论上说，任何复杂的物体都可以拆分成多个标准的内置模型。

以内置模型为基础的建模基本思路包括以下几个方面。

（1）简单的物体可以用内置模型类似搭积木的方法进行搭建，通过参数调整其大小、比例和位置，最后的成物体的模型。

（2）而更为复杂的物体可以先由内置模型进行搭建，再利用弯曲、扭曲等修改器进行变形操作，最后形成所需物体的模型。

（3）在基本几何体模型基础上转化为可编辑多边形或网格，在此基础上通过细分、编辑子对象调整形态的方式来创建复杂造型的模型。

1.6.2　样条线建模方法

样条线是一种插补在两个端点和两个或两个以上切向矢量之间的曲线。该术语得名于 1756 年，源自用于在建筑和船舶设计中草绘样条线的细木或金属条。3ds Max 提供了圆形、椭圆、矩形等标准几何样条线，用于自由形态的线形样条线和文本样条线。样条线建模技术在 3ds Max 中应用非常广泛。

（1）可以用样条线作为动画路径或放样建模的子对象；

（2）由 NURBS 曲线通过扫略、旋转等操作得到 NURBS 曲面；

（3）样条线经过挤压、车削等操作可以转化为三维物体。

1．创建二维图形

创建样条线的方法可以很灵活，主要有以下几种。

（1）利用 3ds Max 系统提供的图形直接创建；

（2）导入 AutoCAD、CorelDRAW、Illustrator 等软件创建的二维图形。

2．样条线的编辑

样条线的编辑是通过【编辑样条线】修改器把几何样条线转换为可编辑样条线后进行的。编辑操作包括改变形状（如改变顶点控制柄）和改变性质（如附加、布尔等）。

（1）子对象的使用：要编辑样条线形状时，必须先选择子对象的级别。样条样条线分为 3 级子对象：顶点、线段、样条线。

（2）【编辑样条线】修改器：提供了对样条线任意调整的各种工具，如【几何体】面板有子对象创建合并、顶点编辑等工具。常用工具有【创建线】、【断开】、【多重连接】、【焊接】、【连接】、【插入】、【倒圆角】、【倒直角】、【布尔运算】、【镜像】、【修剪】和【延伸】。

3．布尔运算

布尔运算是计算机图形学中描述物体结构的一个重要方法，也是 3ds Max 9 中一种特殊的生成图形的形式。布尔运算的前提是：两个形体必须是封闭样条线，且具有重合部分。布尔运算可以在二维图形和三维物体的创建上运用，其作用是通过对两个形体的并集、交集、差集运算而产生新的物体形态。并集是指两个形体相交，去掉重合部分；交集是指两个形体相交，保留重合部分；差集是指一个形体减去另一个形体，保留剩余部分。在二维图形运行布尔运算时，要求样条线必须是封闭的样条样条线，因此要把开放的样条样条线进行剪切、合并等操作，成为封闭样条线后才能进行布尔运算。

4．挤压建模

在现实世界中有许多横截面相同的物体，如立体文字、桌子、书架、浮雕、凹凸形标牌、墙面、地形表面等。这些物体都可以通过沿其截面样条线法线方向拉伸挤压得到。挤压的基本原理是以二维图形为轮廓，制作出形状相同、但厚度可调的三维模型。从理论上说，凡是沿某一个方向横截面形状不变的三维物体，都可以采用挤压建模的方法创建。

挤压建模思路：先绘制模型的截面样条线，利用样条线编辑器对图形进行修改或布尔运算；在确定拉伸高度后，使截面图形沿其法线方向进行挤压，从而生成了一个三维形体模型。挤压建模也称挤压放样，是二维图形转换为三维模型的基本方法之一。

5．车削建模

现实世界中的许多物体或物体的一部分结构是原型对称的，如花瓶、茶杯、饮料瓶以及各种柱子等。这些物体的共同点就是：可通过该物体的某一截面样条线绕中心旋转而成。

车削建模思路：先从一个轴对称物体分解出一个剖面样条线，绘制该样条线的一半，绘制时可用样条线编辑器对样条线进行修改或进行布尔运算。在确定旋转的轴向和角度后使截面样条线沿中心轴旋转，从而生成一个对称的三维模型。车削建模也称旋转放样，与挤压建模过程相似，是二维图形转为三维模型的基本方法之一。

6．放样建模

放样（loft）是一种古老而传统的造型方法。古希腊的工匠们在造船时，为了确保船体的大小，通常是先制作出主要船体的横截面，再利用支架将船体固定进行装配。横截面在支架中逐层搭高，船体的外壳则蒙在横截面的外边缘平滑过度。一般，把横截面逐渐升高的过程称为放样。

放样建模是一种将二维图形转为三维物体的造型技术，比挤压建模、车削建模应用更为广泛。它是将两个或两个以上的二维图形组合为一个三维物体，即通过一个路径对各个截面进行组合来创建三维模型。其基础技术是创建路径和截面。

在 3ds Max 中，放样至少需要两个以上的二维样条线：一个用于放样的路径，定义放样物体的深度；另一个用于放样的截面，定义放样物体的形状。路径可以是开口的也可以是闭合的图形，但必须是唯一的线段。截面也可以是开口的或闭合的样条线，在数量上没有任何限制，更灵活的是可以用一条或是一组各不相同的样条线。在放样过程中，通过截面和路径的变化可以生成复杂的模型。而挤压是放样建模的一种特例。放样建模技术可以创建极为复杂的三维模型，在三维造型中应用十分广泛。

放样有两种方法：一种是先选择截面，单击放样按钮，再单击获取路径，选择路径生成放样三维模型；另一种是先选择路径，单击放样按钮，再单击获取图形，选择图形生成放样三维模型。

在修改面板最下面的卷展栏中，3dsMax 提供了 5 种放样编辑器，利用这几种编辑器可以创建形状更为复杂的三维物体。

（1）缩放：在放样的路径上改变放样截面在 x 轴和 y 轴两个方向的尺寸。

（2）扭曲：在放样的路径上改变放样截面在 x 轴和 y 轴两个方向的扭曲角度。

（3）摇摆：在放样的路径上改变物体的角度，以达到某种变形效果。

（4）倒角：使物体的转角处圆滑。

（5）拟合：不是利用变形样条线控制变形程度，而是利用物体的顶视图和侧视图来描述物体的外表形状。

1.6.3　复合物体建模

复合物体是指各种建模类型的混合群体，也称组合形体。三维复合物体的建模技术是将已有的三维物体组合起来构成新的三维物体。

复合建模方式包括【变形】、【散布】、【一致】、【连接】、【水滴网格】、【图形合并】、【布尔】、【地形】、【放样】和【网格化】10 种方式，将在第 6 章中详细介绍。

1.6.4　网格与多边形建模

多边形建模是最为传统和经典的一种建模方式。3ds Max 中的多边形建模方法比较容易理解，非常适合初学者学习，并且在建模的过程中有更多的想象空间和可修改余地。

3ds Max 中的多边形建模主要有两个命令：可编辑网格（Editable Mesh）和可编辑多边形（Editable Poly）。几乎所有的几何体类型都可以塌陷为可编辑多边形网格，样条线也可以塌陷，封闭的样条线可以塌陷为曲面。这样就得到了多边形建模的基础形态。如果不想使用塌陷操作的话（这样被塌陷物体的修改历史就没了），还可以给它指定一个可编辑多边形修改器（Edit Poly），这是 3ds Max 7 版开始新增的功能。

可编辑网格方式建模兼容性极好，优点是制作的模型占用系统资源最少，运行速度最快，在较少的面数下也可制作较复杂的模型。它将多边形划分为三角面，可以使用编辑网格修改器或直接把物体塌陷成可编辑网格。当需要在软件之间转换数据时可以将对象转为网格对象。

可编辑多边形是后来在网格编辑基础上发展起来的一种多边形编辑技术，与编辑网格非常相似，与三角面不同的是，多边形对象的面是包含任意数目顶点的多边形。通常最好是将多边形划分为四边形的面。和编辑网格的操作方法相似。在 3ds Max 7 的时候新加入了对应的编辑多边形修改器，进一步提高了编辑效率。

可编辑多边形和可编辑网格的面板参数大都相同，但是可编辑多边形更适合模型的构建。3ds Max 几乎每一次升级都会对可编辑多边形进行技术上的提升，将它打造得更为完美，使它的很多功能都超越了编辑网格，它已成为多边形建模的主要工具。

在使用多边形方式建模时，可以以一个体开始转多边形，也可以以一个面转多边形，最后增加平滑网格修改器，进行表面的平滑和提高精度。其中涉及的技术主要是推拉表面构建基本模型，这种技法大量使用点、线、面的编辑操作，对空间控制能力要求比较高，适合创建复杂的模型。

1.6.5　面片建模

面片建模是在多边形的基础上发展而来的，但它是一种独立的模型类型，面片建模解决了多边形表面不易进行弹性编辑的难题。面片模型使用的是 Bezier[1] 面片，Bezier 面片与样条线的原理相同，同属 Bezier 方式。面片与样条样条线的不同之处在于：面片是三维的，因此控制柄有 x、y、z 3 个方向。可以使用类似编辑 Bezier 曲线的方法来编辑曲面，并可通过调整表面的控制句柄来改变面片的曲率。当创建面片模型时，可先建立由网格或点控制的平坦表面。通过修改网格点的位置，

---

[1] Bezier（贝赛尔）曲线是由法国数学家 Pierre Bezier 所发现，由此为计算机矢量图形学奠定了基础。它的主要意义在于无论是直线或曲线都能在数学上予以描述。

在表面上建立缓和的样条线。使用面片可以快速简便地建立复杂表面模型。片面建模示意效果如图 1-21 所示。

面片建模的方式主要有以下几种。

（1）可由系统提供的四边形面片或三边形面片直接创建，利用编辑面片修改器调整面片的子对象，通过拉扯顶点，调整顶点的控制柄，将一块四边形面片塑造成模型；

（2）绘制模型的基本线框，然后进入其子对象层级中编辑子对象，最后加一个曲面修改器而成三维模型，这种方式类似民间的糊灯笼、扎风筝的手工制作；

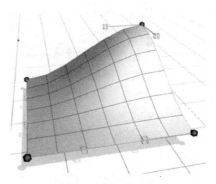

图 1-21　面片建模示意

（3）将创建好的几何模型塌陷为面片物体，但塌陷得到的面片物体结构过于复杂，而且会导致出错。

面片建模的优点是编辑顶点较少，可用较少的细节制作出光滑的物体表面和表皮的褶皱。它适合创建生物模型。

1.6.6　NURBS 曲面建模

NURBS（非均匀有理 B 样条样条线）是建立在数学原理的公式基础上的一种建模方法。它基于控制顶点调节表面曲度，自动计算出表面精度。NURBS 技术已成为设置和建模曲面的行业标准，尤其适合于使用复杂的曲线建模曲面。

事实上，现今路面上跑的所有符合空气动力学原理的流线形汽车都归功于 NURBS 技术。汽车设计者在 20 世纪 80 年代末期开始使用 NURBS 技术，它可以很快地制造和建立精确表面。NURBS工具在建立复杂弯曲表面的模型方面功能非常强大，比如汽车、面容、鞋以及恐龙等。

NURBS 曲线与样条线一样是样条曲线。但 NURBS 曲线是一种非一致性有理基本样条线，可以说是一种特殊的样条曲线，其控制更为方便，创建的物体更为平滑。若配合放样、挤压和车削操作，可以创建各种形状的曲面物体。

相对面片建模，NURBS 曲线可使用更少的控制点来表现相同的样条线，但由于曲面的表现是由曲面的算法来决定的，而 NURBS 曲线函数相对高级，因此对 PC 机的配置要求也最高。

NURBS 曲面使用 UVN 坐标来定义曲面，可以想象为平面坐标系的 XYZ 轴。UV 是曲面上一系列的纵向和横向上的点；N 则是曲面上某一点的法线方向。

NURBS 曲面有两种形式：编辑点曲面和控制点曲面。两者分别是以编辑点控制或控制点来控制线段的曲度。它们之间最大区别是：编辑点是附着在物体上，调整曲线上的点的位置使样条线形状得到调整；而控制点则位于样条线外，类似磁铁一样控制样条线的变化，控制点方式更容易调整曲线与曲面的形态。图 1-22 所示为NURBS 曲线的构成示意图。

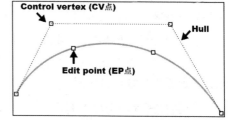

图 1-22　NURBS 曲线的构成

（1）控制点（Control point）：也叫控制顶点（Control vertex），简称 CV 点（在本书后面叙述中将直接简述为 CV 点）。CV 点位于曲线的外面。用来控制曲线的形态。

（2）编辑点（Edit point)：简称 EP 点(在本书后面叙述中将直接简述为 EP 点)。EP 点位于曲线上，也可以通过调整 EP 点来改变曲线的形态。

（3）外壳（Hull）：连接 CV 点之间的虚线。帮助观察 CV 点。

NURBS 曲线的创建方式有两种

（1）先创建样条曲线再转为 NURBS 曲线；

（2）直接创建 NURBS 曲线。

NURBS 曲面建模思路如下。

（1）先创建若干个 NURBS 曲线，然后在这些曲线基础上成所需的曲面物体。应用较多的有 U 轴放样技术和 CV 曲线车削技术。U 轴放样与样条线放样相似，先绘制物体的若干横截面的 NURBS 曲线，再用 U 轴放样工具给样条线包上表皮而形成模型；CV 曲线车削与样条线的车削相似，先绘制物体的 CV 曲线，再车削而形成模型。

（2）利用 NURBS 创建工具对一些简单的 NURBS 曲面进行修改而得到较为复杂的曲面物体。

1.6.7　其他建模技术

前面几个小节讲解的是主要的建模技术，下面介绍其他建模技术。

1．变形球建模

变形球建模是一种用连接曲面将自身连接到其他对象的对象类型。通过在一组球体之间建立表面张力来产生网格表面。当一个变形球对象在距离另一对象一定距离的范围内进行移动时，这两个对象之间就会形成连接曲面。用户可以调整一个特殊球的强度来规定它对表面产生多大的影响。变形球建模可用于建立许多复杂对象模型，比如液态金属、液体和厚而粘的物质，诸如泥、软的食品。

2．置换贴图建模

在三维建模方法中，置换贴图建模是最特别的，可以在物体或物体的某一面上进行置换贴图，以图片的灰度为依据，白凸黑不凸。

1.7　素材库的归档整理

由于材质库的来源比较琐碎，没有一个包罗万象的现成材质库，而且在日常工作中会不断地出现新的素材，因此材质库的归档整理就成了一项重要的日常工作。材质的归档整理需要一定的技巧，关键在树状目录的合理分配以及目录名的简明准确。最好不要将所有文件都放在一个目录内，这样会降低查找速度。应当将同类图片放在同一目录中，如木纹、石材、布料等。

1．在硬盘中创建专用材质分区

在日常工作中专业设计人员会频繁地使用各种材质，因此最好在其硬盘中专门划分出一个分区来，存放常用的各种材质库。

2．将整理好的素材库刻盘

随着刻录机的普及，将整理好的素材库刻盘保存已是很常见的方法。在使用这种方法整理素材库时应注意为刻好的光盘做醒目的标记，而且要统一编排盘号，细致制作彩色索引册以方便使用。

3．成品素材库分类标记

目前市面上有许多成品素材库出售，有一些制作精良，但也有一些归档不合理或不易查询。因此针对手中不同素材库应当为它们编制专门的检索表，以方便查询使用。

小结

　　本章主要介绍了计算机三维图形的发展历程，包括计算机图形学的发展历程与 3ds Max 软件的发展历程；计算机三维图形的应用领域与 3ds Max 的应用领域、3ds Max 的基本介绍与特点，常见的三维建模方式与素材库的整理技巧。通过这些介绍，希望读者对于三维建模与渲染有一个感性、笼统的认识，为后期的学习打下铺垫。

习题

简答题

1. 简述计算机三维图形的发展历程。
2. 简述计算机三维图形的应用领域与 3ds Max 的应用领域。
3. 简述 3ds Max 的基本特点。
4. 简述 3ds Max 的对象类型。
5. 简述常见的三维建模方式与素材库的整理技巧。

第 2 章

3ds Max 界面与基础操作

本章主要介绍 3ds Max 的基础知识。3ds Max 的操作比较复杂，对于没有接触过三维软件的读者来说，首先需要了解三维软件中虚拟三维空间的构成，笛卡尔空间与 3ds Max 9 视图之间的关系，分清正交视图与透视图的区别与作用，在此基础上才能逐渐掌握最基本的视图操作及物体的选择、变动、修改操作。另外还要了解常用的坐标系统等基本概念。

【教学目标】

- 掌握启动、退出 3ds Max 9 中文版系统的方法。
- 掌握基本界面操作与浮动工具栏的调用方法。
- 掌握 3ds Max 9 视图操作与控制的方法。
- 了解主工具栏中其他常用的命令按钮。
- 熟悉常用的选择对象的工具。
- 了解坐标系与物体变换 Gizmo 的含义及用法。

2.1 启动、退出软件及工作界面简介

本节主要介绍 3ds Max 9 中文版的启动与退出及其工作界面的主要构架与基本功能。

2.1.1 启动 3ds Max 9 中文版

启动某一程序的方法较多，这里着重介绍比较常用的方法。

Effect 01 ▍启动 3ds Max 9 中文版

`Step 01` 启动计算机，进入 Windows XP 操作系统。首先确认系统中正确安装了 3ds Max 9 中文版软件。

`Step 02` 单击 Windows 界面左下角的 按钮。

`Step 03` 选择【所有程序】/【Autodesk】/【Autodesk 3ds Max9 32-bit】/【3ds Max 9 32 位】命令，即可启动 3ds Max 9 中文版。

另一种启动方法是双击 Windows 桌面上的快捷按钮图标。

启动 3ds Max 9 中文版后，出现 3ds Max 9 的启动画面，如图 2-1 所示。在启动画面之后，系统还自动打开一个【欢迎屏幕】对话框，如图 2-2 所示，根据不同的分类可以观看 3ds Max 9 基本技能影片。单击 按钮可以关闭此对话框。如果在下次启动 3ds Max 9 时不想启动此对话框，可取消对【在启动时显示该对话框】选项的勾选，这样在再次启动 3ds Max 9 时就不会出现【欢迎屏幕】对话框了。在启动 3ds Max 9 后，选择菜单栏中的【帮助】/【欢迎屏幕】命令便可以打开【欢迎屏幕】对话框。

图 2-1　3ds Max 9 中文版的启动画面

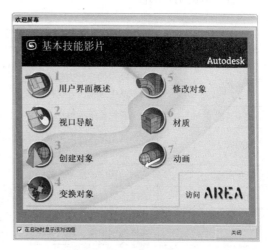

图 2-2　【欢迎屏幕】对话框

2.1.2 3ds Max 9 中文版工作界面简介

3ds Max 9 中文版采用了传统的 Windows 用户界面。3ds Max 9 中文版的界面与结构层次相对

比较复杂,初学时最好采用 3ds Max 9 中文版的默认界面。在学习 3ds Max 9 中文版前很有必要对软件的界面进行熟悉与了解。3ds Max 9 的工作界面分区结构如图 2-3 所示。下面来熟悉一下 3ds Max 9 的主界面及各部分的主要作用,具体用法将在后续章节中详细介绍。

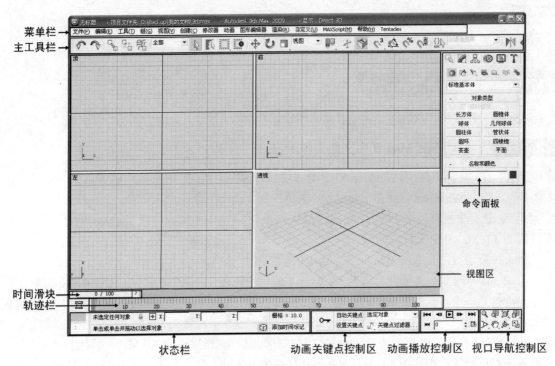

图 2-3　3ds Max 9 的主界面

各区域的主要功能与作用如表 2-1 所示。

表 2-1　　　　　　　　　　　　　各区域名称及功能简介

名　　称	功　能　简　介
菜单栏	每个菜单的标题表明该菜单上命令的用途,单击某个菜单项,即可弹出相应的下拉菜单,用户可以从中选择所要执行的命令
主工具栏	主工具栏位于菜单栏之下,它包括了常用各类工具的快捷按钮
视图区	视图区是系统界面中面积最大的区域,是主要的工作区,默认设置为 4 个视图:3 个正交视图,一个透视图
命令面板	它的结构比较复杂,内容也非常丰富,在 3ds Max 中主要在此完成各项主要工作
时间滑块	通过拖曳鼠标,可使时间滑块到达动画的某一个特定点,方便观察和设置不同时刻的动画效果
状态栏	提供有关场景和活动命令的提示和状态信息,包括:MAXScript 侦听器、对象选择状态、对象选择锁定切换、显示坐标、显示栅格设置、命令使用提示行与时间标记
轨迹栏	显示当前动画的时间总长度及关键点的设置情况
动画关键点控制区	主要用于动画的记录和动画关键点的设置,是创建动画时最常用的区域
动画播放控制区	主要用来进行动画的播放以及动画时间的控制
视口导航控制区	主要用于控制各视图的显示状态,可以方便地移动和缩放各视图

2.1.3　退出 3ds Max 9 中文版

在完成工作后，应退出 3ds Max 9 中文版。选择菜单中栏的【文件】/【退出】命令，即可退出系统。如果此时场景中文件未保存，会出现一个对话框询问是否保存更改，如图 2-4 所示。如需要将场景保存就单击 是(Y) 按钮，不保存则单击 否(N) 按钮。

退出 3ds Max 中文版还有以下两种方法。

（1）确认 3ds Max 为当前激活窗口，在键盘上按下快捷键 Alt+F4 即可。

（2）直接单击菜单界面右上角的 × 按钮，这和关闭其他的 Windows 程序一样。

图 2-4　询问对话框

2.2　界面基础操作与视图控制

熟练掌握常用的基础操作知识可以为后期学习打下良好的基础。在学习界面操作、视图控制与转换之前，需要了解三维软件中虚拟三维空间的构成，笛卡尔空间与 3ds Max 9 视图之间的关系，分清正交视图与透视图的区别与作用。

2.2.1　笛卡尔空间与视图

3ds Max 9 内置了一个几乎无限大而又全空的虚拟三维空间，这个三维空间是根据笛卡尔坐标系构成的，因此 3ds Max 9 虚拟世界中的任何一点都能够用 x、y、z 这 3 个值来精确定位，如图 2-5 所示。

x、y、z 轴中的每一根轴都是一条两端无限延伸的不可见的直线，且这 3 根轴是互相垂直的。3 根轴的交点就是虚拟三维空间的中心点，称为世界坐标系原点。每两根轴组成一个平面，包括 xy 面、yz 面和 xz 面，这 3 个平面在 3ds Max 9 中被称为"主栅格"，它们分别对应着不同的视图。在默认情况下，通过鼠标拖动方式创建模型时，都将以某个主栅格为基础进行创建。

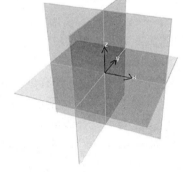

3ds Max 9 的视图区默认设置为 4 个视图，在每个视图的左上角都有视图名称标识，这 4 个视图分别是顶视图、前视图、左视图和透视图。其中顶视图、前视图和左视图为正交视图，它们能够准确地表现物体高度、宽度以及各物体之间的相对关系，而透视图则与日常生活中的观察角度相同，符合近大远小的透视原理，如图 2-6 所示。

图 2-5　笛卡尔空间中的 x、y、z 轴

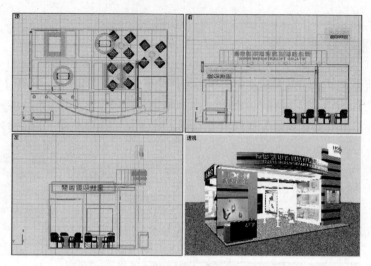

图 2-6　默认视图

2.2.2　界面基础操作

　　本小节将以一个现有的场景为例，详细介绍 3ds Max 9 中文版的界面操作、视图控制、视图转换、物体选择、物体删除以及场景重设定等操作。

> **① 要点提示**：常用的计算机显示器的屏幕分辨率一般为 1024×768，在这种显示方式下，主工具栏的按钮显示不全，只有当屏幕分辨率为 1280×1024 时主工具栏的按钮才能显示完全。

Effect 02 ┃ 3ds Max 9 中文版的界面基础操作

Step 01　选择菜单栏中的【文件】/【打开】命令，打开本书附盘 "Scenes \02\02_展示.max" 文件，这是一个展示模型场景。

Step 02　如果主工具栏中的按钮显示不完全，可将鼠标光标放在主工具栏的空白处，当鼠标光标变成 🖐 状态，按住鼠标左键向左拖曳鼠标光标，可以显示主工具栏中右侧隐藏的按钮。

Step 03　若按钮右下角有小三角，表示该按钮下面还隐藏着其他相关功能的按钮，在此类按钮上按住鼠标左键，可显示出隐藏的按钮，如图 2-7 所示。将鼠标光标移动到要选择的按钮上后，松开鼠标左键，即可选择该按钮。

图 2-7　隐藏按钮的形态

Step 04　将鼠标光标放在前视图区域内，单击鼠标右键将其激活，激活的视图边框会显示为亮黄色。在以后的章节中就将此操作简称为 "激活××视图"。

Step 05　按键盘上的 T 键，前视图便转换为顶视图，此时在视图区中就出现了两个顶视图。

Step 06　按键盘上的 F 键，将顶视图再转换为前视图。

Step 07　激活透视图，在其左上角的【透视】图标上单击鼠标右键，打开快捷菜单并选择其中的【线框】方式，如图 2-8 所示，此时透视图的显示方式便转换为线框方式，效果如图 2-9 所示，这种显示方式可以减少计算机系统负担。在以后的章节中将这一过程简述为"将某视图转换为线框显示方式"。

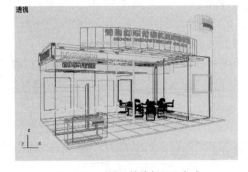

图 2-8　快捷菜单中的线框选项　　　　　图 2-9　透视图的线框显示方式

Step 08　利用相同方法，在快捷菜单中选择【平滑＋高光】项，将透视图恢复到实体显示方式，在以后的章节中将这一过程简述为"将某视图转换为平滑加高光显示方式"。其他正交视图也可以进行相同的显示方式转换。再将透视图转换为线框显示方式。

Step 09　将鼠标光标放在视图分界线的十字交叉中心点上，如图 2-10 所示，按住鼠标左键向右下方拖动视图分界线，此时右下角的透视图缩小了，而其他视图被扩大了，如图 2-11 所示。

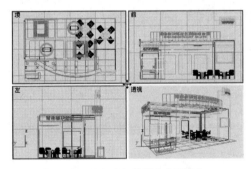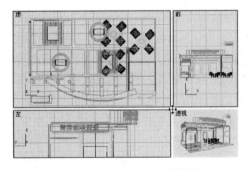

图 2-10　鼠标光标放置在分界线上　　　　　图 2-11　重新划分视图区域的结果

Step 10　在视图分界线上单击鼠标右键，选择 重置布局 按钮，恢复视图的均分状态。

Step 11　单击视口导航控制区中的 🔍（缩放）按钮，此时鼠标光标变为放大镜形态，如图 2-12 所示。在透视图中按住鼠标左键向下移动一段距离，此时透视图中的视景被推远了，如图 2-13 图所示。完成视窗缩放操作后，单击鼠标右键或按键盘上的 Esc 键退出该功能。

图 2-12　鼠标光标变为放大镜形态　　　　　图 2-13　视窗缩放操作的结果

Step 12 按下键盘的 Shift + Z 键，恢复当前视图到上一显示状态。

Step 13 在透视图中的桌椅组对象上单击鼠标左键，将其选择，在线框视图中，被选择物体呈白色线框方式显示，在实体显示方式下，被选择物体上会出现一个白色套框。

Step 14 在视图导航控制区中的 （最大化显示）按钮上按住鼠标左键不放，在弹出的按钮组中选择 （最大化显示选定对象）按钮，将桌椅组以最大化方式显示，如图 2-14 所示。

Step 15 按键盘上的 Delete 键，将其删除。

Step 16 在顶视图选择两组桌椅组对象，单击鼠标右键，在弹出的菜单中选择【孤立当前选择】选项，进入孤立模式来编辑对象。这时只会显示被选择的对象，其他对象则临时隐藏。如图 2-15 所示。

图 2-14 最大化显示桌椅

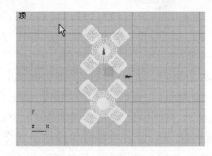
图 2-15 孤立模式

Step 17 激活前视图，单击主工具栏中的 （交叉）按钮，使其变为 （窗口）按钮形态，在前视图中按住鼠标左键进行拖曳，选择所有对象。

Step 18 按住键盘上的 Alt 键，在前视图中单击其中任意一个对象，可以取消其选择状态。

Step 19 松开键盘上的 Alt 键，在前视图中的任意空白处单击，取消所有物体的选择状态。

Step 20 单击 退出孤立模式 按钮，即可退出孤立模式。

Step 21 选择菜单栏中的【文件】/【重置】命令，弹出【场景已修改。是否保存更改？】对话框，如图 2-16 所示，单击 否(N) 按钮，不保存场景。

Step 22 在随后弹出的【确实要重置吗？】对话框中单击 是(Y) 按钮，随后系统会恢复到刚启动的界面。在以后的章节中将这一过程简述为"重新设定系统"。

图 2-16 【确实要重置吗？】对话框

2.2.3 视图控制归纳

熟练操纵视图是制作三维场景的基础。当视图切换为摄像机、灯光和透视图时，视图控制区的按钮会有所不同，如图 2-17 所示。视图导航控制区中各按钮的功能如表 2-2 所示。

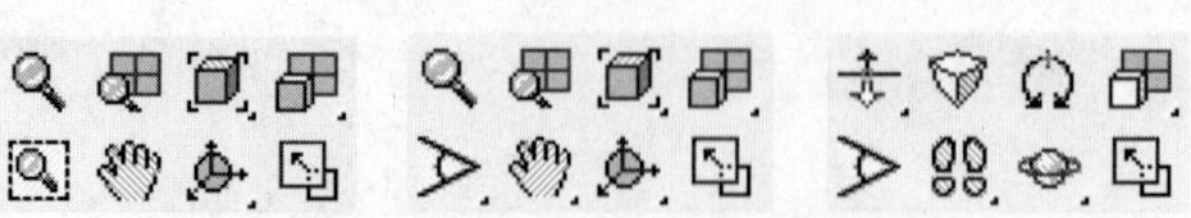

图 2-17 视图导航控制区

表 2-2 视图导航控制区按钮功能表

按钮	按钮组	名称	功能/说明	快捷键
（缩放图标）		缩放	在任意视图中按下鼠标左键不放，上下拖曳可以拉近或推远视景。若想提高缩放速度，可以在拖动鼠标的同时按下 Ctrl 键；若想减慢缩放速度，按下 Alt 键；另外，在任意工具状态下，同时按住键盘的 Ctrl + Alt 键，并按住鼠标中键拖曳，可以临时切换为【缩放】工具，该方式可以大大提高绘图速度	三键鼠标的滚轮 Alt + Z
（缩放所有视图图标）		缩放所有视图	在一个视图内进行缩放的同时，在其他所有标准视图内也同步进行缩放显示	Shift + 鼠标拖曳：可缩放除透视图外的所有视图
（最大化显示图标）	（最大化显示图标）	最大化显示	单击此按钮，当前视图中所有物体全部显示	Ctrl + Alt + Z
	（最大化显示选定对象图标）	最大化显示选定对象	单击此按钮，当前视图中被选择物体全部显示	
（所有视图最大化显示图标）	（所有视图最大化显示图标）	所有视图最大化显示	与 （图标）按钮的使用方法相同，但会影响到所有可见视图	Z
	（所有视图最大化显示选定对象图标）	所有视图最大化显示选定对象	与 （图标）按钮的使用方法相同，但会影响到所有可见视图	选定对象后，按下 Z 键
（视野图标）	（视野图标）	视野	在透视图中按住鼠标左键上下拖曳，可以改变透视图的视野参数，只在透视图中可用	Ctrl + W
	（缩放区域图标）	缩放区域	在任意视图中放大显示被框选区域	
（平移视图图标）	（平移视图图标）	平移视图	在任意视图拖动鼠标，可以平移该视图	Ctrl + P 或鼠标中键
	（穿行图标）	穿行	可通过按箭头方向键在视口中移动，类似众多第一人称视角 3D 游戏中的移动导航效果	方向键 + 鼠标左键拖曳
（弧形旋转图标）	（弧形旋转图标）	弧形旋转	单击此按钮，当前视图中会出现一个黄圈，可以在圈内、圈外或圈上的 4 个顶点上拖动鼠标光标来改变不同的视角	Ctrl + R
	（弧形旋转选定对象图标）	弧形旋转选定对象	视图围绕选定的对象旋转	
	（弧形旋转子对象图标）	弧形旋转子对象	视图围绕选定的子对象旋转	
（最大化视口切换图标）		最大化视口切换	单击此按钮，当前视图会满屏显示，再次单击它可返回到原来的状态	Alt + W

2.2.4 补充知识

1. 常用的快捷键

用户可以使用键盘的快捷键自由转换视图，常用的快捷键如下。

- T 键：顶视图
- B 键：底视图
- L 键：左视图
- U 键：用户视图
- F 键：前视图
- P 键：透视图
- C：摄影机视图

按键盘上的$\boxed{G}$键，可打开或关闭视图内的辅助网格线。

单击鼠标的左、中、右3个键都可以改变并激活视图，但是使用鼠标左键转换视图的同时也会取消对象的选取状态（若场景中有对象处于选取状态）。鼠标的中键有平移视图的功能，所以使用鼠标中间换视图的同时也会平移视图。转换视图的最佳方式通常是使用鼠标右键。

另外还有一个较好的视图显示方式：自适应降级显示，快捷键为$\boxed{O}$。当文件数据量很大，旋转、平移视图刷新跟不上时，按下键盘的$\boxed{O}$键，旋转、平移视图过程中视图将以【边界框】的方式显示对象，视图操作结束后更新为先前显示方式；若要取消该功能，再次按下键盘的$\boxed{O}$键。

2.【重置】与【退出】命令的区别

【重置】与【退出】命令的区别如下。

（1）【重置】：清除全部数据，恢复到系统的初始状态。该命令常用于制作新的场景之前的初始化操作，等同于退出系统后重新启动系统。

（2）【退出】：退出系统。执行该命令后将无法进行任何3ds Max的创建编辑操作，等同于单击屏幕右上角的$\boxed{\times}$按钮。

3.【文件加载：单位不匹配】对话框

3ds Max 9的系统单位一旦设定，就会被保存，直到出现以下两种情况才会改变。

（1）由用户再次手工设置新的系统单位，原单位设置就会失效。

（2）重新设定场景后，【显示单位比例】将还原为【通用单位】，而【系统单位比例】的设置将被保留。

打开一个与当前场景单位设置不同的新场景时，会出现如图2-18所示的【文件加载：单位不匹配】对话框，通常情况下使用【采用文件单位比例？】选项，这样将会最大限度地保持场景文件的原貌，但是原先的系统单位设置将被更改。所以在关闭这类场景之后，打开新场景之前，应该检查是否符合新场景制作要求。

【文件加载：单位不匹配】对话框中有两个选项可供选择。

（1）【按系统单位比例重缩放文件对象？】：选择此项后，系统的单位与比例则会依据所调场景的设置而定。

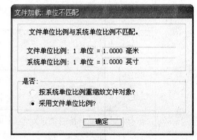

图2-18 【文件加载：单位不匹配】对话框

（2）【采用文件单位比例？】：选择此项后，被导入文件中的物体单位会依据当前场景的设置而定。

读者在打开光盘素材文件的时候，有时会遇到弹出【文件加载：单位不匹配】对话框的情况，这是由于素材文件设置的单位与系统默认单位不一致造成的。单击$\boxed{确定}$按钮，退出该对话框即可。

2.3 对象的选择

在3ds Max 9中，选择对象的工具较多，灵活使用选择工具可以大大提高制图速度。选择对象的方式有以下 3 类：利用鼠标点选、框选和按名称选择。

1．鼠标点选对象

主工具栏中的 ▹（选择对象）按钮、✛（选择并移动）按钮、↻（选择并旋转）按钮、▣（选择并均匀缩放）按钮均是通过单击鼠标选择对象。

（1）物体的加选：在已选择对象状态下，要增加其他对象的选择时，可以按住键盘上的 Ctrl 键不放，鼠标光标会变成 ▹ 形态，移动鼠标光标到待选对象上单击增加选择。

（2）物体的减选：在已选择多个对象状态下，要取消某个或多个对象的选择时，按住键盘上的 Alt 键不放，鼠标光标会变成 ▹ 形态，移动鼠标光标到对象上单击减选对象。

2．框选对象

（1）通过拖曳鼠标拉出选取框框选对象。

① ▣（交叉选择）按钮：只需要框住物体的任意局部或者全部，就可以选择物体。

② ▣（窗口选择）按钮：必须框住物体的全部才可以选择物体。

③ 自动切换窗口/交叉选择方式：该方式使用非常方便，选择菜单栏中的【自定义】/【首选项】命令，弹出【首选项设置】对话框，单击【常规】选项卡，勾选【按方向自动切换窗口/交叉】选项，如图 2-19 所示。在选择对象时，若从右向左框选对象，相当于交叉选择方式；若从左向右框选对象，相当于窗口选择方式。

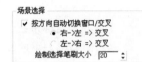

图 2-19 【场景选择】选框

（2）选取框的形式。

框选物体时，系统默认为矩形选择套框。主工具栏中的 ▣【矩形选择区域】按钮里还隐含着多个选择区域按钮。

① ○（圆形选择区域）按钮：以圆的形式拖曳出选择框。

② ▱（围栏选择区域）按钮：以手绘多边形方式绘制出选择框。先按住鼠标左键拖曳生成第一个边，然后通过单击生成其他边，在绘制过程中，双击鼠标左键或将鼠标光标移动到多边形的起始点单击都可以闭合选区并完成选择。

③ ◌（套索选择区域）按钮：按住鼠标左键，围绕应该选择的对象拖动鼠标光标以绘制图形，然后释放鼠标左键，即可完成选区的绘制。

④ ◌（绘制选择区域）按钮：在视图空白处按住鼠标左键拖曳，能够以笔刷的形式涂抹选区。笔刷所经过的区域如果有物体就会被选择。笔刷大小可以通过鼠标右键单击 ◌ 按钮，在弹出的【首选项设置】对话框中修改【常规】/【场景选择】/【绘制选择笔刷大小】参数来修改。

3．按名称选择对象

以物体的名称来指定选择，这种方法快捷准确。在处理复杂场景时，给对象或群组设置直观的名称，单击 ▤（按名称选择）按钮，在弹出的【选择对象】对话框中的列表中单击对象的名称选择对象，快捷键为 H。

其他选择命令

（1）Ctrl +A：选择所有物体。

（2）Ctrl +D：取消当前选择集。

（3）Ctrl +I：反向选择，也就是选择所有当前未被选择的物体。

2.4 对象的变换

对象的变换是指对象的移动、旋转与缩放操作。这是日常编辑工作中最基本、最常用的操作。在学习对象的变换操作前，首先要了解一个重要的概念——坐标系统。

2.4.1 坐标系统

在使用 3ds Max 9 时，时常会使用到对象的定位与定量，这时会涉及坐标系统与坐标的概念。3ds Max 9 软件提供了多种坐标系统，可以根据不同的需要选用不同的坐标系统。

在主工具栏中的 视图 ▼列表中罗列了所有坐标系统，其中常用的坐标系有：【世界】坐标系统、【视图】坐标系统和【屏幕】坐标系统。

1. 【世界】坐标系统

通常也叫做绝对坐标系，在视图的左下角显示了世界坐标系统的标志，该坐标系统是绝对不变的：x 轴为红色，y 轴为绿色，z 轴为蓝色，3 轴的交点即坐标原点。【世界】坐标系统主要是用来观察物体之间的相对关系。各视图对应世界坐标系的关系如图 2-19（a）所示。

2. 【视图】坐标系统

利用该坐标系统进行对象变换修改时更为便利，它是相对坐标系统。透视图中的坐标与世界坐标系完全相同。而其余的正交视图变换坐标系时：横轴为 x 轴、竖轴为 y 轴，垂直于屏幕的轴为 z 轴。视图坐标系主要是针对物体进行变动修改操作而设的，各视图对应视图坐标系的关系如图 2-20（b）所示。

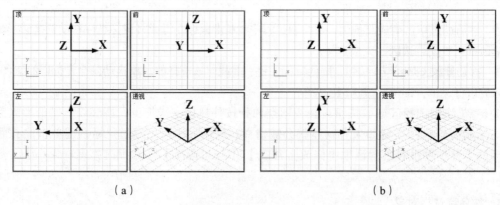

（a）　　　　　　　　　　　　　　　（b）

图 2-20　【世界】坐标系统与【视图】坐标系统示意图

3. 【屏幕】坐标系统

该坐标系统也是相对坐标系统，所有视图变换坐标系统为：横轴为 x 轴、竖轴为 y 轴，垂直于屏幕的轴为 z 轴。

在对对象的其他操作时，会涉及坐标系统，需要注意的是，很多时候不同操作中使用的是系统内定的坐标系统。例如，在对齐操作中的【对齐当前选择】对话框中，【对齐位置】选项后面括号内的文字是"屏幕"，表示在该操作状态下使用的是【屏幕】坐标系统。而【对齐方向】选项使用的是【局部】坐标系统，如图 2-21 所示。

图 2-21　【对齐当前选择】对话框

2.4.2　变换 Gizmo

为了方便操作，编辑中还经常使用变换 Gizmo（套框），可以通过 Gizmo 来修改几何体或其他效果。有用于变换、修改器、大气装置和一些直接可修改的对象（如聚光灯的圆锥体）的 Gizmo。对于修改器，Gizmo 作为一种载体，用来转换对其对象所做的修改。想要改变修改器在对象上的效果，可以像对任何对象一样，对 Gizmo 进行移动、旋转或缩放。

在 3ds Max 中可以利用 3 个基本按钮进行变换修改操作：$\oplus$（选择并移动）按钮、$\circlearrowleft$（选择并旋转）按钮、$\square$（选择并均匀缩放）按钮。当激活这些按钮时，场景中被选择的物体就会自动出现相应的变换 Gizmo 图标。将鼠标光标放在 Gizmo 的不同部位，就可以自动激活相应的轴或轴平面，通过拖动鼠标来实现在相应轴上的变换修改操作。在非激活状态下，各轴的颜色与世界坐标系标志的颜色相同，也是 x 轴为红色，y 轴为绿色，z 轴为蓝色，当相应的轴或轴平面被激活时则显示为亮黄色。3 种操作的变换 Gizmo 形式各不相同。

1. 移动修改 Gizmo

单击主工具栏中的 $\oplus$【选择并移动】按钮，选择对象后，出现移动 Gizmo 图标，移动 Gizmo 图标的图解如图 2-22 所示。

（1）限制对象在某个轴向上移动：移动鼠标光标到 Gizmo 的单个轴上，单轴显示为亮黄色后，即可限制对象在该轴向移动。

（2）限制对象在某个轴平面上移动：移动鼠标到 Gizmo 的两个轴向中间处时，轴平面图标显示为亮黄色后，即可限制对象在该轴平面内移动。

鼠标右键单击主工具栏中的 $\oplus$【选择并移动】按钮，或者按下键盘的 F12 键，弹出如图 2-23 所示的【移动变换输入】对话框。可以通过数值输入的方式改变对象的位置。

（1）【绝对：世界】选项栏：下面的 3 个数值输入框的参数是对象在世界坐标系中的坐标值。键入数值可以更改对象在世界坐标系中的坐标值，即改变的是绝对位置。

（2）【偏移：屏幕】选项栏：在下面的 3 个数值输入框输入数值，会以对象为原点进行偏移。注意这里使用的是屏幕坐标系统。例如，激活前视图后，在【Y】输入栏中输入"20"后，对象在世界坐标系中是在 z 轴上向上移动了 20 个单位。

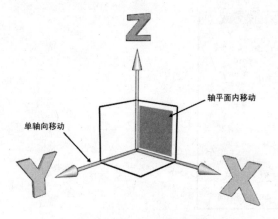

图 2-22　移动 Gizmo 图标的图解　　　　　　　图 2-23　【移动变换输入】对话框

2．旋转修改 Gizmo

单击主工具栏中的 $\circlearrowleft$（选择并旋转）按钮，选择对象后，出现旋转 Gizmo 图标，旋转 Gizmo 图标的图解如图 2-24 所示。旋转 Gizmo 是根据虚拟轨迹球的概念而构建的。可以围绕 x、y、z 轴或垂直于视图的轴自由旋转对象。

在初次使用旋转工具时，比较容易混淆轴向与旋转轨迹的关系。绕 x 轴旋转，旋转轨迹是在 yz 屏幕内的。仔细观察如图 2-25 所示中的世界坐标系标志与旋转轨迹间的关系。

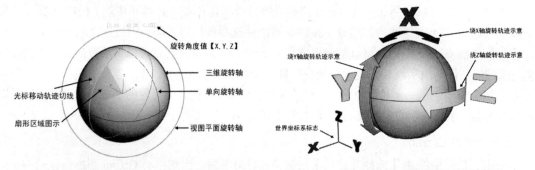

　　图 2-24　移动旋转 Gizmo 图标的图解　　　　图 2-25　世界坐标系标志与旋转轨迹间的关系

（1）单向旋转轴：当激活任一单向旋转轴并按住鼠标左键拖曳时，就可以在单个轴向上旋转物体。

（2）三维旋转轴：当激活三维旋转轴并按住鼠标左键拖曳时，就会以被旋转物体的轴心为圆心进行三维旋转。

（3）视图平面旋转轴：当激活视图平面旋转轴并按住鼠标左键拖曳时，就会在当前视图平面上进行旋转。

（4）鼠标光标移动轨迹切线：当按住鼠标左键拖曳时，才会出现以鼠标光标的初始位置为切点，沿旋转轴绘制的一条切线。该切线分为两截，它们分别标志着此次旋转操作鼠标光标可以移动的两个方向，一截为灰色（鼠标光标未在此方向上移动），一截为黄色（鼠标光标正在此方向移动）。

（5）旋转角度值：该值会显示本次旋转的相对角度变化，只有在开始旋转时才会出现。

（6）扇形角度图示：以扇形填充区域来显示旋转的角度范围。

鼠标右键单击主工具栏中的 （选择并旋转）按钮，或者按下键盘的 F12 键，弹出如图 2-26 所示的【旋转变换输入】对话框。

图 2-26 【旋转变换输入】对话框

（1）【绝对：世界】选项栏：下面的 3 个数值输入框的参数是对象在世界坐标系统中的旋转角度值。键入数值可以更改对象在世界坐标系统中的旋转角度。

（2）【偏移：世界】选项栏：在下面的 3 个数值输入框输入数值，会以对象为原点进行相对旋转。例如，一对象初始状态为在 z 轴上旋转角度为 30°，激活任意视图后，在【偏移：世界】的【Z】输入栏中输入 40 后，对象在世界坐标系中是在 z 轴上旋转角度为 70°。

3．缩放修改 Gizmo

单击主工具栏中的 ▣（选择并均匀缩放）按钮，选择对象后，出现缩放 Gizmo 图标，缩放 Gizmo 图标的图解如图 2-27 所示。

图 2-27　缩放 Gizmo 图标的图解

（1）等比缩放区：对应 ▣（选择并均匀缩放）按钮。当激活等比缩放区，并按住鼠标左键拖曳时，物体会在 3 个轴向上做等比缩放，只改变体积大小，不改变外观比例，这种缩放方式属于三维缩放。

（2）二维缩放区：对应 ▣（选择并非均匀缩放）按钮。当激活二维缩放区，并按住鼠标左键拖曳时，物体会在指定的坐标轴向上进行非等比缩放，物体的体积和外观比例都会发生变化，这种缩放方式属于二维缩放。

（3）单向轴缩放：对应 ▣（选择并非均匀缩放）按钮。当激活任一单向轴，并按住鼠标左键拖曳时，物体会在指定轴向上进行单轴向缩放，这种缩放方式也属于二维缩放。

（4）等体积缩放：对应 ▣【选择并挤压】按钮。3 个轴向上有的拉伸、有的挤压，以保证缩放前后对象的体积不变。

▣按钮与▣按钮的关系：从功能划分上来说，前者为三维缩放，后者为二维缩放，但是由于缩放修改 Gizmo 的存在，这两个按钮都可以同时实现三维缩放和二维缩放，只要将鼠标光标放在不同的缩放区域中进行操作即可。

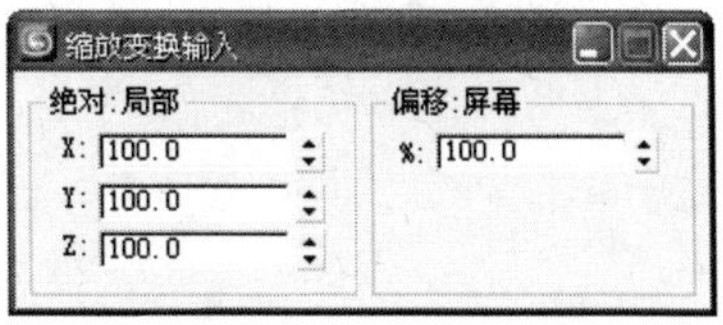

鼠标右键单击主工具栏中的 ▣（缩放变换输入）按钮，或者按下键盘的 F12 键，弹出如图 2-28 所示的【缩放变换输入】对话框。

（1）【绝对：局部】选项栏：分别控制 3 个轴向的缩放比例。

（2）【绝对：屏幕】选项栏：整体进行缩放控制。数值是百分制的。

图 2-28 【缩放变换输入】对话框

2.4.3　补充知识

在 3ds Max 9 中有一个专用于选择的 ⊾ 按钮，该按钮只能用于选择物体。而 ✛ 按钮、↻ 按钮和 ▣ 按钮也具备选择功能，可以实现先选择后变动的操作。

在进行物体变动修改操作时，当放大视图来微调对象，往往会出现 Gizmo 图标显示在视图窗口之外的情况，这时通过鼠标光标移动到 Gizmo 图标的某个轴或轴平面上来切换变换轴或轴平面就会比较繁琐，用户可以结合键盘按键来切换变换轴或轴平面。

F5：限制对象在 x 轴上变换。

F6：限制对象在 y 轴上变换。

F7：限制对象在 z 轴上变换。

F8：限制对象在轴平面上变换，单击该按钮，依次在 3 个轴平面之间循环切换。

当按下 X 键时，变换套框以另一种方式显示，被激活的变换轴或轴平面显示为深红色，未激活的轴向显示为灰色。再次按下 X 键，恢复默认的变动套框显示模式。

⬚（角度捕捉切换）按钮：用于设置进行旋转操作时的角度间隔。激活此按钮，系统会以 5°作为角度的变化间隔，有利于调整角度的旋转。

🔒（选择锁定切换）按钮：激活此按钮，将会对当前选择的物体进行锁定，这样无论切换视图或调整工具，都不会改变当前物体的被选择状态。若要选择其他物体时，应该关闭此按钮，否则将无法进行选择操作。

【孤立模式】：当场景中的对象非常繁多后，编辑工作往往会受到其他对象的干扰。这时可以选择要编辑的对象，单击鼠标右键，在弹出的快捷菜单中选择【孤立当前选择】，进入孤立模式来编辑对象，这时智慧显示被选择的对象，其他对象则临时隐藏。当编辑完成后，单击 退出孤立模式 按钮，即可退出孤立模式。

本小节以一个现有的场景为例，通过移动、旋转、缩放对象制作一串项链。操作前的效果如图 2-29（a）所示，最终效果如图 2-28（b）所示。

Effect 03 ▎ 对象变换操作练习

Step 01　选择菜单栏中的【文件】/【打开】命令，打开本书附盘"Scenes\02\02_项链.max"文件，此场景中有 3 组对象，最初效果如图 2-30 所示。

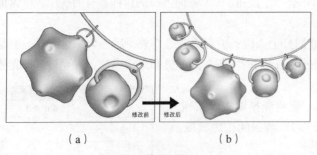

（a）　　　　　　（b）

图 2-29　效果比较

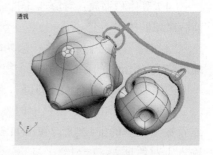

图 2-30　最初效果

Step 02　单击工具栏中的 ▦（按名称选择）按钮，也可以按下键盘的 H 键，在弹出的【选择对

象】对话框中可以看到有名称为"线圈"、"珠子 01"、"珠子 02"的 3 组对象。在单击 选择 按钮，
关闭该对话框。

Step 03　如果电脑的显示刷新速度跟不上，可以按下键盘的 O 键，打开自适应降级显示。

Step 04　激活前视图，按下键盘的 H 键，在弹出的【选择对象】对话框中选择"珠子 01"对象，
然后单击 选择 按钮将其选择。

Step 05　单击主工具栏中的 ✛（选择并移动）按钮，将鼠标光标放在对象 Gizmo 的例轴上（显
示为绿色），此时鼠标光标变为移动图标形态，而绿色的例轴会变为黄色激活状态，如图 2-31
所示。

Step 06　将鼠标沿着向下的方向移动一段距离，选择对象与线圈对象中心对齐，如图 2-32
所示。

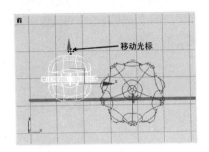

图 2-31　移动鼠标光标

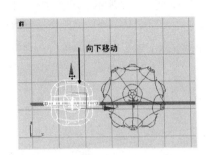

图 2-32　向下移动对象

Step 07　鼠标右键单击激活顶视图，单击主工具栏中的 ↻（选择并旋转）按钮，将鼠标光标放在
物体旋转 Gizmo 中蓝色的 z 轴圆圈上，此时鼠标光标变为旋转图标形态，蓝色的 z 轴会变为黄色激
活状态，如图 2-33 所示。

Step 08　按住鼠标左键略向下拖动，此时在鼠标光标的起始位置上会出现一段与 z 轴圆圈相切的
线段，这就是鼠标光标移动轨迹切线。

Step 09　将鼠标沿着向下的线段方向移动一段距离，旋转对象，角度任意，效果如图 2-34 所示。

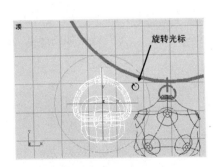

图 2-33　旋转鼠标光标

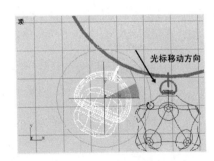

图 2-34　移动并旋转对象

Step 10　单击主工具栏中的 ▫（旋转并均匀缩放）按钮，将鼠标光标放在物体缩放 Gizmo 中心
处，此时鼠标光标变为缩放图标形态。

Step 11　按住鼠标左键不放并拖曳鼠标，将对象等比例缩小到适当的大小效果，如图 2-35
所示。

Step 12　单击视图控制区中的 🔍 按钮，缩小视图，如图 2-36 所示。

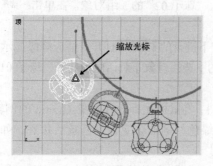

图 2-35 等比缩小对象

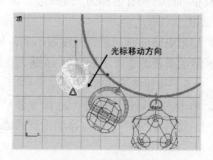

图 2-36 缩小视图

Step 13 选择如图 2-37 所示的两个对象，单击主工具栏中的 ✥ 按钮，按住键盘上的 Shift 键，在顶视图中沿 x 轴向右移动大约一个球的距离，释放鼠标光标，在弹出的【克隆选项】对话框中选择【复制】项，设置【副本数】为 "1"，然后单击 确定 按钮。如图 2-38 所示。

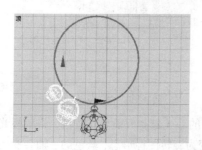

图 2-37 选择两个对象

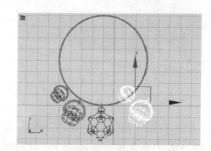

图 2-38 复制对象

⚠️ 要点提示：Shift 键是 3ds Max 中最常用的复制工具，使用要点是先按住 Shift 键，然后再按下鼠标左键移动物体，在移动过程中可松开 Shift 键。

Step 14 单击主工具栏中的 ▶ （镜像）按钮，在弹出的【镜像】对话框中选择【不克隆】方式，镜像轴为 x 轴，窗口形态如图 2-39 所示，然后单击 确定 按钮，最终效果如图 2-40 所示。

图 2-39 【镜像】对话框形态

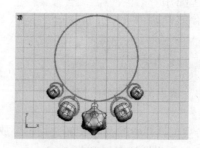

图 2-40 最终效果

Step 15 选择菜单栏中的【文件】/【另存为】命令，将场景以 "02_项链-好.max" 名字保存。此场景的线架文件保存在本书附盘的 "Scenes\02" 目录中。

2.5 其他常用命令

主工具栏中还有很多常用的命令按钮，其功能及使用方法如表 2-3 所示。

表 2-3　　　　　　　　　　　其他常用命令按钮功能及用法简介

按　钮	名　称	功　能	快　捷　键
	撤消	撤销上一次操作，默认可以撤销 20 步	Ctrl + Z
	重做	重做上一次操作，前提是做过撤销操作	Ctrl + Y
	选择对象	只能对物体进行选择操作	Q
	材质编辑器	单击打开【材质编辑器】窗口	M
	渲染场景对话框	单击打开【渲染场景】窗口	F10
	快速渲染	按默认设置快速渲染当前激活视图中的场景	Shift + Q
	选择锁定切换	单击锁定选择的对象，再次单击取消锁定	Space
	绝对模式变换输入	决定右侧坐标输入框的输入模式，单击后切换为 （按钮偏移模式变换输入）按钮	

小结

本章主要介绍了有关 3ds Max 9 中文版的基础知识，包括如何启动、退出 3ds Max 9 系统，3ds Max 9 系统的主界面，如何选择、修改、删除物体以及打开、保存 3ds Max 文件等内容，这些都是深入学习 3ds Max 9 先要掌握的基础知识。本章同时也详细介绍了 3ds Max 9 的笛卡尔空间、视图划分与导航、视图转换、物体变换等基本操作，需要重点理解的是正交视图与透视图的关系与区别，这些是正确理解三维空间的基础。还有些常用的基本操作也是必须要熟练掌握的，包括物体的选择、删除、取消以及恢复上一步操作等。这是使用 3ds Max 9 时最常用的一些功能，读者要对这些操作多加练习，为后面的学习打好基础，并熟练掌握以便提高工作效率。

习题

一、问答题

1. 如何启动 3ds Max 9 中文版？启动方法有哪几种？
2. 3ds Max 9 的界面主要分为哪几部分？

3. 首次启动 3ds Max 9 中文版共有几个视图？默认视图有哪几个？它们之间如何转换？

4. 选择物体有哪几种方法？

二、操作题

将本章中给出的两个范例重做一遍，在做的过程中反复练习本章介绍过的各种命令以及各种快捷键的使用方法。

第3章 参数化建模

参数化建模是3ds Max众多建模方式中最基本、最简单有效的建模方式。在 3ds Max 9 中，几何体模型可以通过设定参数的数值来改变模型外观，也称参数化建模。3ds Max 内置了丰富多样的参数化的几何体模型。

为了方便建筑、工程和构造领域创建模型，3ds Max 专门为用户提供了面向建筑工程设计行业的建模工具——AEC 模型，这使得设计工作更加轻松、灵活。这些建筑构件也属于参数化模型，都有完备的参数，可以精确地调整各部分的尺寸。

本章将详细讲解有关参数化几何体建模的方式以及常用的参数化修改器。

【教学目标】

- 掌握几何体的创建方法。
- 了解标准基本体与扩展基本体的创建方法及其参数图例。
- 掌握建筑构件建模方式。
- 掌握建筑构件组合应用的方式。
- 掌握常用的参数化修改器。
- 过本章的学习，将会掌握如图 3-1 所示玩具鱼的创建方式。

命令面板位于软件界面右侧，基础对象的创建与修改，包括动画的指定与编辑等操作都是通过命令面板来完成的。

命令面板的结构复杂，内容也非常丰富，在三维场景的制作与编辑中使用非常频繁。其中，最上层的按钮是 6 个面板的集合。通过单击最上层的按钮，可以切换到相应的面板。命令面板默认状态显示的是 【创建】面板中 【几何体】面板的【标准基本体】创建按钮组，如图 3-2 所示。

图 3-1　玩具鱼模型

图 3-2　命令面板的默认状态

3.1 基本几何体建模

　　 【创建】面板下面有 7 类对象，单击相应按钮可进入相应的创建面板。在 ○【几何体】创建面板下，各类模型按照类别集中在 标准基本体 ▼ 列表中，在 标准基本体 ▼ 列表中可以选择相应的选项切换为其它三维建模模块的按钮组。

　　【几何体】创建面板包含【标准基本体】、【扩展基本体】、【复合对象】、【粒子对象】、【面片栅格】、【NURBS 曲面】、【门】、【窗】、【AEC 扩展】、【动力学对象】、【楼梯】等 11 类三维建模模块。若安装了 V-Ray 渲染插件，会增加包含 V-Ray 提供的几何体模型的【VRay】选项。如图 3-3 所示。

图 3-3 　【几何体】创建面板

　　　系统默认的初始创建命令面板的【几何体】面板的【标准基本体】建模模块的按钮组，如图 3-2 所示。几何体可以通过设定相应参数创建对象，并且在创建之后，通过修改参数改变它们的尺寸、分段设置以及其它特性，对象会实时更新并发生变化。

　　本节将主要讲解【标准几何体】和【扩展几何体】这两个基本几何体建模模块的内容。

3.1.1 　基础创建方法

　　在 3ds Max 9 中创建三维物体的方式很多，可以通过鼠标拖曳来创建，也可以通过键盘输入参数来创建，还可以利用捕捉栅格或对象来创建，用户可根据不同的情况灵活选用。

　　3ds Max 9 默认是在基础网格上创建物体，也就是视图中所看到的灰色网格。当在同一视图中先后创建两个方体时，它们的底面都在一个平面上。【对象类型】参数面板中，有一个 自动栅格 □ 选项，此功能可以自动定义基准网格，允许以任意网格物体的某个表面作为基准，以垂直于该面的法线为 z 轴，来创建别的物体。

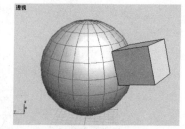

图 3-4 　最终效果

　　下面以创建如图 3-4 所示的图形为例，介绍如何创建基本几何形体。

Effect 01 ┃ 创建基本几何形体

Step 01 单击【对象类型】面板中的 球体 按钮，此时按钮会显示为亮黄色。

> (!) **要点提示：** 在激活视图的任意位置单击鼠标右键或按下键盘的 Esc 键，可取消该按钮的激活状态。

Step 02 勾选【参数】面板中的 □ 轴心在底部 选项，在透视图中按住鼠标左键拖曳出一个球体，上下移动鼠标改变半径大小，松开鼠标左键，球体创建完毕。在【参数】/【半径】右侧文本框内输入数值 "100"，透视图中状态如图 3-5 所示。

ⓘ 要点提示： 勾选 ▢ **轴心在底部** 选项，生成的球体的轴心位于球体的底部，默认状态为未勾选该选项，生成的球体的轴向位于球体中心。

Step 03 单击【对象类型】面板中的 **长方体** 按钮，并勾选【对象类型】栏中的 **自动册格** ▢ 选项，然后将鼠标光标放在透视中的球体表面，位置如图 3-6 所示。

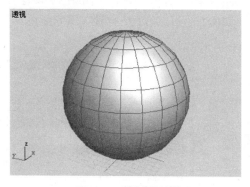

图 3-5　透视中的球体

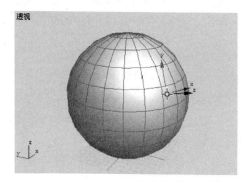

图 3-6　鼠标光标在透视图中的位置（1）

ⓘ 要点提示： 此时会有一个轴心点跟随着鼠标光标，此轴心点便是所要创建物体的基准网格中心，它会自动附着在鼠标光标所触及到的网格物体的表面，轴心点的 z 轴与表面的法线平行，即垂直于此表面。

Step 04 按住键盘上的 **Ctrl** 键，并按住鼠标左键拖动，观察透视图，发现在球体表面出现一个黑色网格，它便是系统自动生成的新的坐标网格。然后松开鼠标左键，生成长方体的底面，如图 3-7 所示。再上下移动鼠标，在透视图和其它视图中都可以看到长方体厚度的变化。在适当的位置单击鼠标左键确定，长方体创建完毕。它在透视图中的形态如图 3-8 所示。

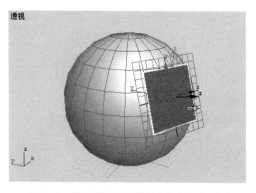

图 3-7　鼠标光标在透视图中的位置（2）

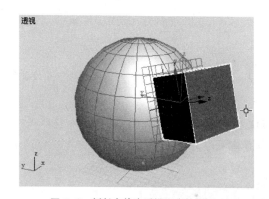

图 3-8　新长方体在透视图中的位置

ⓘ 要点提示： 在创建长方体时，按住键盘的 Ctrl 键可创建底部为正方形的长方体。

Step 05 确认方体处于被选择状态，单击 ✐ 按钮，进入修改命令面板。该按钮在 ◤ 按钮的右侧。

Step 06 在【参数】/【长度】右侧文本框内，拖曳鼠标将原始数值 62.944 ⬍ 变成反白显示（也可双击文本框），然后在键盘上输入"60"。

<u>Step 07</u> 用同样的方法或按下键盘的 Tab 或 ↓ 键，在【宽度】右侧文本框内输入"60"。

<u>Step 08</u> 在【高度】右侧文本框内输入"40"，并按 Enter 键确认。在调整数值的过程中，会发现视窗中长方体的长、宽、高也会同步发生变化，透视图的效果如图 3-9 所示。

<u>Step 09</u> 将鼠标光标移到对象名称【Box01】右侧的颜色框内，如图 3-10 所示。

<u>Step 10</u> 单击鼠标左键，弹出【对象颜色】对话框，如图 3-11 所示。将【当前颜色】设置为蓝色，单击 <u>确定</u> 按钮，长方体的颜色同步变为蓝色。同样，也可以将长方体改为其它颜色。

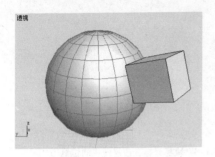

图 3-9 透视图的效果

图 3-10 对象的颜色框

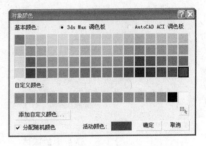

图 3-11 【对象颜色】对话框形态

(!) 要点提示：物体的名称也可以修改，通过双击或拖曳物体名称的文本框，然后直接输入新的名称即可，系统支持中文名称，随时给物体指定合适的名称是一种很好的习惯，在创建复杂物体时极为有用。

<u>Step 11</u> 将透视图转换为线框显示方式，把【参数】/【长度分段】数值设为"4"（默认值为"1"）。同样，将【宽度分段】和【高度分段】数值都修改为"4"。此时，长方体线框的分段数也会随着数值的修改发生相应的变化。长方体分段数修改前后的形态对比如图 3-12 所示。

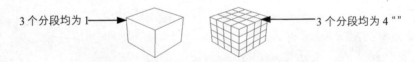

图 3-12 分段数修改前后的长方体线框比较

(!) 要点提示：如果要对几何体添加修改器（如【弯曲】、【噪波】修改器）来改变造型，需要几何体有足够的分段。

3.1.2 标准基本体

标准基本体提供了相对简单的参数化几何体模型，每种基本几何体都有多个参数，用以产生不同形态的几何体，如圆锥体可以产生圆锥、棱锥、圆台、棱台等。另外，很多模型还有切片参数，来产生几何体的局部形态。可以将标准基本体转化为可编辑网格物体、可编辑多边形、面片或 NURBS 物体，来进行更深入的加工。也可以直接对几何体添加多种修改器来改变形态。标准基本体的创建方法和设置不同参数产生的形态图例如表 3-1 所示。

表 3-1　　　　　　　　　　　　　　标准基本体的创建方法及形态图例

名称及创建方法	图　　例	名称及创建方法	图　　例
长方体 （1）按住鼠标左键拖出底面 （2）松开鼠标左键移动生成高度 （3）单击鼠标左键确定		**圆锥体** （1）按住鼠标左键拖出底面 （2）松开鼠标左键移动生成高度 （3）单击鼠标左键移动鼠标，生成 　顶面 （4）单击鼠标左键确定	
球体 （1）按住鼠标左键拖动 （2）松开鼠标左键完成		**几何球体** （1）按住鼠标左键拖动 （2）松开鼠标左键完成	
圆柱体 （1）按住鼠标左键拖出底面 （2）松开鼠标左键移动生成高度 （3）单击鼠标左键确定		**管状体** （1）按住鼠标左键拖出底面 （2）松开鼠标左键移动生成高度 （3）单击鼠标左键确定	
圆环 （1）按住鼠标左键拖出半径 1 （2）松开鼠标左键移动生成半径 2 （3）单击鼠标左键确定		**四棱锥** （1）按住鼠标左键拖出底面 （2）松开鼠标左键移动生成高度 （3）单击鼠标左键确定	
茶壶 （1）按住鼠标左键拖动 （2）松开鼠标左键完成		**平面** （1）按住鼠标左键拖出一个四方面 （2）松开鼠标左键完成	

3.1.3　扩展基本体

扩展基本体提供了相对复杂的参数化几何体模型，几何形态更加丰富多变。这些参数化的几何体大大提高了模型创建的效率，如使用　C-Ext　来制作墙体，比使用　长方体　来创建墙体更加高效。扩展基本体的创建方法和不同参数组合产生的形态图例如表 3-2 所示。

表 3-2　　　　　　　　　　　　　　扩展基本体的创建方法及形态图例

名称及创建方法	图　　例	名称及创建方法	图　　例
异面体 （1）按住鼠标左键拖动 （2）松开鼠标左键完成		**环形结** （1）按住鼠标左键拖动 （2）松开鼠标左键调节圆管半径 （3）单击鼠标左键确定	
切角长方体 （1）按住鼠标左键拖出 底面 （2）松开鼠标左键移动 生成高度 （3）单击鼠标左键移动 鼠标，生成切角 （4）单击鼠标左键确定		**切角圆柱体** （1）按住鼠标左键拖出底面 （2）松开鼠标左键移动生成高度 （3）单击鼠标左键移动鼠标， 　生成切角 （4）单击鼠标左键确定	

续表

名称及创建方法	图　例	名称及创建方法	图　例
油罐 （1）按住鼠标左键拖出底面 （2）松开鼠标左键移动生成高度 （3）单击鼠标左键移动鼠标，生成切角 （4）单击鼠标左键确定		**胶囊** （1）按住鼠标左键拖出底面 （2）松开鼠标左键移动，生成高度 （3）单击鼠标左键确定	
纺锤 （1）按住鼠标左键拖出半径 （2）松开鼠标左键移动生成高度 （3）单击鼠标左键移动鼠标，生成封口高度 （4）单击鼠标左键确定		**L-Ext** （1）按住鼠标左键拖出底面 （2）松开鼠标左键移动，生成高度 （3）单击鼠标左键移动鼠标，生成厚度 （4）单击鼠标左键确定	
球棱柱 （1）按住鼠标左键拖出底面 （2）松开鼠标左键移动，生成环形宽度 （3）单击鼠标左键确定		**C-Ext** （1）按住鼠标左键拖出底面 （2）松开鼠标左键移动，生成高度 （3）单击鼠标左键移动鼠标，生成厚度 （4）单击鼠标左键确定	
环形波 （1）按住鼠标左键拖出底面 （2）松开鼠标左键移动，生成环形宽度 （3）单击鼠标左键确定		**棱柱** （1）按住鼠标左键确定底面的两个点 （2）松开鼠标左键移动确定底面位置 （3）单击鼠标左键移动鼠标生成厚度 （4）单击鼠标左键确定	
软管 （1）按住鼠标左键拖出底面 （2）松开鼠标左键移动生成高度 （3）单击鼠标左键确定			

　　本节主要介绍了各种常用基本体的创建方法及其参数解释，这些物体都是最常见的几何形体，通过不同的排列组合可以搭建出形态各异的复杂造型。这些基本体最大的特点是都拥有独立的参数，可以随时进行调节。但在修改参数时应注意，刚刚创建完毕的物体可以直接在创建命令面板中修改其参数，如果进行了其它的操作，如移动、旋转、缩放等，就要在修改命令面板中进行参数调

节。另外还要注意，若要依次创建同一类物体（如长方体），只需激活该按钮一次即可。

3.2 基本建筑构件建模

3ds Max 9 提供了 6 大类 AEC 模型：楼梯、门、窗、墙、栏杆和植物。这些建筑构件也属于参数化模型，都有完备的参数，可以精确地调整各部分的尺寸。而且这些构件还有一些智能化的功能，如在墙体上安装门窗时，系统会自动在墙体上抠出门窗洞，并且位置会随着门窗的移动而自动变化。

3.2.1 门

在 3ds Max 中可以快速地制作各种类型的门，包括枢轴门、推拉门和折叠门，形态如图 3-13 所示。

枢轴门　　推拉门　　折叠门

图 3-13　各种门的形态

各种门的创建方法基本相同，参数设置也基本一样。下面以创建如图 3-14 所示的图形为例，来介绍如何创建枢轴门。

Effect 02 ┃ 创建枢轴门

Step 01 单击 ✎/◐ 按钮，在 标准基本体 ▾ 下拉列表中选择 门 ▾ 选项。

Step 02 单击【对象类型】面板中的 枢轴门 按钮。

Step 03 在透视图中按住鼠标左键拖出门的宽度，然后松开鼠标左键，上下拖曳鼠标光标，拉出门的厚度，在合适位置单击鼠标左键确定。

Step 04 拖曳鼠标生成门的高度，在合适位置单击鼠标左键确定，创建完毕，效果如图 3-15 所示。

图 3-14　目标的效果

图 3-15　创建枢轴门

Step 05　确认生成的枢轴门处于被选择状态，单击 ✎ 按钮，进入修改命令面板。

Step 06　展开【参数】面板，勾选【双门】选项，在 打开：[0.0 ➕] 度数 输入框中输入数值 "25"。

Step 07　展开【页扇参数】面板，将【水平窗格数】与【垂直窗格数】分别设置为 "2"、"5"，此时枢轴门状态如图 3-14 所示。

3.2.2 窗

3ds Max 9 为用户提供了 6 种形式的窗，有遮篷式窗、平开窗、固定窗、旋开窗、伸出式窗和推拉窗，形态如图 3-16 所示。

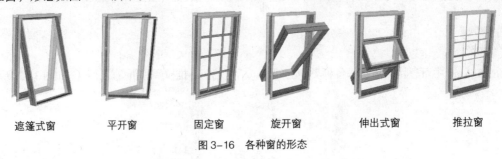

| 遮篷式窗 | 平开窗 | 固定窗 | 旋开窗 | 伸出式窗 | 推拉窗 |

图 3-16　各种窗的形态

这些窗的创建方式大致与门相同，读者可参见枢轴门创建步骤的讲解。

3.2.3 楼梯

在 3ds Max 9 中，楼梯被分为螺旋楼梯、直线楼梯、L 型楼梯和 U 型楼梯 4 种，每一种又分为开放式、封闭式和落地式 3 大类型，如图 3-17 所示。但这些楼梯的参数基本相同，仔细研究其中一种即可触类旁通。

楼梯还可以与 ✎/◎/ AEC 扩展 ▼ 面板中的 [栏杆] 对象组合成带栏杆的楼梯，效果如图 3-18 所示。

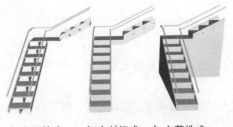

（a）开放式　（b）封闭式　（c）落地式

图 3-17　L 型楼梯形态

图 3-18　添加栏杆的楼梯

下面以 L 型楼梯为例，介绍楼梯的创建方法。

Effect 03 ▌ L 型楼梯的创建方法

Step 01　在 ✎/◎/标准基本体 ▼ 下拉列表中，选择 [楼梯 ▼] 项，再单击其下的 [L 型楼梯] 按钮。

Step 02　在透视图中按住鼠标左肩拖出楼梯的 "长度 1"，然后松开鼠标左键，拖曳鼠标，在合适的位置单击鼠标左键生成 "长度 2"。

Step 03　松开鼠标，上下拖曳，在合适的位置单击生成高度，即可完成 L 型楼梯的创建。

3.3 AEC 扩展对象

在【AEC 扩展】的创建面板中，有【墙】、【栏杆】以及【植物】3 种建模模块，下面来详细介绍这些物体的创建方法。

3.3.1　墙

利用【墙】功能可以方便快捷地创建墙体，不用再拿方体一块块地拼接。当墙体与窗、门物体配合使用时，系统可以自动抠洞，而且窗、门会自动绑定到墙上，成为墙的子物体，会跟随墙体一起移动。墙的形态如图 3-19 所示。

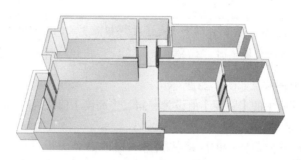

图 3-19　墙的形态

墙的创建方法很简单，就像划线一样，通过单击鼠标即可完成。

下面就来介绍墙的创建方法。

Effect 04　创建多段墙体

Step 01　选择菜单栏中的【文件】/【打开】命令，打开本书配套光盘 "Scenes\03\03_墙体线稿.max" 文件，如图 3-20 所示。

Step 02　单击 ³ 按钮打开三维捕捉，并设置为【顶点】捕捉方式。

Step 03　在 ┆/◯/标准基本体 ▼ 下拉列表中，选择其中的 AEC 扩展 ▼ 项。

Step 04　单击【对象类型】面板中的 墙 按钮，在【参数】面板中设置各项参数如图 3-21 所示。

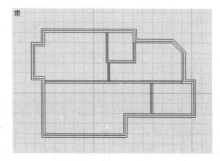

图 3-20　打开的线稿场景

图 3-21　【参数】面板状态

Step 05 参照图 3-22（a），利用捕捉功能，在顶视图中单击鼠标左键捕捉墙的起始点，然后向右拖曳鼠标至图 3-22（b）所示的位置，单击鼠标左键确定第一面墙。以相同方式绘制完外墙，如图 3-22（c）所示。

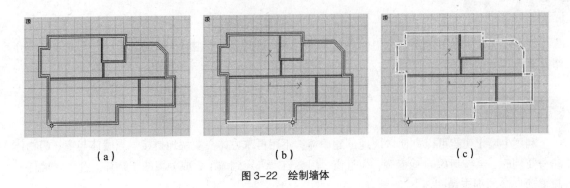

（a）　　　　　　　　　　（b）　　　　　　　　　　（c）

图 3-22　绘制墙体

> **⚠ 要点提示：** 在绘制墙体时，系统会弹出【是否要焊接点】询问对话框，这时要单击 **否(N)** 按钮，不焊接点，在最后闭合墙体时，就要单击 **是(Y)** 按钮，以形成完整的闭合墙体。

Step 06 绘制完成的墙体效果如图 3-23 所示。

Step 07 将【参数】面板中的【宽度】值设为"24"，【高度】值设为"270"，以相同方式绘制其余墙体，效果如图 3-24 所示。

Step 08 选择最初绘制的墙体，单击 ⬭ 按钮进入修改命令面板，单击【编辑对象】面板中的 **附加** 按钮，然后选择其余墙体，将其附加到当前选择的墙体中，使所有墙体成为一体。

Step 09 选择菜单栏中的【文件】/【保存】命令，将此场景保存为"03_墙体-好.max"文件。此场景的线架文件以相同名字保存在本书附盘"Scenes\03"目录下。

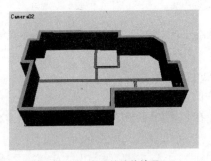

图 3-23　完成的墙体效果

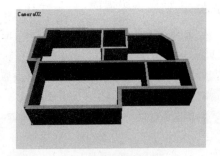

图 3-24　绘制其余墙体

3.3.2 栏杆

该对象专门用于创建栏杆，而且针对栏杆的不同部位都设有详细的分类参数，可创建出直线、曲线、斜线等各种走向的独立栏杆组，而与楼梯的配合使用，参见 3.4.2 小节的内容。

栏杆有两种创建方法，可以直接创建一段直线栏杆，也可以沿一条二维路径生成一组栏杆（这种创建方法在 3.4.2 小节的案例中讲解），该路径可以是直线，也可以是曲线。下面主要介绍创建直线栏杆的方法。

Effect 05 ▌ 直接创建一段直线栏杆

Step 01　单击 🔾 / ● 按钮，在 标准基本体 ▾ 下拉列表中选择 AEC 扩展 ▾ 项。

Step 02　单击【对象类型】面板中的 栏杆 按钮。

Step 03　在透视图中按住鼠标左键拖出栏杆的长度，松开鼠标左键，在合适的位置单击生成栏杆的高度，创建完毕。

3.3.3　植物

3ds Max 9 中提供了 12 种植物对象，可以快速制作各种不同种类的树木，包括松树、柳树、盆栽等，如图 3-25 所示。通过调节这些植物的参数，可以变换树木的高度、修剪程度及密度等，使得植物形态更加丰富。

| 孟加拉菩提树 | 一般的棕榈 | 苏格兰松树 | 丝兰 | 蓝色的针松 | 美洲榆 |

| 垂柳 | 大戟属植物 | 芳香蒜 | 大丝兰 | 春天的日本樱花 | 一般的橡树 |

图 3-25　各种植物形态

下面就以美洲榆的制作方法为例来介绍植物的创建过程。

Effect 06 ▌ 创建美洲榆

Step 01　单击 🔾 / ● 按钮，在 标准基本体 ▾ 下拉列表中选择 AEC 扩展 ▾ 项。

Step 02　单击【对象类型】面板中的 植物 按钮，在【收藏的植物】栏中找到【美洲榆】，如图 3-26 所示。

Step 03　在透视图中单击鼠标左键，一棵榆树就形成了。刚创建好的榆树由于是被选择状态，所以呈现出完整的形状，如图 3-27 所示。

Step 04　单击鼠标右键，取消植物的创建状态。然后在视图空白处单击鼠标左键，取消刚创建榆树的选择，在非选择状态下，美洲榆则以简单的树冠轮廓方式来显示，形态如图 3-28 所示。

ⓘ 要点提示：由于植物的造型比较复杂，所以其网格数较多。如果计算机的内存过小，在操作多个植物对象时就会产生系统反应滞后的现象。针对这个问题，系统采用了非激活植物对象简化显示模式，当一个植物对象处于非选择状态时，系统只显示为半透明的植物树冠形态。

图 3-26　收藏的植物

图 3-27　美洲榆在选择下的显示形态

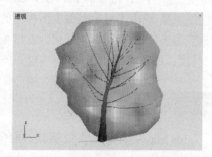

图 3-28　美洲榆在非选择下的显示形态

3.4　建筑构件的组合应用

　　使用 3ds Max 9 提供的建筑构件进行建筑场景建模时，其优势主要体现在各建筑构件之间的结合使用，如在墙体上安装门窗时，只需要在墙体上进行简单的链接，即可自动产生相匹配的门窗洞。为了方便在楼梯上创建栏杆，楼梯物体专门提供了栏杆路径线型，并有很多参数可供调节。本节将着重介绍这些建筑构件之间结合使用的技巧和方法。

3.4.1　门、窗与墙的结合

　　在墙体上安装门窗，是在建筑建模中最常用的工作之一。若想使墙体自动产生匹配的门窗洞，在创建门窗时可使用两种方法：一种是打开三维【边/线段】捕捉方式，然后捕捉墙体某个边进行创建；另一种是直接创建门窗物体，然后将其移动至墙体的正确位置上，并确保嵌入墙体中，再利用 按钮与墙体进行链接。后一种方法更易于操作，所以本小节将主要介绍这种方法。

　　下面就以在 3.3.1 小节中创建完成的墙体上创建门窗为例，见图 3-29，来介绍楼梯与栏杆组合的创建方法。

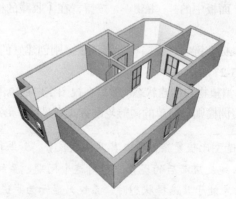

图 3-29　门、窗与墙的结合

Effect 07 ▌门、窗与墙的结合应用

Step 01　选择菜单栏中的【文件】/【打开】命令，打开本书配套光盘"Scenes\03\03_墙体-好.max"文件。

Step 02　选择墙体，将其隐藏起来。

Step 03　单击 🔧/🟠 按钮，在 标准基本体 ▾ 下拉列表中选择 门 ▾ 选项，单击【对象类型】面板中的 框轴门 按钮，在顶视图中门的位置上按住鼠标左键拖出门的宽度，然后松开鼠标左键，上下拖曳，拉出门的厚度，在合适位置单击鼠标左键，然后拖曳鼠标生成门的高度，在合适位置单击鼠标左键确定，创建完毕。参数设置如图 3-30（a）所示，然后将其移动至墙中间的位置，结果如图 3-30（b）所示。

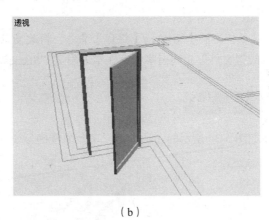

（a）　　　　　　　　　　　　　　　（b）

图 3-30　框轴门的参数设置及位置

Step 04　在 门 ▾ 下拉列表中选择 窗 ▾ 项，并单击其下的 推拉窗 按钮，在平面图中窗的位置上创建一个推拉窗，参数设置如图 3-31（a）所示。

Step 05　单击 ✥ 按钮，在左视图中将其沿 y 轴向上移动"120"，结果如图 3-31（b）所示。

> ⓘ 要点提示：移动推拉窗时可将底部状态栏中的 ⊞ 按钮转换为 ⬍ 按钮，然后在 y 轴右侧的文本框内输入移动距离，进行精确移动。

Step 06　将前面创建好的门窗复制多个，调整位置及角度如图 3-32 所示。

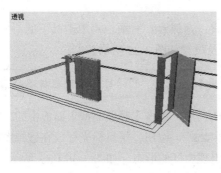
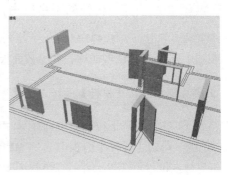

（a）　　　　　　　　　　（b）

图 3-31　推拉窗的参数设置及位置　　　　　　　　图 3-32　复制窗的结果

Step 07 将隐藏的墙体显示出来。选择所有的门和窗，单击主工具栏中的 按钮，将其链接到墙体上，此时门窗物体和墙体会自动进行抠洞处理，操作过程和结果如图 3-33 所示。

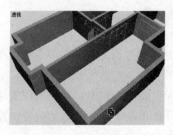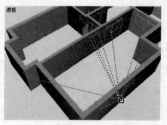

图 3-33　门窗与墙的链接过程及结果

Step 08 选择菜单栏中的【文件】/【保存】命令，将此场景保存为"03_门窗与墙结合-好.max"文件。此场景的线架文件以相同名字保存在本书附盘"Scenes\03"目录下。

3.4.2　楼梯与栏杆的组合

下面以创建如图 3-34 所示的图形为例，来介绍楼梯与栏杆组合的创建方法。

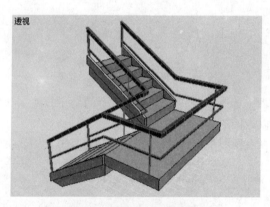

图 3-34　楼梯与栏杆组合效果

Effect 08 ┃ 楼梯与栏杆的组合应用

Step 01 单击 /◎/ 标准基本体 ▼ 下拉列表，选择 楼梯 ▼ 项，再单击其下的 U 型楼梯 按钮，在透视图中创建一个 U 型楼梯，其参数面板及设置如图 3-35 所示。

> ⓘ **要点提示**：在【栏杆】面板内将【高度】值设为"0"，目的是使栏杆路径落在侧弦上。

Step 02 在 楼梯 ▼ 下拉列表中选择 AEC 扩展 ▼ 项，单击【对象类型】面板中的 栏杆 按钮。

Step 03 单击【栏杆】面板中的 拾取栏杆路径 按钮，将鼠标光标放在透视图中栏杆的路径上，单击鼠标左键拾取线段，此时在透视图中出现栏杆的形态，如图 3-36（a）所示。

Step 04 单击 按钮进入修改命令面板，在【栏杆】面板中将【分段】值设为"30"，增加栏杆的段数，使其变得平滑，并勾选【匹配拐角】选项，结果如图 3-36（b）所示。

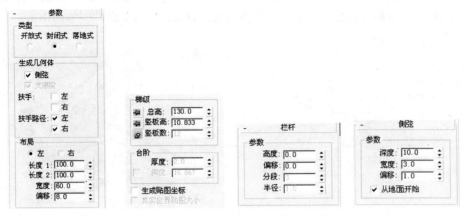

图 3-35　U 型楼梯各面板中的参数设置

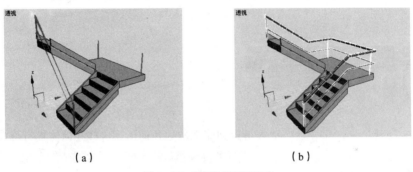

（a）　　　　　　　　　　　　　（b）

图 3-36　栏杆的位置及形态

Step 05　在【栏杆】面板中设置【上围栏】/【剖面】为"圆形"，【下围栏】/【剖面】为"圆形"。

Step 06　展开【立柱】面板，设置【剖面】选项为"圆形"。

Step 07　单击 按钮，打开【立柱间距】对话框，将【计数】值设为"6"，其它参数设置如图 3-37 所示，单击 关闭 按钮，此时栏杆形态如图 3-38 所示。

Step 08　展开【栅栏】面板，设置【支柱】/【剖面】为"圆形"，单击【支柱】栏内的 按钮，打开【支柱间距】对话框，将【计数】值设为"3"，单击 关闭 按钮，此时栏杆形态如图 3-39 所示。

图 3-37　【立柱间距】对话框及栏杆形态

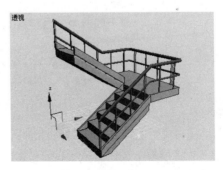

图 3-38　栏杆形态

Step 09 单击创建命令面板中的 栏杆 按钮，利用相同的方法拾取另一侧的栏杆路径，系统会根据上次调好的参数直接生成栏杆，不用再进行参数设置，结果如图 3-40 所示。

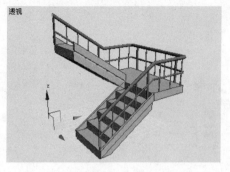

图 3-39 【立柱间距】窗口及栏杆形态

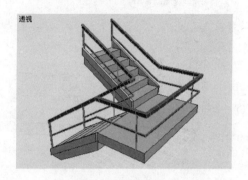

图 3-40 栏杆形态

Step 10 选择菜单栏中的【文件】/【保存】命令，将场景保存为"03_U 型楼梯.max"文件。此场景的线架文件以相同名字保存在本书附盘的"Scenes\03"目录下。

3.5 修改器堆栈

在 3ds Max 9 中，通过创建命令面板可以创建基本的几何体，这些几何体拥有许多参数，若要对这些参数进行修改，则需进入修改命令面板进行调整。若要创建更为复杂的造型，可以利用修改面板为基本对象添加多种修改器，完成不同造型的构建。

用户在创建对象后，单击命令面板的 按钮，即可进入修改面板在修改命令面板的顶部有一个面板，称为修改器堆栈。修改器堆栈中按顺序罗列所添加的修改器。在堆栈中可以随时进入任一修改器层级与其子层级，也可以调整修改器的顺序，删除任一修改器。修改器堆栈窗口如图 3-41 所示。

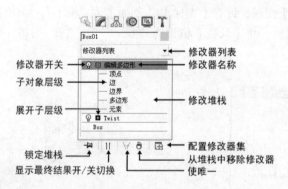

图 3-41 修改器堆栈窗口

修改器堆栈窗口中主要参数的功能讲解如下。

（1） （锁定堆栈）按钮：锁定当前对象的修改器堆栈，即使重新选择了其它对象，修改器堆栈仍然显示为锁定对象的修改器堆栈。

（2）Ⅱ、Ⅱ（显示最终结果开/关切换）按钮：这是一个开关按钮，若当前被选择的修改器不在修改器堆栈的最顶层，单击该按钮，只显示到此修改层级的修改效果，再次单击，显示全部修改效果。

（3）Ⅴ（使唯一）按钮：只有在当前被选择对象是以关联方式复制出来时，此按钮才可用。单击此按钮，即可取消该对象与被关联对象之间的关联关系。取消关联关系后，该按钮显示为Ⅴ灰色，表示当前选择的对象与任何对象都没有关联关系。

（4）🖫（配置修改器集）按钮：对修改工具按钮组的布局进行设置，可以将它们以列表的形式表现出来，也可以开启常见的按钮组。

下面通过一个简单的案例来具体讲解修改器堆栈的使用方法。

Effect 09 ▌修改器堆栈的使用方法

Step 01　单击 🔍/◎/ 长方体 按钮，在透视图中创建一个【长度】值为"15"、【宽度】值为"15"、【高度】值为"60"的长方体。

Step 02　单击 🖉 按钮，进入修改命令面板中，单击 修改器列表 ▼，在弹出的下拉列表中选择【弯曲】修改器，再次单击 修改器列表 ▼，在弹出的下拉列表中选择【编辑多边形】修改器，新加的两个修改器按顺序罗列在修改堆栈中。

Step 03　单击【编辑多边形】修改器的名称，进入该修改层级，在以后的章节中就将此操作简称为"进入××修改层级"

Step 04　单击左侧的 ➕ 按钮可展开子对象层级，移动鼠标光标到子对象【多边形】的名称上单击，可进入"多边形"子层级进行修改，在以后的章节中就将此操作简称为"进入××子对象层级"。

Step 05　单击 ➖ 按钮可收起子对象层级，单击 💡 按钮可隐藏该修改器的修改效果，再次单击将显示修改效果。

Step 06　单击【弯曲】修改器名称，进入弯曲修改层级，单击修改堆栈窗口下面的 🗑 按钮，删除该修改器。在以后的章节中就将此操作简称为"删除××修改器"。

3.6 常用参数化修改器

下面介绍 3ds Max 9 中常用的参数化修改器。

3.6.1 【弯曲】修改器

【弯曲】修改器主要用于对物体进行弯曲处理，通过调整其角度、方向和弯曲轴来得到各种不同的弯曲效果，如图 3-42 所示。另外，通过设置【限制】参数，弯曲效果还可以被限制在一定区域内。

在使用【弯曲】修改器时，要注意如果对象在弯曲轴向上的段数过少，弯曲效果会不太光滑；若没有段数划分，则不会产生弯曲效果。不同段数划分的效果如图 3-43 所示。

添加【弯曲】修改器后，在修改器堆栈中会添加【弯曲】修改器项目，【弯曲】修改器下有两个子对象:【Gizmo】子对象和【中心】子对象。

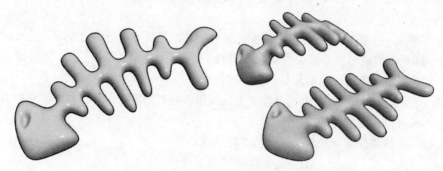

图 3-42　弯曲修改效果

（1）【Gizmo】子对象：可以在此子对象层级上利用变化工具修改 Gizmo 的大小、位置、角度来改变弯曲效果，并可以将该变换设置为动画。

（2）【中心】子对象：可以在此子对象层级上平移中心来改变弯曲 Gizmo 的图形，并由此改变弯曲对象的图形以及将该变换设置为动画。

【弯曲】修改器的参数面板形态如图 3-44 所示。

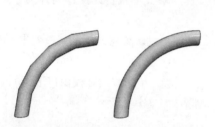

图 3-43　段数划分分别为 5 和 20 的效果　　　　图 3-44　【弯曲】修改器的参数面板

（1）【弯曲】栏。

①【角度】：设置弯曲的角度大小，效果如图 3-45 所示。

②【方向】：设置相对水平面的弯曲方向。

（2）【弯曲轴】栏。设置弯曲所依据的坐标轴向，如图 3-46 所示。

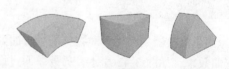

【角度】值：90　　【角度】值：180　　【角度】值：360　　　　　 x 轴　　　　y 轴　　　　z 轴

图 3-45　不同【角度】值的效果　　　　　　　图 3-46　不同【弯曲轴】的效果

（3）【限制】栏。

①【限制效果】：物体弯曲限制开关，不勾选时无法进行限制影响设置。

②【上限】：设置弯曲的上限值，在超过此上限的区域将不受弯曲影响，效果如图 3-47 所示。

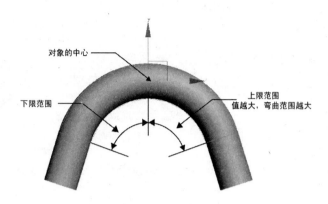

图 3-47 弯曲限制图解

③【下限】：设置弯曲的下限值，超过此下限的区域将不受弯曲影响。

限制功能在使用过程中应注意以下几点。

① 应正确放置中心，因为弯曲限制将产生在中心两端。

②【上限】值只能设为大于等于"0"的数。

【下限】值只能设为小于等于"0"的数。

下面以一个现有场景为例，介绍【弯曲】修改器的使用方法。

Effect 10 【弯曲】修改器使用方法

Step 01 选择菜单栏中的【文件】/【打开】命令，打开本书配套光盘"Scenes/03/03_鱼骨头.max"文件，这是一个简单的卡通鱼骨头模型场景。

Step 02 选择鱼骨头对象，单击 [图标] 按钮，进入修改面板，单击 修改器列表 ▼，在弹出的下拉列表中选择【弯曲】修改器。

Step 03 将修改命令面板中【参数】/【弯曲轴】设置为"X"轴，【参数】/【弯曲】/【角度】值设置为"150"，此时产生的弯曲效果如图 3-48 所示。

Step 04 将【参数】/【弯曲】/【方向】值设置为"90"，弯曲效果如图 3-49 所示。

Step 05 单击修改器堆栈窗口中的【弯曲】修改器左侧的 ➕（子对象开关）按钮，展开【弯曲】修改层的子对象层级。修改器堆栈窗口的状态如图 3-50 所示。

图 3-48 弯曲效果

图 3-49 弯曲效果

图 3-50 修改器堆栈窗口状态

Step 06 单击修改器堆栈窗口中的【Gizmo】套框使其变为亮黄色，在透视图中，【Gizmo】

套框的状态如图 3-51 所示；在 xy 平面内拖动对象的【Gizmo】观察模型的形态变化。如图 3-52 所示。

Step 07 最终的【弯曲】修改效果如图 3-53 所示。

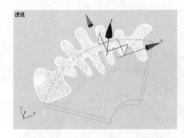

图 3-51 【Gizmo】套框的状态　　　图 3-52 模型形态变化效果　　　图 3-53 最终【弯曲】修改效果

Step 08 选择菜单栏中的【文件】/【保存】命令，将场景另存为"03_鱼骨头-好.max"文件。此场景的线架文件以相同名字保存在本书附盘的"Scenes\03"目录下。

3.6.2 【锥化】修改器

【锥化】修改器通过缩放几何体的两端使其产生锥化轮廓，可以在两组轴上控制锥化的量和曲线，同时还可以生成光滑的曲线轮廓。通过调整锥化的倾斜度及轮廓曲度，可以得到各种不同的锥化效果。另外，通过对【限制】参数的设置，锥化效果还可以被限制在一定区域内。各种锥化效果如图 3-54 所示。

图 3-54 锥化效果

【锥化】修改器的【参数】面板形态如图 3-55 所示。

使用【锥化】修改器与【弯曲】修改器的操作基本相同，在这里只对常用参数做以下解释。

（1）【锥化】栏

①【数量】：设置锥化的倾斜程度，效果如图 3-56 所示。此参数实际是一个倍数，物体边缘的缩放情况为：物体边缘半径×【数量】。

②【曲线】：设置锥化曲线的弯曲程度，数值为正，曲线向外凸出，数值为负，曲线向内凹陷，效果如图 3-57 所示。

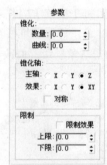

图 3-55 【锥化】修改器的【参数】面板

（2）【锥化轴】栏

①【主轴】：设置锥化所依据的轴向，效果如图 3-58 所示。

【数量】：0　　【数量】：0.5　　【数量】：1　　　　　【曲线】：0　　【曲线】：正值　　【曲线】：负值

图 3-56　不同【数量】值的效果　　　　　　　　　　图 3-57　不同【曲线】值的效果

②【效果】：设置产生影响效果的轴向。这个参数的轴向会随【主轴】的变化而变化，效果如图 3-59 所示。

x 轴　　　　　y 轴　　　　　z 轴　　　　　　x 轴　　　　　y 轴　　　　　z 轴

图 3-58　不同的【主轴】效果　　　　　　图 3-59　【主轴】为 z 轴时，不同的【效果】状态

③【对称】：设置对称的影响效果，如图 3-60 所示。

（3）【限制】栏

①【限制效果】：物体锥化限制开关，不勾选时无法进行限制影响设置。

②【上限】：设置锥化的上限值，在超过此上限的区域将不受锥化影响，其值为 "23" 时的限制锥化效果如图 3-61 所示。

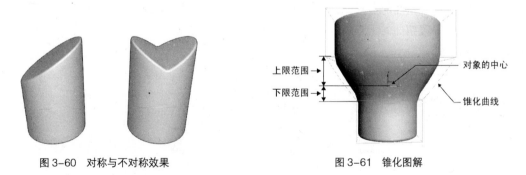

上限范围　　　　　　　　对象的中心

下限范围

锥化曲线

图 3-60　对称与不对称效果　　　　　　图 3-61　锥化图解

③【下限】：设置锥化的下限值，在超过此下限的区域将不受锥化影响。

3.6.3　【扭曲】修改器

【扭曲】修改器主要用于对物体进行扭曲处理，它会沿指定轴向扭曲物体表面的顶点，通过调整扭曲的角度和偏向值，可以得到各种不同的扭曲效果，如图 3-62 所示。另外，通过限制参数的设置，扭曲效果还可以被限制在一定区域内。

【扭曲】修改器的【参数】面板形态如图 3-63 所示。

图 3-62 添加【扭曲】修改的前后效果　　　　　图 3-63 【扭曲】修改器的【参数】面板

（1）【扭曲】栏

①【角度】：设置扭曲的角度大小，数值越大，扭曲程度越大，效果如图 3-64 所示。

②【偏移】：设置扭曲从中心向内或向外偏移程度，数值为正时，从中心向外偏移，数值为负时，向中心偏移，效果如图 3-65 所示。

图 3-64 不同【角度】的扭曲效果　　　　　　图 3-65 不同【偏移】值的扭曲效果

（2）【扭曲轴】栏。设置扭曲的参考轴向。

（3）【限制】栏

①【限制效果】：拉伸限制开关，不勾选时无法进行限制影响设置。

②【上限】：设置扭曲的上限值，超过此上限的区域将不受扭曲影响。

③【下限】：设置扭曲的下限值，超过此下限的区域将不受扭曲影响。设置上限、下限后的扭曲效果如图 3-66 所示。

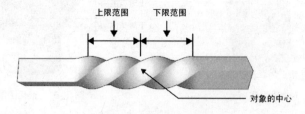

图 3-66 限制扭曲效果图解

3.6.4 【拉伸】修改器

【拉伸】修改器可以沿着特定拉伸轴应用缩放效果，并沿着剩余的两个副轴应用相反的缩放效果。添加【拉伸】修改的前后效果如图 3-67 所示。副轴上相反的缩放量会根据距缩放效果中心的距离进行变化。最大的缩放量在中心处，并且会朝着末端衰减。

【拉伸】修改器的【参数】面板形态如图 3-68 所示。

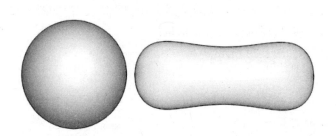

图 3-67　添加【拉伸】修改的前后效果

图 3-68　【拉伸】修改器的【参数】面板

（1）【拉伸】栏

①【拉伸】：为所有的 3 个轴设置基本缩放因子，图 3-69 所示为不同【拉伸】值的效果。

正的拉伸值将缩放因子定义为"拉伸值+1"。例如，如果拉伸值为"1.5"，那么产生的缩放因子就为：1.5 + 1 = 2.5 或 250%。

负的拉伸值将缩放因子定义为：$-1/$（拉伸值-1）。例如，如果拉伸值为"-1.5"，那么产生的缩放因子为：$-1/(-1.5-1) = 0.4$ 或 40%。

计算出来的缩放因子就应用到选定的拉伸轴，而相反的缩放因子则应用到副轴上。

②【放大】：更改应用到副轴上的缩放因子。放大使用与拉伸相同的技术来生成倍增。随后在计算副轴上的缩放因子之前，将倍增应用到拉伸值。图 3-70 所示为不同【放大】值的效果。

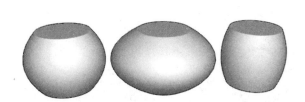

图 3-69　不同【拉伸】值的效果

图 3-70　【放大】值分别为"0"、"1"、"-1"的效果

放大值按以下的方式影响沿副轴的缩放：

使用从【拉伸】值中计算默认的缩放因子；正值扩大效果；负值减小效果；值为 0 没有效果。

（2）【拉伸轴】栏。设置扭曲的参考轴向。

（3）【限制】栏

①【限制效果】：拉伸限制开关，不勾选时无法进行限制影响设置。

②【上限】：设置拉伸的上限值，超过此上限的区域将不受拉伸影响。

③【下限】：设置拉伸的下限值，超过此下限的区域将不受拉伸影响。设置上限、下限后的拉伸效果如图 3-71 所示。

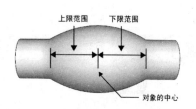

图 3-71　限制拉伸效果图解

3.6.5 【倾斜】修改器

【倾斜】修改器主要用于对物体进行倾斜修改，它会沿指定轴向倾斜物体表面，如图 3-72 所示。另外，通过限制参数的设置，倾斜效果还可以被限制在一定区域内。

【倾斜】修改器的【参数】面板形态如图 3-73 所示。

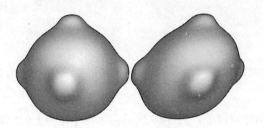

图 3-72 【倾斜】修改效果　　　　　　　　图 3-73 【倾斜】修改器的【参数】面板

【倾斜】修改器的用法与【弯曲】修改器基本相同，在这里只对常用参数做以下解释。

（1）【倾斜】栏

①【数量】：设置倾斜角度。值越大，倾斜越大。效果如图 3-74 所示。

②【方向】：设置相对于水平面的倾斜方向。

（2）【倾斜轴】栏。设置倾斜所依据的坐标轴向。

（3）【限制】栏

①【限制效果】：倾斜限制开关，不勾选时无法进行限制影响设置。设置限制效果后的倾斜效果如图 3-75 所示。

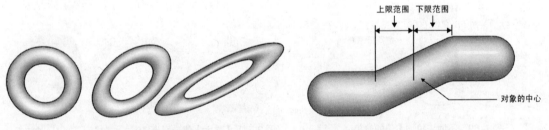

【数量】：0　　数量】：10　　【数量】：15

图 3-74 不同【数量】值的倾斜效果　　　　图 3-75 限制倾斜效果图解

②【上限】：设置拉伸的上限值，超过此上限的区域将不受拉伸影响。

③【下限】：设置拉伸的下限值，超过此下限的区域将不受拉伸影响。

3.7 课堂实践——玩具鱼

下面通过组合基本几何体与修改器来制作玩具鱼模型，完成的模型如图 3-76 所示。

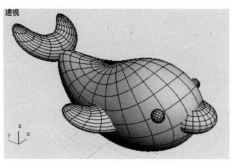

图 3-76　玩具鱼

① 重置设定系统。单击创建面板的 / ◎ / 球体 按钮，在顶视图创建一个球体，参数设置如图 3-77 所示，此时透视图效果如图 3-78 所示。

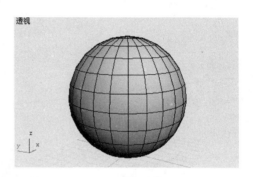

图 3-77　参数设置　　　　　　　　　　图 3-78　透视图效果

② 单击 按钮，进入修改命令面板。单击选择 修改器列表 下拉列表中的【拉伸】修改器，为球体添加【拉伸】修改器。参数设置如图 3-79 所示，此时透视图效果如图 3-80 所示。

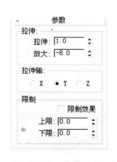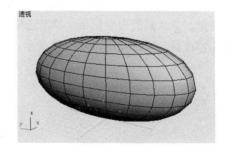

图 3-79　参数设置　　　　　　　　　　图 3-80　透视图效果

③ 单击选择 修改器列表 下拉列表中的【锥化】修改器，为球体添加【锥化】修改器。参数设置如图 3-81 所示。此时透视图效果如图 3-82 所示。

④ 单击选择 修改器列表 下拉列表中的【弯曲】修改器，为球体添加【弯曲】修改器。参数设置如图 3-83 所示。此时透视图效果如图 3-84 所示。

⑤ 单击选择 修改器列表 下拉列表中的【网格平滑】修改器，为球体添加【网格平滑】修改器。参数设置如图 3-85 所示。此时透视图效果如图 3-86 所示。

图 3-81　参数设置

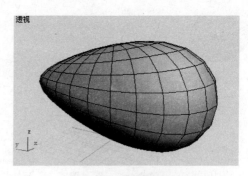

图 3-82　透视图效果

图 3-83　参数设置

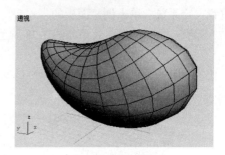

图 3-84　透视图效果

图 3-85　参数设置

图 3-86　平滑效果

⑥ 单击创建面板的 　/　/　　球体　　按钮，在左视图创建一个球体，半径大小为 "46"。

⑦ 单击 　 按钮，进入修改命令面板。单击选择 修改器列表 　下拉列表中的【拉伸】修改器，为球体添加【拉伸】修改器。参数设置如图 3-87 所示。此时透视图效果如图 3-88 所示。

图 3-87　参数设置

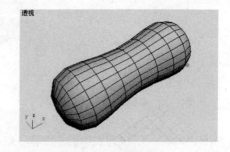

图 3-88　透视图效果

⑧ 现在需要将对象向另外一个轴向进行拉伸，再次为球体添加【拉伸】修改器。参数设置如图 3-89 所示。此时透视图效果如图 3-90 所示。

⑨ 单击选择 修改器列表 　下拉列表中的【锥化】修改器，为球体添加【锥化】修改器。参数设置如图 3-91 所示。此时透视图效果如图 3-92 所示。

图 3-89 参数设置

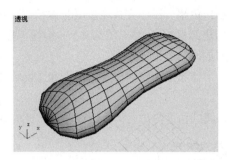

图 3-90 透视图效果

图 3-91 参数设置

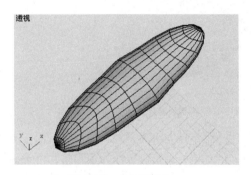

图 3-92 透视图效果

⑩ 单击选择 修改器列表 ▼ 下拉列表中的【弯曲】修改器，为球体添加【弯曲】修改器。参数设置如图 3-93 所示。此时透视图效果如图 3-94 所示。

图 3-93 参数设置

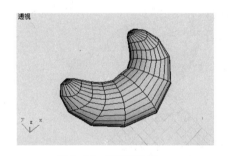

图 3-94 透视图效果

⑪ 单击选择 修改器列表 ▼ 下拉列表中的【网格平滑】修改器，为球体添加【网格平滑】修改器。修改【迭代次数】值为"2"。此时透视图效果如图 3-95 所示。

⑫ 调整鱼尾部的角度，此时效果如图 3-96 所示。

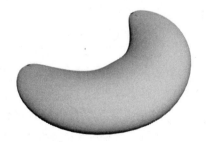

图 3-95 参数设置效果

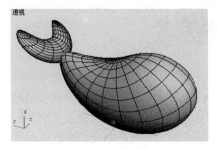

图 3-96 平滑效果

⑬ 现在制作鱼鳍。制作方式和鱼尾非常相似，只是以半球开始，

⑭ 单击创建面板的 按钮，在左视图创建一个球体，半径大小为"19"，将【半球】选项的数值修改为"0.45"。

⑮ 依次为半球添加【拉伸】、【弯曲】和【网格平滑】修改器，参数设定可自行练习。效果如图 3-97 所示。

⑯ 调整鱼鳍的角度与位置，再镜像一份，此时效果如图 3-98 所示。

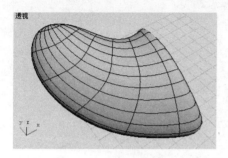

图 3-97　参数设置效果

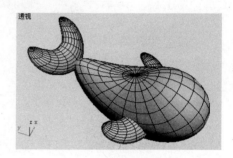

图 3-98　镜像效果

⑰ 再创建一个半径大小为"32"的球体，沿 z 压缩一半，调整位置作为鱼嘴，再创建一个半径大小为"8"的球体，调整位置作为鱼眼睛，再镜像一份，此时效果如图 3-99 所示。

⑱ 简单渲染的效果如图 3-100 所示。参数化修改器的灵活性在于，可以在任何时候返回到修改器堆栈中修改参数数值来调整形态，以可以通过可调的参数来设置动画。

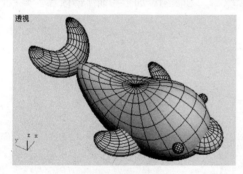

图 3-99　最终效果

图 3-100　简单渲染效果

⑲ 选择菜单栏中的【文件】/【保存】命令，将场景另存为"03_鱼.max"文件。此场景的线架文件以相同名字保存在本书附盘的"Scenes\03"目录中。

小结

本章主要介绍了参数化建模的概念、各种标准基本体与扩展基本体的创建方法及其参数解释，这些物体都是最常见的几何体，通过不同的排列组合可以搭建出形态各异的复杂造型。

本章还介绍了建筑构件的建模方法，由于建筑构件结构复杂，所以熟悉各部件的名称及参数功能就显得尤为重要，这需要我们耐心地调试参数，并仔细地观察每个参数对物体的作用。

常用的参数化修改器主要有【弯曲】、【锥化】、【扭曲】、【倾斜】等修改器。其中【弯曲】修改

功能的用法，与【锥化】、【扭曲】、【倾斜】基本类似，因此要重点区分它们对物体的不同影响效果。这些修改功能可以应用在大部分的几何体上，但是要注意物体要有足够的分段（或网格）数，否则会无法完成指定的修改效果。

习题

一、问答题

1. 简述【自动栅格】功能的作用和使用方法。
2. 简述如何修改已创建好的墙体。
3. 栏杆的创建方法有哪几种？
4. 若想使墙体自动产生匹配的门窗洞，在创建门窗时有几种方法？
5. 【锥化】修改器参数面板中的【数量】含义是什么？
6. 限制功能在使用过程中应注意哪几点？

二、操作题

利用本章所介绍的内容，参照如图 3-101 所示创建的模型，此场景的线架文件以"03_风铃.max"为名保存在本书附盘的"习题"目录下。

图 3-101　风铃模型

第 **4** 章

常用辅助工具

在实际工作中，为了提高工作的效率与准确性，可利用 3ds Max 9 提供的丰富的绘图辅助工具，常用的辅助工具主要包括：复制工具、阵列工具、镜像工具、间隔工具以及对象的对齐与捕捉、对象的成组与解组等。这些工具可以帮助用户快速、准确地创建、编辑和管理场景。

【教学目标】

- 掌握复制、镜像、阵列对象及间隔工具的使用方法。
- 掌握对齐、快速对齐、法线对齐工具的使用方法。
- 掌握捕捉工具的使用方法。
- 掌握成组工具的使用方法。
- 掌握层管理方式。

4.1 复制工具

复制工具在创建场景时经常使用，利用它可以快速地复制出多个形态相同的对象。根据不同的需要，3ds Max 提供了克隆、镜像、阵列以及沿路径等 4 种间距复制方式，可以快速建立场景，有效地提高建模效率。

4.1.1 【克隆】复制

【克隆】命令的应用非常简单，选择对象后，再选取菜单栏中的【编辑】/【克隆】命令，弹出【克隆选项】对话框，设置相应选项即可完成复制操作，也可以配合键盘上的 Shift 键来完成复制操作。

在如图 4-1 所示的【克隆选项】对话框中有以下几个可选项，其中【复制】、【实例】和【参考】选项与在其他复制命令中的含义相同。

【对象】选项栏中的 3 个选项是用来指定原始对象与复制对象间的相互关系的。

（1）【复制】：原始对象与复制对象间相互独立，修改任意对象的任何参数都不会影响其他对象的参数。

（2）【实例】：原始对象与复制对象间相互关联，修改其中一个对象参数的同时，其他对象的参数也会自动做相应的修改。

图 4-1 【克隆选项】对话框

（3）【参考】：以原始对象为模板，产生单向关联的复制对象，原始对象的所有参数变化都将影响对象物体，而复制物体在关联分界线以上所做的修改将不会影响原物体。复制物体的修改器堆栈中，关联分界线的位置如图 4-2 所示。

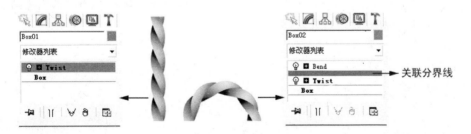

图 4-2 参考复制图解

（4）【副本数】：设置要复制物体的个数。如设置此项为 "2"，即复制出两个物体，加上原物体，场景中共有 3 个物体。

取消对象间的关联关系：单击 按钮进入修改命令面板，单击修改堆栈窗口下方的 按钮。即可取消对象间的关联关系。

通过选取菜单栏中的【编辑】/【克隆】命令（快捷键为 Ctrl+V）复制的对象与原始对象重合在一起。

Effect 01 | 移动复制

Step 01 重新设定系统。单击创建命令面板中的 球体 按钮，在透视图中创建一个半径为"20"的球体。

Step 02 激活前视图，单击主工具栏中的 ✛ 按钮，按住键盘上的 Shift 键，将鼠标光标放在球体的 x 轴上向右拖动一段距离，松开鼠标左键，在弹出的【克隆选项】对话框中选择【复制】项，单击 确定 按钮。

Step 03 单击 ✎ 按钮进入修改命令面板，将【半径】值设为"10"，发现复制后的球体变小，而原球体并没有发生变化。

Step 04 多次单击主工具栏中的 ↶ 按钮（快捷键为 Ctrl+Z），取消上一步操作，直至恢复到复制前的状态。

Step 05 再次进行克隆复制操作，在弹出的【克隆选项】对话框中选择【实例】选项，单击 确定 按钮。

Step 06 在修改命令面板中，将【半径】值设为"10"，发现两个球体都变小，就说明它们之间存在着关联关系，同样，修改另一个球体的半径，两个球体也同时发生变化。

Effect 02 | 旋转复制

Step 01 重新设定系统。单击创建命令面板中的 圆锥体 按钮，在透视图中创建一个【半径】为"8"，【高度】为"20"的圆锥体。单击创建命令面板中的 圆柱体 按钮，在透视图中创建一个【半径】为"3"，【高度】为"30"的圆柱体。效果如图 4-3 所示。

Step 02 选择圆锥体和圆柱体，选取菜单栏中的【组】/【成组】命令。保持默认名称，单击 确定 按钮。

Step 03 激活前视图，单击主工具栏中的 ✛ 按钮，选择成组后的对象，单击命令面板的 ⣿【层次】按钮，单击 仅影响轴 按钮，将对象的轴心沿世界坐标的 z 轴向下移动一段距离，效果如图 4-4 所示。然后再次单击 仅影响轴 按钮。

Step 04 激活前视图，单击主工具栏中的 ↻ 按钮，按住键盘上的 Shift 键，沿视图平面旋转轴旋转一定角度，松开鼠标左键，在弹出的【克隆选项】对话框中选择【复制】项，设置【副本数】为"6"，单击 确定 按钮。效果如图 4-5 所示。

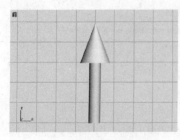

图 4-3 创建圆锥体和圆柱体

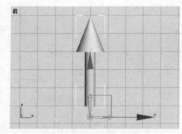

图 4-4 移动成组后的对象

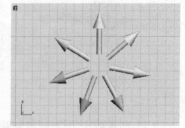

图 4-5 旋转复制对象

Effect 03 | 缩放复制

Step 01 重新设定系统。单击创建命令面板中的 圆环 按钮，在顶视图中创建一个任意大小的圆环，如图 4-6 所示。

单击主工具栏中的 ![](按钮，按住键盘上的 Shift 键，等比例适当放大对象，松开鼠标左键，在弹出的【克隆选项】对话框中选择【复制】项，设置【副本数】为 "2"，单击 确定 按钮。效果如图 4-7 所示。

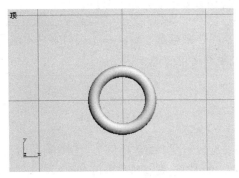
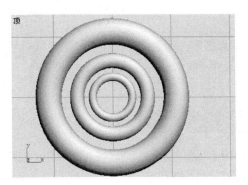

图 4-6　创建圆环　　　　　　　　　　　　　图 4-7　缩放复制圆环

4.1.2　【镜像】复制

　　【镜像】复制命令可产生一个或多个物体的镜像。镜像物体可以选择不同的克隆方式，同时还可以沿着指定的坐标轴进行偏移镜像，镜像效果如图 4-8 所示。

　　【镜像】对话框如图 4-9 所示。

　　（1）【镜像轴】：选择要镜像的轴向。镜像轴可以是单向轴，也可以是轴平面，镜像效果如图 4-10 所示。

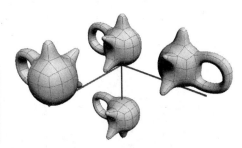

图 4-8　【镜像】复制效果　　　　图 4-9　【镜像】参数面板　　　　图 4-10　不同轴向的镜像效果

　　【偏移】：设置镜像对象与原始对象之间的距离，距离值是两对象的轴心点间的距离。

　　（2）【克隆当前选择】：设置镜像对象与原始对象间的关联关系，选项的含义与克隆命令中的选项一样，其中【不克隆】选项是指只镜像而不进行复制。

　　下面通过一个案例来进行镜像复制练习。

Effect 04 ▌镜像复制

Step 01 重新设定系统。单击创建命令面板中的 茶壶 按钮，在透视图中创建一个半径为

"20"的茶壶。

Step 02 单击主工具栏中的 按钮，在弹出的【镜像】对话框中勾选【镜像轴】/【X】项并设置【偏移】值为"80"，然后勾选【克隆当前选择】/【复制】选项。

Step 03 单击 确定 按钮，此时在原茶壶对面就镜像复制出了另外一个茶壶。

> (!) **要点提示**：镜像功能在正交视图中使用的是屏幕操作坐标系，所以在不同的窗口中做镜像时选择同一镜像轴产生的结果会有所不同，在透视图中使用的是世界坐标。

4.1.3 【阵列】复制

使用【阵列】命令，可以按一定规律（偏移距离、旋转角度、缩放比例）来制作有节奏韵律的对象阵列效果，阵列可以是单轴阵列、二维平面阵列，也可以设置三维空间阵列。3种阵列效果如图 4-11 所示。

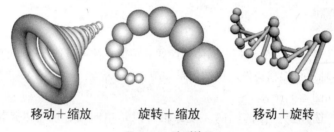

移动＋缩放　　旋转＋缩放　　移动＋旋转

图 4-11　阵列效果

选择菜单栏中的【工具】/【阵列】命令，打开【阵列】对话框，如图 4-12 所示。【阵列】对话框中的一些常用参数含义如下。

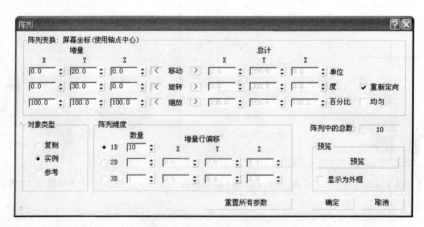

图 4-12　【阵列】对话框

（1）【增量】：相邻的两个阵列物体之间的距离。

$$总距离＝【增量】×【数量】$$

（2）【总计】：阵列中第 1 个物体到最后 1 个物体之间的总距离值。

$$每物体间距＝【总计】÷【数量】$$

增量与总计的关系如图 4-13 所示。

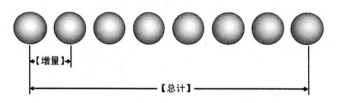

图 4-13 【增量】与【总计】的关系图

（3）<：单击该按钮，将使用【增量】方式

（4）>：单击该按钮，将使用【总计】方式

（5）【对象类型】：设置阵列之后的所有物体之间的关联关系。

（6）【阵列维度】：设置阵列的维度，可选维度有以下 3 种。

【1D】：设置一维阵列产生的物体总数。

【2D】：设置二维阵列的数量，右侧的【X】、【Y】、【Z】用来设置新的偏移值。

【3D】：设置三维阵列的数量，右侧的【X】、【Y】、【Z】用来设置新的偏移值。

3 种阵列效果如表 4-1 所示。

表 4-1 3 种阵列效果

名　称	参　数	效　果
一维阵列	数量 X Y Z ● 1D ⎢10⎥ ⎢50.0⎥ ⎢0.0⎥ ⎢0.0⎥	
二维阵列	阵列维度 数量　增量行偏移 ○ 1D ⎢5⎥ ● 2D ⎢5⎥ X ⎢0.0⎥ Y ⎢50.0⎥ Z ⎢0.0⎥ ○ 3D	
三维阵列	阵列维度 数量　增量行偏移 ○ 1D ⎢5⎥ ○ 2D ⎢5⎥ X ⎢0.0⎥ Y ⎢50.0⎥ Z ⎢0.0⎥ ● 3D ⎢5⎥ ⎢0.0⎥ ⎢0.0⎥ ⎢50.0⎥	

（7）【重新定向】：专为旋转阵列设置。勾选此项时，可以使旋转阵列物体除了沿指定轴心旋转外，还会沿自身的轴旋转。不勾选此项时，物体会保持其原始方向。效果如图 4-14 所示。

（8）【均匀】：专为缩放阵列设置。不勾选此项，可以分别设置 3 个轴向上的缩放比例，进行非等比缩放。勾选此项后，只能等比缩放。

（9）【预览】：激活　　预览　　按钮后，可以实时预览调节参数时的阵列效果。

（10）【显示为外框】：当阵列物体拥有过高的网格面数时，在预览过程中会降低系统的显示速度，勾选此项后，可以只简单地显示物体外框，从而提高了预览的显示速度，效果如图 4-15 所示。

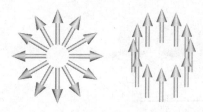

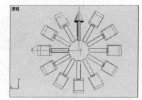

（a）勾选【重新定向】　（b）不勾选【重新定向】　　　　　　　（a）不勾选【显示为外框】　　（b）勾选【显示为外框】

图 4-14　【重新定向】效果　　　　　　　　　　　　　图 4-15　【显示为外框】效果

（11）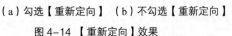按钮：单击此按钮可将所有参数重置为其默认设置。

下面通过一个案例来进行阵列复制练习。

Effect 05 ▌ 阵列复制

Step 01 重新设定系统。在透视图中创建一个半径为"10"的球体。在视图空白处单击鼠标右键取消创建状态。

Step 02 单击创建命令面板中的 **圆柱体** 按钮，在顶视图中创建一个【半径】为"4"、【高度】为"80"的圆柱体。

Step 03 复制球体一份，调整球体与圆柱体的位置，效果如图 4-16 所示。

Step 04 选择所有物体，选择菜单栏中的【组】/【成组】命令，在弹出的对话框中修改【组名】为"基本对象"，单击 **确定** 按钮。

Step 05 选择成组的物体，激活透视图，选择菜单栏中的【工具】/【阵列】命令，打开【阵列】对话框，并设置参数如图 4-17 所示。

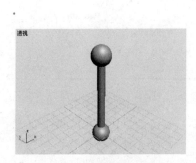
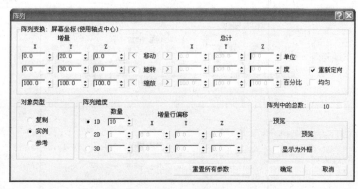

图 4-16　创建球体与圆柱体　　　　　　　　图 4-17　【阵列】对话框中的设置

> **⚠ 要点提示**：在正交视图中作阵列使用的是【屏幕】坐标系统，在透视图中使用的是【世界】坐标系统。因此在不同的视图中做阵列时所选的轴向会有区别。

Step 06 激活 **预览** 按钮，可以在视图中看到阵列结果。单击 **确定** 按钮确认。阵列效果如图 4-18 所示，最终渲染效果如图 4-19 所示。

> **⚠ 要点提示**：应注意设置各阵列方式的位移参数位置有所不同：【1D】（一维）的【X】、【Y】、【Z】增量值在【阵列变换】/【增量】中设定，而【2D】与【3D】的增量值在【阵列维度】栏中设定，可参见图 4-17。

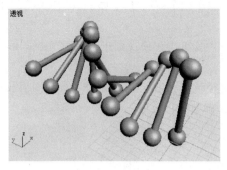

图 4-18　阵列效果

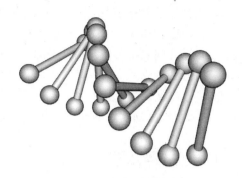

图 4-19　最终渲染效果

Step 07　选择菜单栏中的【文件】/【另存为】命令，将场景另存为"04_DNA.max"文件。此场景的线架文件以相同名字保存在本书附盘的"Scenes/04"目录下。

4.1.4　【间隔工具】复制

使用【间隔工具】命令可以沿着曲线或在空间的两点间均匀复制排列对象，效果如图 4-20 所示。

【间隔工具】窗口中主要参数的功能讲解如下。

（1）　拾取路径　按钮：选择复制对象后，再单击该按钮，选择一条样条曲线作为路径进行间隔复制。

（2）　拾取点　按钮：单击该按钮选择任意两点，在这两点之间的直线距离上进行间隔复制。

（3）【计数】：复制对象的总数。

（4）【间距】：勾选该选项，再取消勾选【计数】，可以设置相邻两物体之间的距离。系统会在总距离不变的情况下，自动调节物体的个数。如果同时勾选【计数】，则无法在曲线路径上进行间隔复制，系统会自动转换为直线间隔复制。

Effect 06　｜　利用【间隔工具】命令复制排列对象

Step 01　重新设定系统。在透视图中创建一个半径为"10"的球体。

Step 02　单击命令面板中的　／　／　螺旋线　按钮，激活顶视图，按住鼠标左键，拖曳出一个圆形，生成螺旋线的底半径，松开鼠标左键，再上下移动鼠标光标，单击鼠标左键确认螺旋线的高度，再上下移动鼠标光标，单击鼠标左键确认螺旋线的顶半径，效果如图 4-21 所示。

图 4-20　间隔效果

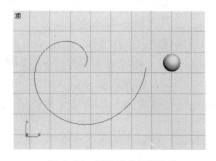

图 4-21　间隔工具复制效果

Step 03 选择场景中的球体，选择菜单栏中的【工具】/【间隔工具】命令，也可以按下键盘的 Shift + I 键，弹出【间隔工具】对话框。

Step 04 单击【间隔工具】对话框中的 拾取路径 按钮，在顶视图中拾取螺旋线图形，此时 拾取路径 按钮变成了 Helix01 。

Step 05 将【计数】值设置为"10"。沿着螺旋线路径就复制出了10个球体，参数面板及效果分别如图4-22和图4-23所示。单击 应用 按钮，确定复制效果。

图4-22 【间隔工具】窗口

图4-23 【间隔工具】复制效果

4.2 对齐工具

使用对齐工具可以帮助用户精确定位对象，单击主工具栏中的 ◆ 按钮，按住鼠标左键不放，将弹出隐藏的按钮组，本节主要讲介绍 ◆（对齐）工具与 ◆（快速对齐）工具。

4.2.1 【快速对齐】工具

【快速对齐】工具可以简单地使当前对象的轴心点快速与目标对象的轴心点对齐。

Effect 07 【快速对齐】工具

Step 01 选择菜单栏中的【文件】/【打开】命令，打开本书配套光盘"Scenes\04"目录中的"04_快速对齐.max"文件，如图4-24所示。

Step 02 激活前视图，选择球体，单击主工具栏中的 ◆ 按钮，按住鼠标左键不放，弹出隐藏的按钮组，拖曳鼠标到 ◆（快速对齐）按钮上后释放鼠标，该按钮自动变为 ◆ 激活状态。

ⓘ 要点提示：【快速对齐】工具的快捷键为：Shift + A。

Step 03 将鼠标光标放在另一个对象上，此时鼠标光标变为 ⁺ᵥ 状态。单击鼠标左键，小球自动对齐到另一个对象的中心，效果如图4-25所示。

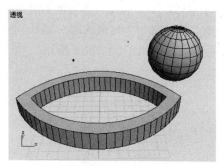

图 4-24　打开的场景

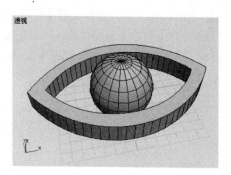

图 4-25　对齐效果

4.2.2 【对齐】工具

　　使用【对齐】工具可以将多个对象通过移动变换，对齐于一个目标对象。其中位置产生变化的对象称为当前对象；作为基准，位置大小不变的对象称为目标对象。【对齐】工具的使用方式与【快速对齐】工具一样，先选择要变换的对象，再单击主工具栏中的 ◈ 按钮（或按下键盘的 Alt+A 键），然后单击目标对象，弹出如图 4-26 所示的【对齐当前选择】对话框，在对话框中选择对齐方式，◈【对齐】工具提供很多对齐基准点。

Effect 08 ▌ 【对齐】工具

Step 01　选择菜单栏中的【文件】/【打开】命令，打开本书配套光盘"Scenes\04"目录中的"04_对齐.max"文件，如图 4-27 所示。对齐最终渲染效果如图 4-28 所示。

图 4-26　【对齐当前选择】对话框

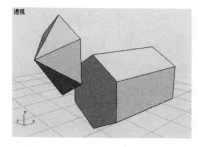

图 4-27　打开场景文件

图 4-28　对齐最终渲染效果

Step 02　激活透视图，选择六棱锥物体，单击 ◈ 按钮，将鼠标光标放在棱柱上，此时鼠标光标变为 ⊹◈ 形态。

　　⊕ **要点提示**：使用【对齐】工具之前，被选中的物体是当前对象，该物体将在对齐操作中产生位移，激活 ◈ 按钮后再选择的物体为目标对象，该物体只起到提供基准点的作用，不会产生位移。若没有物体被选择，则无法激活 ◈ 按钮。

Step 03 单击鼠标左键，在弹出的【对齐当前选择】对话框中点选【当前对象】/【中心】选项和【目标对象】/【中心】选项，确认【Y 位置】和【Z 位置】选项为勾选状态，如图 4-29（a）所示，然后单击 应用 按钮，则两个物体呈中心对齐状态，如图 4-29（b）所示。

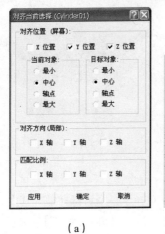 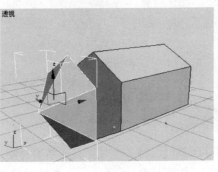

（a）　　　　　　　　　　　　　　（b）

图 4-29 【对齐当前选择】对话框状态及对齐结果

> **⚠ 要点提示**：此时【对齐当前选择】对话框并不关闭，但各轴选项均恢复为默认状态。

Step 04 再次选择六棱锥物体，单击◆按钮，再单击棱柱，在弹出【对齐当前选择】对话框中选择【X 位置】选项、【当前对象】/【最大】选项和【目标对象】/【最小】选项，如图 4-30（a）所示。

Step 05 单击 确定 按钮，【对齐当前选择】对话框自动关闭，效果如图 4-30（b）所示。

 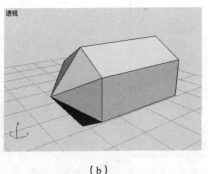

（a）　　　　　　　　　　　　　　（b）

图 4-30 【对齐当前选择】对话框状态及对齐效果

Step 06 选择菜单栏中的【文件】/【另存为】命令，将场景另存为"04_对齐-好.max"文件。此场景的线架文件以相同名字保存在本书附盘的"Scenes\04"目录下。

4.2.3 法线对齐

法线是定义面或顶点指向的向量。法线的方向指示了面或顶点的正方向，如图 4-31 所示。

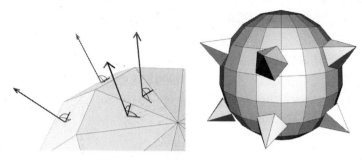

图 4-31　不同面的法线指向

【对齐当前选择】对话框和【法线对齐】对话框中各主要参数的含义讲解如下。

1.【对齐当前选择】对话框各参数含义

在【对齐当前选择】对话框中各参数解释如下。

（1）【对齐位置】栏

> ⚠ **要点提示**：该选项栏在正交视图中对齐坐标使用的是屏幕坐标系统，在透视图中使用的是世界坐标系统。

① 【X 位置】、【Y 位置】、【Z 位置】：确定对齐所使用的轴向，可以使对象在某个单向轴向上对齐，也可以在其中两个轴向或所有轴向上对齐。

② 【当前对象】、【目标对象】：分别指定当前对象与目标对象的对齐位置。如果让 A 与 B 对齐，那么 A 为当前对象，B 为目标对象。其下选项的对应位置可参见图 4-30 所示。

③ 【最小】、【中心】、【轴点】、【最大】：分别确定当前对象与目标对象对齐的基准点。图 4-32 所示为 x 轴与 y 轴向的基准示意。其中对象的变换 Gizmo 不在对象中点。

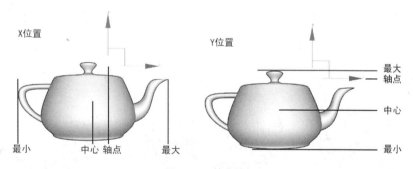

图 4-32　基准示意

（2）【对齐方向】栏

当前对象或目标对象有旋转角度时，若需要对齐角度，可选择相应的对齐轴向。

（3）【匹配比例】栏

当前对象或目标对象有比例缩放时，若需要匹配比例，可选择相应的匹配轴向。

2.【法线对齐】对话框中各参数含义

在【法线对齐】对话框中各参数解释如下。

（1）【位置偏移】栏

设置物体对齐后沿各轴向的偏移距离，距离值由切点处计算。

（2）【旋转偏移】栏

①【角度】：设置物体沿切线轴向旋转的角度。

②【翻转法线】：法线对齐可以产生两个物体沿指定表面相切或相贴的效果，并可以产生内切或外切，勾选该选项，将物体在法线方向上翻转镜像，变为内切方式，如图4-33所示。

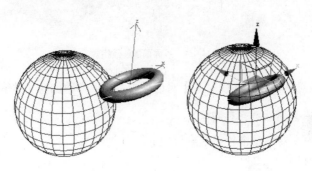

外切效果　　　　　　　　　　内切效果

图4-33　法线对齐的外切及内切效果

下面通过一个案例来讲解法线对齐的方法。

Effect 09 ▌法线对齐

Step 01　选择菜单栏中的【文件】/【打开】命令，打开本书配套光盘"Scenes\04"目录中的"04_法线对齐.max"文件。

Step 02　在透视图中选择锥体。单击 ✏ 按钮组中的 ✎ 按钮，将鼠标光标放在锥体顶部的平面上，位置如图4-34（a）所示；单击鼠标左键，则在射灯平面上出现一条蓝色法线标记，表示法线对齐的基准点，如图4-34（b）所示；然后在球体的表面上单击鼠标左键，拾取其法线，位置如图4-34（c）所示。

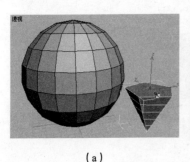　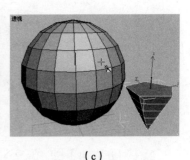

（a）　　　　　　　　　　（b）　　　　　　　　　　（c）

图4-34　分别拾取射灯和射灯座的法线

Step 03　在弹出的【法线对齐】对话框中单击 确定 按钮，【法线对齐】对话框形态如图4-35（a）所示，此时锥体就贴到了射灯座的顶面，效果如图4-35（b）所示。

Step 04　选择菜单栏中的【文件】/【另存为】命令，将场景另存为"04_法线对齐-好.max"文件。此场景的线架文件以相同名字保存在本书附盘的"Scenes\04"目录下。

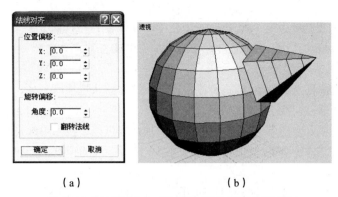

（a）　　　　　　　　　　　（b）

图 4-35 【法线对齐】对话框形态及法线对齐后的结果

4.3　捕捉工具

3ds Max 9 的捕捉工具极大地提高了建模精度，尤其在一些要求精确建模的工作中，这项功能显得尤为重要。捕捉工具可用于准确捕捉需要的点，从而精确定位创建模型的位置。

1.【捕捉】工具栏

在主工具栏中的空白处单击鼠标右键，在弹出的快捷菜单中选择【捕捉】选项，会弹出浮动的【捕捉】工具栏，如图 4-36 所示。这里提供了一些最常用的捕捉按钮，各按钮功能如下，各种捕捉效果如图 4-37 所示。

图 4-36 【捕捉】工具栏

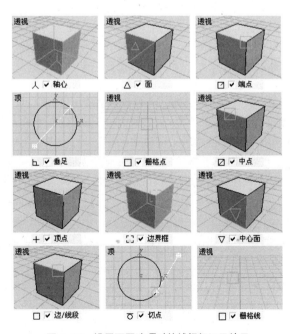

图 4-37　设置不同选项时的捕捉标记及效果

> **⚠ 要点提示**：单击【捕捉】工具栏中的按钮与勾选【栅格和捕捉设置】窗口中的相应选项功能相同，即激活相应按钮，则会同时开启【栅格和捕捉设置】窗口中的相应的功能。

（1）⊞【捕捉到栅格点切换】：捕捉到栅格交点。这是默认选项。

（2）⊙【捕捉到轴心切换】：捕捉到对象的轴心点。

（3）⬡【捕捉到顶点切换】：捕捉到网格对象的顶点或可以转换为可编辑网格对象的顶点。

（4）◺【捕捉到端点切换】：捕捉到网格边的端点或样条线的顶点，特别适用于二维曲线画线时的捕捉。

（5）◿【捕捉到中点切换】：捕捉到网格边的中点和样条线分段的中点。

（6）◿【捕捉到边/线段切换】：捕捉网格对象的边或样条线分段的任何位置。

（7）◿【捕捉到面切换】：捕捉到网格对象面内的任何位置。

（8）◸【捕捉到冻结对象切换】：该按钮默认为激活状态，可以捕捉到冻结对象。

（9）⬚【捕捉使用轴约束切换】：该按钮默认为激活状态，则在平移对象时，只能在限定的轴向（即激活的 Gizmo 图标中的轴向）进行平移。否则将忽略轴向约束进行自由移动。

2．捕捉的空间位置

在 3ds Max 9 中，从捕捉的空间位置上可分为二维捕捉⬚²、2.5 维捕捉⬚⁵ 和三维捕捉⬚³，这些按钮都是重叠在一起的，各自含义如下。

（1）二维捕捉⬚²：只捕捉当前视图中栅格平面上的曲线和无厚度的表面造型，对于三维空间中的其他点则无效，通常用于平面图形的捕捉。

（2）2.5 维捕捉⬚⁵：这是一个介于二维与三维空间的捕捉设置，可以捕捉到三维空间中的任意点，但所绘制的图形都只能是栅格平面上的投影图。

（3）三维捕捉⬚³：直接在三维空间中捕捉所有类型的物体。

下面来讲解捕捉的使用方法

Effect 10 ▌**捕捉的使用方法**

Step 01 重新设定系统。单击主工具栏中的⬚³（捕捉开关）按钮，然后在该按钮上单击鼠标右键，打开如图 4-38 所示的【栅格和捕捉设置】窗口，该窗口中提供了所有可用的捕捉选项。

Step 02 确认勾选【栅格点】选项，然后关闭该对话框。

Step 03 单击创建命令面板中的　平面　按钮，激活顶视图，此时鼠标光标上会有一个蓝色⊕捕捉标记，该标记会自动附着在最靠近鼠标光标的栅格交叉点上。

Step 04 捕捉一个栅格点后按住鼠标左键拖动，然后捕捉另一个栅格点，创建一个长为"400"、宽为"300"的平面物体，在创建过程中注意观察右侧参数面板中的长宽参数变化。

Step 05 单击键盘上的 G 键，隐藏顶视图的栅格，打开【栅格和捕捉设置】窗口，增加勾选【顶点】选项。

Step 06 适当调整顶视图，在【扩展基本体】面板中单击　C-Ext　按钮，在顶视图中分别捕捉平面物体的左上角点和右下角点创建一个 C 形墙，高度与宽度可以在创建好之后再调节，效果及参数如图 4-39 所示。

图 4-38　【栅格和捕捉设置】窗口

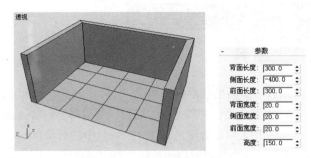

图 4-39　C 形墙的效果及其参数设置

4.4 对象成组操作

【成组】命令可以帮助用户有效管理场景，将零散的多个对象组合成一个新的物体，然后再对其进行修改加工以及动画制作。成组功能完成的并不是合并对象操作，而是将零散对象捆绑在一起形成一个整体，所有对象都保留其独立的原始参数，在必要时可解开成组来分别进行修改。

Effect 11 ┃ 成组的使用方法

Step 01 重新设定系统，然后在场景中创建多个球体。

Step 02 在透视图中选择所有对象，选择菜单栏中的【组】/【成组】命令，在弹出的【组】对话框中使用其默认名 "组 01"，单击 确定 按钮，物体结合成组。

Step 03 单击主工具栏中的 ✛ 按钮，选择 "组 01" 对象，再选择【组】/【打开】命令。

> **要点提示：** 将对象成组后，变换对象会影响到组中的每一个对象，若要修改成组对象中的某个对象的参数，可选择菜单栏中的【组】/【打开】命令。

Step 04 此时群组会被一个粉红色的套框所包围，该套框就是组的虚拟线框物体，移动套框的同时也会移动组中的所有物体。删除粉红色套框，表示解除成组状态，等同于【组】/【解组】命令。

Step 05 此时可以单独编辑、变换单个对象。选择 "组 01" 中任一对象，选择菜单栏中的【组】/【关闭】命令，恢复其成组状态。

【组】命令中的其他选项含义如下。

（1）【解组】：将成组的物体取消成组状态，如果是多次成组物体，此命令只能取消最后一次成组状态。

（2）【附加】：将新的对象加入到一个群组中。

（3）【分离】：将组中选择的个别对象分离出组。此命令只有在群组对象处于打开的状态下才可使用。

（4）【炸开】：取消所选组物体中的全部组，得到的将是全部分散的物体，不再包含任何组。

4.5 层管理器

3ds Max 5 以后的版本中添加了"层"的概念，这和 AutoCAD 中"层"的概念很相似。图层根据实际的模型分类，并以此组织场景，然后将它们拼接起来，形成一个完整的场景，如图 4-40 所示。合理利用层可以方便地管理复杂场景中的对象。

在 3ds Max 9 中创建的物体具有多种共同特性，包括颜色、可视性和可渲染性等。物体可以直接使用它们自身的特性，也可以使用其所在图层定义的特性。通常用图层将场景中的各物体进行分组，同时用不同的颜色、显示方式来区别不同物体。

单击主工具栏中的 按钮，弹出【层】对话框，如图 4-41 所示。【层】对话框中各按钮含义如下。

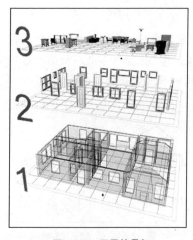

图 4-40　图层的叠加

图 4-41　【层】对话框

（1） （创建新层）按钮：若有对象处于选择状态，单击该按钮，则创建一个新的图层，并将选取对象转到新建图层中；若没有任何对象处于选择状态，单击该按钮，则只创建一个新的图层。

（2） （删除高亮空层）按钮：仅在该图层内没有任何对象、处于高亮显示，并且不是当前编辑图层（该图层右侧不处于 状态）时，该按钮可用，单击该按钮，即可删除该图层。

（3） （添加选定对象到高亮层）按钮：在视图中有对象处于选取状态时，该按钮可用；单击该按钮，即可将选取的对象转到高亮显示的图层中。

（4） （选择高亮对象和层）按钮：单击该按钮，将选择高亮显示图层中的所有对象。

（5） （高亮显示选定对象所在层）按钮：在视图中有对象处于选取状态时，单击该按钮，则将该对象所处的图层高亮显示。

（6） （隐藏/取消隐藏所有层）按钮：单击该按钮，使所有图层处于隐藏状态，再次单击则取消所有图层的隐藏状态；若想单独隐藏和显示某个图层，可以单击图层列表中该图层【隐藏】栏下的 的图标，当图标以 状态显示即表示处于隐藏状态，再次单击 图标解除隐藏。

（7） （冻结/解冻所有层）按钮：单击该按钮，使所有图层处于冻结状态，再次单击则解冻所有图层；若想单独冻结和解冻某个图层，可以单击图层列表中该图层【冻结】栏下的 的图标，当图标以❄状态显示即表示处于冻结状态，再次单击❄图标解除冻结。

4.6 课堂实践——制作吊灯

下面就利用复制、对齐、阵列等工具制作一个灯具模型，最终效果如图 4-42 所示。

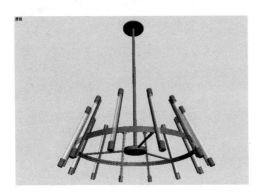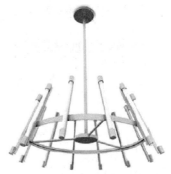

图 4-42　制作灯具模型

Step 01　重新设定系统。选择文件菜单栏中的【自定义】/【单位设置】命令，在弹出的【单位设置】对话框中，点选【显示单位比例】/【公制】选项，再单击 米 ▼ 选项，在其下拉列表中选择 厘米 ▼ 选项，将系统单位设定为"厘米"。

Step 02　单击创建命令面板中的 切角圆柱体 按钮，在视图中创建一个切角圆柱体，参数设置参见图 4-43 所示，效果如图 4-44 所示。

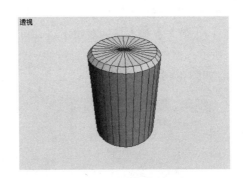

图 4-43　参数设定　　　　　　　图 4-44　创建切角圆柱体

Step 03　单击创建命令面板中的 圆柱体 按钮，在视图中创建一个圆柱体，参数设置参见图 4-45 所示，效果如图 4-46 所示。

Step 04　选择圆柱体，单击 ◈ 按钮，在顶视图中，将鼠标光标放在最初创建的切角圆柱体上，此时鼠标光标变为◈形态。单击鼠标左键，在弹出的【对齐当前选择】对话框中勾选【当前对象】/【中心】和【目标对象】/【中心】选项，确认【X 位置】、【Y 位置】选项为勾选状态，如图 4-47（a）所示；然后单击 确定 按钮，此时两个物体呈中心对齐状态，如图 4-47（b）所示。

参数

半径: 1.2 cm
高度: 36.0 cm
高度分段: 1
端面分段: 1
边数: 20
✓ 平滑

图 4-45 参数设定

图 4-46 创建圆柱体

（a）

（b）

图 4-47 【对齐当前选择】对话框状态及对齐结果

Step 05 确认圆柱体处于被选择状态，单击  按钮，在前视图中，将鼠标光标放在最初创建的切角圆柱体上，此时鼠标光标变为 ⁺ᵒ 形态。单击鼠标左键，在弹出的【对齐当前选择】对话框中勾选【当前对象】/【最大】和【目标对象】/【最小】选项，确认【Y 位置】选项为勾选状态，如图 4-48（a）所示，然后单击 确定 按钮，此时圆柱体的顶部（最大）对齐到切角圆柱体的底部（最小），如图 4-48（b）所示。

（a）

（b）

图 4-48 【对齐当前选择】对话框状态及对齐结果

> **要点提示：** 注意对齐工具使用的是屏幕坐标系统，要完成相同结果的对齐，激活的视图不同，所要对齐的轴向也不同。

Step 06 选择最初创建的切角圆柱体，激活前视图，单击主工具栏中的 ✛ 按钮，按住键盘上的 **Shift** 键，将球体沿 y 轴向下拖动一段距离，松开鼠标左键，在弹出的【克隆选项】对话框中选择【实例】项，单击　确定　按钮。

Step 07 选择复制后的切角圆柱体，利用 ✎ 按钮，将切角圆柱体的顶部（最大）对齐到圆柱体的底部（最小），最终效果如图 4-49 所示。

Step 08 单击　长方体　按钮，在视图中创建个【长度】为"1.5cm"、【宽度】为"1.2cm"、【高度】为"44cm"的长方体，位置如图 4-50 所示。

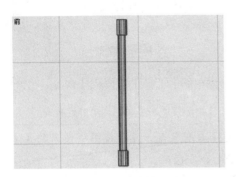

图 4-49　对齐效果

图 4-50　创建长方体

Step 09 在透视图中选择所有对象，选择菜单栏中的【组】/【成组】命令，在弹出的【组】对话框中将【组名】修改为"灯管"，单击　确定　按钮，物体已结合成组。

> **要点提示：** 将对象成组后，变换对象会影响到组中的每一个对象，若要修改成组对象中的某个对象的参数，可选择菜单栏中的【组】/【打开】命令。

Step 10 单击　管状体　按钮，在视图原点处创建一个圆管，参数设置如图 4-51（a）所示，调整灯管的位置如图 4-51（b）所示。

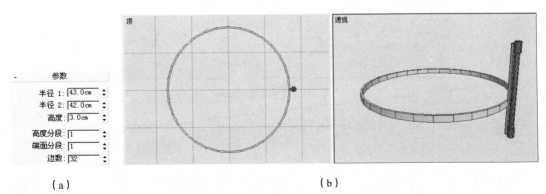

（a）　　　　　　　　　　　　　　　（b）

图 4-51　创建圆管对象

Step 11 激活前视图，选择"灯管"对象，鼠标右键单击 ↻ 按钮，弹出如图 4-52 所示的【旋转变换输入】对话框，将【Y】轴的参数修改为"－20"。将对象沿世界坐标的y轴旋转－20°。

Step 12 选择"灯管"对象，单击 ⚒/ 仅影响轴 按钮，在状态栏中的坐标输入框中将【X】与【Y】的数值修改为"0"。此时轴心图标位置如图4-53所示。再次单击 仅影响轴 按钮，关闭轴向调整模式。

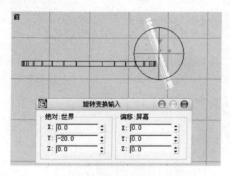

图4-52 旋转对象

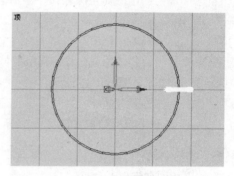

图4-53 轴向状态

Step 13 选择"灯管"对象，激活透视图，选择菜单栏中的【工具】/【阵列】命令，打开【阵列】对话框。

⊙ 要点提示：在正交视图中作阵列使用的是【屏幕】坐标系统，在透视图中使用的是【世界】坐标系统。因此在不同的视图中做阵列时所选的轴向会有区别。

Step 14 在弹出的【阵列】对话框中设置【阵列变换】栏中的【旋转】/【Z】轴上的偏移值为"30"，并确认【阵列维度】栏中的【数量】/【1D】（一维）值为"12"，参数设置如图4-54所示。

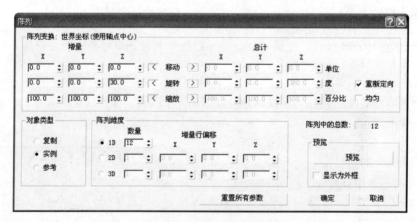

图4-54 【阵列】对话框

Step 15 激活 预览 按钮，可以在视图中看到阵列结果。如果确认，单击 确定 按钮即可，阵列效果如图4-55所示。

⊙ 要点提示：各阵列方式位移参数位置设置有所不同：【1D】的增量参数在【阵列变换】/【增量】/【X】、【Y】、【Z】中设定，而【2D】与【3D】的增量值就在【阵列维度】/【2D】、【3D】右侧。

Step 16　以相同的方式制作出灯的其他部件，最终效果如图 4-56 所示。

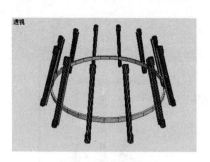

图 4-55　阵列效果

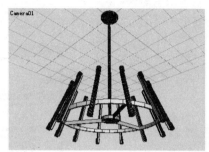

图 4-56　最终效果

Step 17　选择菜单栏中的【文件】/【保存】命令，将场景另存为"04_灯具.max"文件。此场景的线架文件以相同名字保存在本书附盘的"Scenes\04"目录下。

下面就将场景中的物体放在不同的层中。

Step 18　单击主工具栏中的 按钮，弹出【层】对话框，如图 4-57 所示。

Step 19　单击 0 层左侧的 按钮，可展开此层，在这一层中包含了场景中的所有物体，形态如图 4-58 所示。

图 4-57　【层】对话框形态

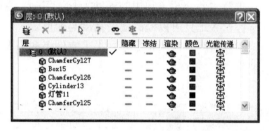

图 4-58　0 层中的内容

Step 20　单击 按钮，将展开的层恢复到原始状态。

下面建立一个新层。

Step 21　单击【层】窗口中的 按钮，就会出现一个名称为"层 01"的新层，如图 4-59 所示。

Step 22　此时场景中就有两个层，但在"层 01"层中没有任何物体。

下面要将灯管对象放置在"层 01"层中。

Step 23　在前视图中选择如图 4-60 所示的所有灯管对象，使【层】窗口中的"层 01"层处于高亮显示状态，再单击 按钮，灯管对象就被放在了"层 01"层中了。

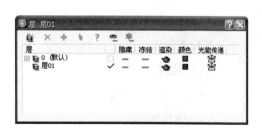

图 4-59　添加新层

Step 24　此时"层 01"层中的内容如图 4-61 所示。

Step 25　选择菜单栏中的【文件】/【保存】命令，保存场景文件。

在建模过程中利用【对齐】、【阵列】等辅助工具可以提高模型的准确度。利用【层管理器】工具可以有效管理复杂的场景，这些技巧需要仔细理解与掌握。

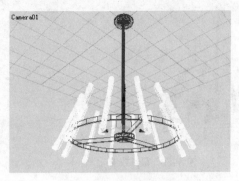

图 4-60　选择对象

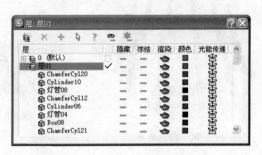

图 4-61　"层 01"层中的内容

小结

本章主要介绍了常用的辅助工具，包括：复制、对齐、捕捉、成组与层管理器的使用方式。灵活掌握这些工具可以提高建模精度与速度。

重点需要掌握的是【复制】、【实例】和【参考】3 中复制模式的区别；对齐工具中的对齐基准点的含义。

习题

一、填空题

克隆复制功能是对选择的物体进行_____复制，复制的新物体与原物体_____，通常利用克隆复制功能制作_____物体。

二、选择题

1. 在镜像物体时，镜像轴是根据_____的屏幕坐标系而定的。

　　A、用户视图　　　　　　　　B、透视图　　　　　　　　C、当前激活视图

2. _____工具可以在复制物体的同时，将其对齐到所拾取的目标物体上。

　　A、快速对齐　　　　　　B、多方位对齐

　　C、法线对齐　　　　　　D、克隆并对齐

三、问答题

简述【复制】、【实例】和【参考】方式有哪些区别。

四、操作题

利用本章所介绍的功能，制作如图 4-62 所示的场景。此场景的线架文件以"晶格体.max"名字保存在本书附盘的"习题"目录下。

图 4-62　模型效果

第5章 样条线建模

在 3ds Max 9 中，除了第 3 章介绍的三维几何体对象之外，还有许多二维对象可供使用，统称为图形。3ds Max 9 中的图形包含：基本的样条线、扩展样条线、NURBS 样条线。

通过对二维图形对象添加修改器进行编辑修改，如【挤出】、【倒角】、【车削】等命令，可使它们转换成三维对象，这样就大大扩展了建模渠道。

本章将着重介绍二维图形的创建、编辑等功能以及将二维图形转换为三维对象常用的修改器的功能。

【教学目标】

- 掌握线、文本、矩形的创建与编辑方法。
- 了解其他二维图形的创建方法。
- 掌握顶点子对象层级的编辑方法。
- 掌握线段子对象层级的编辑方法。
- 掌握样条线子对象层级的编辑方法。
- 掌握【挤出】、【车削】修改器的使用方法。
- 掌握【倒角】、【倒角剖面】修改器的使用方法。

5.1 样条线的创建

单击命令面板中的 🐾（创建）/ ➰（图形）按钮，即可进入图像创建面板，各类图形按照类别集中在 样条线 ▾ 列表中，包括：基本的【样条线】、【扩展样条线】、【NURBS 样条线】3 类，默认显示的是 样条线 ▾ 的创建按钮组，共有 11 种样条线命令可供使用，如图 5-1 所示。

3ds Max 的基本【样条线】包括了圆形、椭圆、矩形等标准几何样条线，用于创建自由形态的线形样条线和创建文字对象的文本样条线。除了线形样条线以外的样条线均是参数化的图形。

对象类型	
自动栅格	
✔ 开始新图形	
线	矩形
圆	椭圆
弧	圆环
多边形	星形
文本	螺旋线
截面	

图 5-1　【样条线】的创建按钮组

5.1.1　样条线的基本创建方法

样条线的创建有多种方法，包括直接绘制、通过键盘输入等。

1. 直接绘制样条线

单击　线　按钮可以绘制自由形状的闭合或开放式曲线或直线。

【线】参数面板形态如图 5-2 所示。

（1）【渲染】面板

①【在渲染中启用】：勾选此项，则将二维线型渲染为三维网格物体。

②【在视口中启用】：勾选此项，则在视图中以可渲染的实体方式显示二维线型。

③【径向】：以圆柱体方式渲染二维线型。

【厚度】：设置曲线渲染时的粗细，如图 5-3 所示。

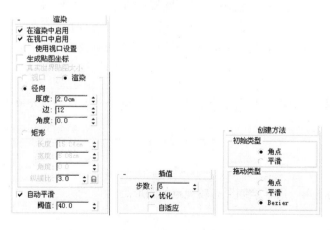

图 5-2　【线】参数面板

【厚度】：2　　　【厚度】：10

图 5-3　不同厚度值的曲线渲染效果

【边】：设置圆形截面的边数。

【角度】：设置径向截面旋转的角度。

④【矩形】：以长方体方式渲染二维线型。

（2）【插值】面板

①【步数】：设置两个顶点之间有多少条线段构成曲线，值越高，曲线越光滑。

②【优化】：自动检查曲线上多余的步幅片段，然后将它们去除。

③【自适应】：自动设置步数以产生光滑的曲线，对直线步数将自动设为"0"。

【渲染】和【插值】面板是大多数曲线类型共有的参数面板，在其他样条线里不再对其进行解释。

（3）【创建方法】面板

①【初始类型】：确定鼠标单击方式可创建的顶点类型，包括【角点】和【平滑】两种类型。

②【拖动类型】：确定鼠标拖曳方式可创建的顶点类型，包括【角点】、【平滑】和【Bezier】（贝塞尔）3 种类型。

线的创建方法简单而且具有代表性，大多数二维图形的创建方法都与之相似，下面以创建如图 5-4 所示的线为例，来详细介绍它的创建方法。

Effect 01 | 绘制线条

Step 01 单击 ⬚/⬚/ **线** 按钮。

> ⓘ **要点提示**：【对象类型】参数面板中的【开始新图形】选项默认是勾选的，表示每创建一根曲线，都作为一个新的独立物体，如果取消勾选，那么建立的多条曲线都将自动合并为一个物体。

Step 02 按住键盘上的 Shift 键，在顶视图中单击鼠标左键，确定直线的第 1 点，向右移动鼠标光标，在合适位置单击鼠标左键，确定第 2 点。

Step 03 向下移动鼠标光标，然后单击鼠标左键，确定第 3 点，松开 Shift 键，此时就绘制了一个正交线段。

Step 04 移动鼠标到第 4 点，按住鼠标左键不放并拖曳，生成一个圆弧状的曲线，松开鼠标确定生成该段曲线，再移动鼠标到第 5 点，单击鼠标右键以确定曲线的终点。

Step 05 单击鼠标右键，结束画线操作。此时，在前视图中就会生成一段直线与曲线相连的图形，如图 5-4 所示。

> ⓘ **要点提示**：在绘制图形过程中若直接单击鼠标左键则生成直线段，若按住鼠标左键不放并拖曳。则可生成曲线段。

2．利用键盘输入方式绘制二维线条

键盘输入方式常用于已知顶点位置的图形，通常绘制形态较规范的图形。

【键盘输入】面板形态如图 5-5 所示。

（1） **添加点** 按钮：输入坐标值后单击此按钮，可在此坐标值处添加一点。

（2） **关闭** 按钮：单击此按钮，绘制闭合线型，如图 5-6（a）所示。

（3） **完成** 按钮：单击此按钮，在完成键盘输入操作的同时还可以绘制出非闭合线型，如图 5-6（b）所示。

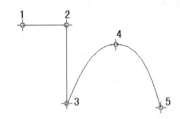

图5-4 曲线在前视图中的形态　　　　图5-5 【键盘输入】面板形态

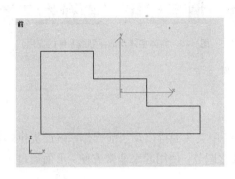

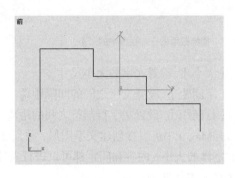

（a）关闭　　　　　　　　　　　（b）完成

图5-6 利用 关闭 方式和 完成 方式绘制出的图形形态

下面通过一个案例来讲解利用键盘输入方式画线的方法。

Effect 02 | 利用键盘输入方式画线

Step 01 重新设定系统。

Step 02 激活前视图，单击 ✎/⊙/ 线 按钮，展开其下的【键盘输入】面板，确认【X】、【Y】、【Z】选项的值均为"0.0"，单击 添加点 按钮，此时在原点处创建了一个点。

Step 03 将【Y】值设为"450"，单击 添加点 按钮，再加入一点，此时就在前视图中绘制了一条直线。

Step 04 将【X】值设为"300"，单击 添加点 按钮，再加入一点。

Step 05 依次在（300，300）、（600，300）、（600，150）、（900，150）、（900，0）点处单击 添加点 按钮，添加以上各点。

Step 06 单击 关闭 按钮，在顶视图中绘制出一个楼梯的截面图形，如图5-7所示。

Step 07 选择菜单栏中的【文件】/【保存】命令，将此场景保存。

3．创建文本

文本样条线属于比较特殊的图形，也是参数化的图形。除了输入文本来创建文字对象，还可以将文本转化为【可编辑样条线】来编辑形态，常用于立体标志的制作。

文本的【参数】面板中常用参数解释如下。

（1）排版按钮组：在此进行简单地排版设置。

I 按钮：设置斜体字体　　　　　**U** 按钮：加下划线

≡ 按钮：左对齐　　　　　　　　≡ 按钮：居中

≡ 按钮：右对齐　　　　　　　　≡ 按钮：两端对齐

其中，利用 I 按钮和 U 按钮的效果如图 5-8 所示。

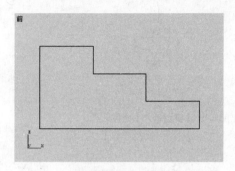

图 5-7　楼梯截面图在前视图中的形态　　　　　　图 5-8　斜体字体及加下划线字体的应用

（2）【大小】：设置文字的大小尺寸。

（3）【字间距】：设置文字之间的间隔距离。

（4）【行间距】：设置文字行与行之间的距离。

在 3ds Max 9 中可直接创建文字图形，并且支持中英文混排以及当前操作系统所提供的各种标准字体，字体的大小、内容和间距都可以进行参数化调节，使用起来非常方便。下面通过一个案例来讲解创建文本的方法。

Effect 03 ┃ 创建文本

Step 01　重新设定系统。单击 ⚲/⚙/　　文本　　按钮，在【参数】面板下方的【文本】框内已有默认文本"**MAX 文本**"，在此输入文字即可，参数设置如图 5-9 所示。

Step 02　激活顶视图，然后在视图中单击鼠标左键，创建的文本就出现在顶视图中，如图 5-10 所示。

4．创建参数化样条曲线

除了线以外的样条线均是参数化的图形，矩形的【参数】面板形态如图 5-11 所示。

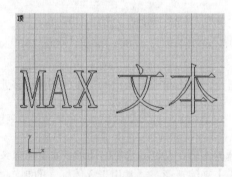

图 5-9　文本【参数】面板　　　　　图 5-10　文本图形效果　　　　　图 5-11　矩形的【参数】面板

（1）【长度】：设置矩形的长度值。

（2）【宽度】：设置矩形的宽度值。

（3）【角半径】：设置矩形的四角是直角还是圆角。

下面将以矩形为例，介绍参数化二维线型的创建方法。

Effect 04 ┃ 创建参数化样条曲线

Step 01 单击创建命令面板中的 ◹/◌/ 矩形 按钮，在前视图中单击鼠标左键，确定矩形的一个顶点。

Step 02 拖动鼠标光标拉出一个矩形框，至合适位置后松开鼠标左键，完成矩形的创建工作。

5.1.2 其他基本样条线的创建

在 3ds Max 9 中还有圆、椭圆、螺旋线等二维画线功能，它们的创建方法基本相同，标准二维画线功能的图例和创建方法如表 5-1 所示。

表 5-1　　　　　　　　　　　　标准二维画线功能的图例和创建方法

名称及创建方法	图　例	名称及创建方法	图　例
线 （1）单击鼠标左键确定第 1 点 （2）移动鼠标光标，单击鼠标左键确定第 2 点 （3）单击鼠标右键完成创建	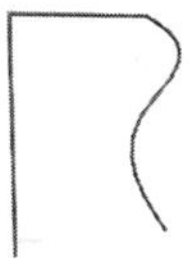	**矩形** （1）按住鼠标左键确定第 1 个顶点 （2）移动鼠标至合适位置 （3）松开鼠标左键确定第 2 个顶点	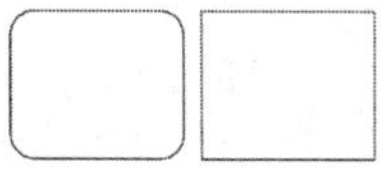
圆 （1）按住鼠标左键拖曳 （2）松开鼠标左键完成	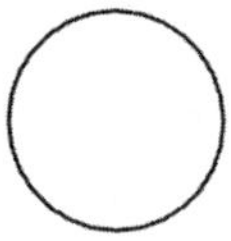	**椭圆** （1）按住鼠标左键拖曳 （2）松开鼠标左键完成	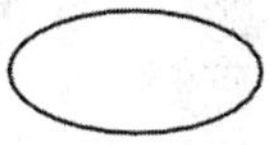
弧 （1）按住鼠标左键拖曳 （2）松开鼠标左键移动 （3）单击鼠标左键确定		**圆环** （1）按住鼠标左键拖曳 （2）松开鼠标左键移动 （3）单击鼠标左键确定	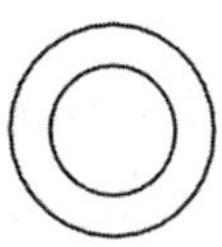
多边形 （1）按住鼠标左键拖曳 （2）松开鼠标左键完成	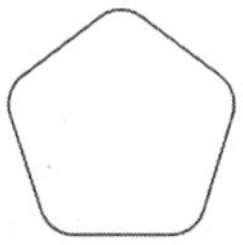	**星形** （1）按住鼠标左键拖曳 （2）松开鼠标左键移动 （3）单击鼠标左键确定	
文本 （1）在文本框内输入文字 （2）在视图中单击鼠标左键完成		**螺旋线** （1）按住鼠标左键拖曳 （2）松开鼠标左键移动 （3）单击鼠标左键确定 （4）单击鼠标左键完成	
截面 （1）在原物体上按住鼠标左键拖出矩形 （2）单击 创建图形 按钮创建截面.	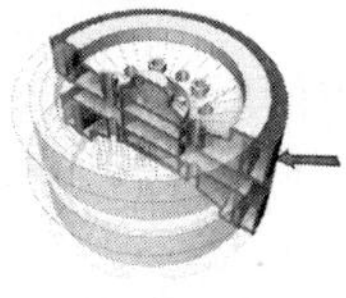		

5.1.3 扩展样条线的创建

在 ◌/样条线 ▾ 下拉列表里面有一个 扩展样条线 ▾ 选项，它们是更为复杂的二维线型，扩展样条线的图例和创建方法如表 5-2 所示。

表 5-2 　　　　　　　　　　扩展样条线的图例及创建方法

名称及创建方法	图　例	名称及创建方法	图　例
墙矩形 （1）按住鼠标左键拖出矩形框 （2）移动鼠标，确定内框大小 （3）单击鼠标左键完成		**通道** （1）按住鼠标左键拖出长度和宽度 （2）移动鼠标光标，确定厚度 （3）单击鼠标左键完成	
角度 （1）按住鼠标左键拖出长度和宽度 （2）移动鼠标，确定厚度 （3）单击鼠标左键完成		**T 形** （1）按住鼠标左键拖出长度和宽度 （2）移动鼠标光标，确定厚度 （3）单击鼠标左键完成	
宽法兰 （1）按住鼠标左键拖出长度和宽度 （2）移动鼠标光标，确定厚度 （3）单击鼠标左键完成			

5.2 样条线的编辑

在创建样条线后，可以通过编辑样条线的子对象来修整图形的形状。样条线的子对象层级包括：顶点、线段、样条线，如图 5-12 所示。在样条线中，除了线形样条线可以直接在其原始层进行子物体编辑外，其他参数化线型必须先进入修改命令面板，然后在 修改器列表 ▼ 中找到【编辑样条线】命令，为样条线添加【编辑样条线】修改器；也可以选中样条线，在视图中单击鼠标右键，在弹出的快捷菜单中选择【转换为】/【转换为可编辑样条线】命令，将样条线直接转换为可编辑样条线进行编辑。

下面就介绍常用的样条线编辑方法。

图 5-12　样条线的子对象层级

5.2.1 顶点编辑

在样条线的顶点子对象层级中，可以进行对顶点的顶点属性设置，打断、结合顶点，还可以加入顶点等。

1. 顶点的类型

选择任意一个顶点，单击鼠标右键，在弹出的快捷菜单中可以更改顶点的类型。顶点类型包含以下 4 种。

（1）【Bezier 角点】：通过分别调节两侧的调节杆来修整曲线的形态，用于创建锐角转角。

（2）【Bezier】：在该顶点方式下，两侧的调节杆位于同一直线上，调节一侧的调节杆，将影响另一侧的调节杆，用于创建平滑曲线。

（3）【角点】：在该顶点方式下，顶点没有可调整的调节杆，用于创建锐角转角。

（4）【平滑】：用于创建平滑连续的曲线。同样没有调节杆，平滑顶点处的曲率是由相邻顶点的间距决定的。

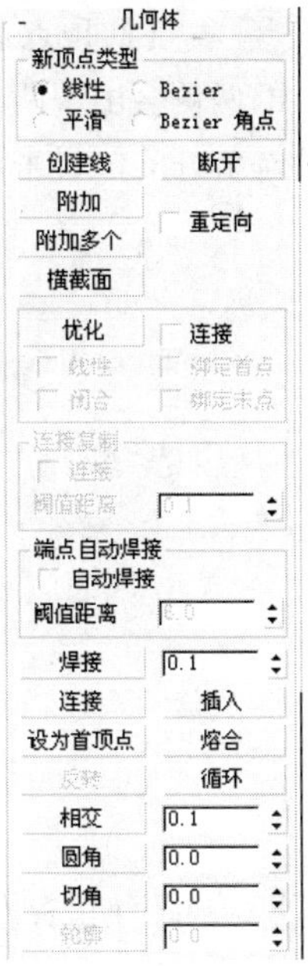

1．常用按钮

按住鼠标左键向上拖动修改命令面板，直至出现【几何体】面板，如图 5-13 所示。

（1）　连接　按钮：连接两个断开的点，也就是在两点之间加入新线段。

（2）　插入　按钮：插入一个或多个顶点，创建出其他线段。

（3）　圆角　和　切角　按钮：对所选顶点进行加工，形成圆角或切角效果，如图 5-14 所示。

下面通过一个示例来学习如何对顶点子对象层级进行编辑。

图 5-13　【几何体】面板

Effect 05 ┃ 顶点编辑练习

Step 01　选择菜单栏中的【文件】/【打开】命令，打开本书配套光盘 "Scenes\05\05_二维线型.max" 文件。

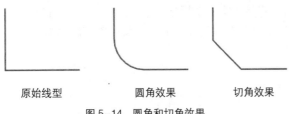

原始线型　　　　　圆角效果　　　　切角效果

图 5-14　圆角和切角效果

Step 02　在顶视图中选择线型，进入修改命令面板，进入【顶点】子对象层级，选择如图 5-15（a）所示的顶点。

Step 03　在此顶点上单击鼠标右键，在弹出的快捷菜单中选择【角点】类型，位置如图 5-15（b）所示，所选顶点两侧的线显示为折线型态，如图 5-15（c）所示。

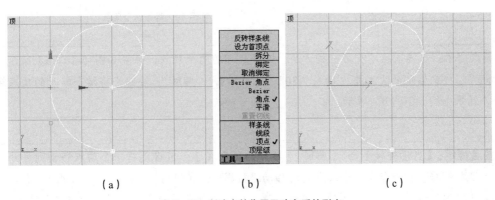

（a）　　　　　　　　（b）　　　　　　　　（c）

图 5-15　所选点的位置及改变后的形态

Step 04 在此顶点上单击鼠标右键，在弹出的快捷菜单中选择【Bezier】（贝塞尔）点类型；此时顶点的两侧会出现两条绿色的调节杆，如图 5-16（a）所示，单击主工具栏中的 ✛ 按钮，然后通过移动调节杆的位置来调整顶点两侧曲线的状态，如图 5-16（b）所示。

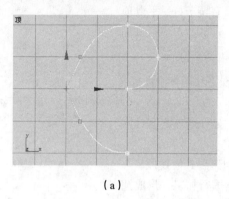 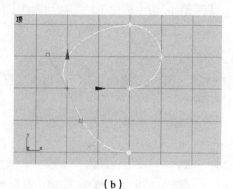

（a）　　　　　　　　　　　　　　　　（b）

图 5-16　选择【Bezier】点类型及调整后的形态

Step 05 按住鼠标左键向上拖动修改命令面板，直至出现【几何体】面板。

图 5-17　【几何体】面板

Step 06 单击 断开 按钮，打断此顶点。展开【几何体】面板，如图 5-17 所示。然后在断点处单击鼠标左键，选择一个顶点进行移动，会发现在原顶点处变为了两个顶点，如图 5-18 所示。

Step 07 勾选【端点自动焊接】/【自动焊接】选项，单击如图 5-19（a）所示的顶点，然后将其移动至右上方的顶点上，使两个顶点焊接为一个顶点，如图 5-19（b）所示。

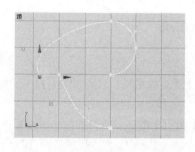 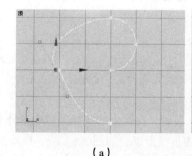

（a）　　　　　　　　　　　　　（b）

图 5-18　顶点断开后的形态　　　　　　　　图 5-19　焊接两个顶点

> ⓘ **要点提示**：焊接顶点还有另一种方法：选择底部的两个顶点，位置如图 5-20（a）所示，在 焊接 按钮右侧的文本框内输入"30"，然后单击 焊接 按钮，将两个断开的顶点焊接起来，结果如图 5-20（b）所示。

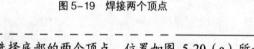

> ⓘ **要点提示**：【自动焊接】与 焊接 按钮的区别在于：前者是将一个顶点移动到另外一个顶点上进行焊接，而后者是两个顶点同时移动进行焊接。在使用 焊接 按钮进行焊接时，其右侧文本框内的数值（即焊接阈值）要设置得大于两个顶点的距离，这样才能保证焊接成功。

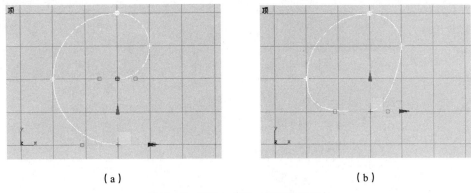

（a）　　　　　　　　　　　　　　　（b）

图5-20　利用　焊接　按钮焊接顶点

Step 08 单击　连接　按钮，在顶视图中移动鼠标到如图 5-21（a）所示的顶点处；按住鼠标左键拖曳到另一个顶点处，如图 5-21（b）所示；单击鼠标左键确定，连接两个顶点后的效果如图 5-21（c）所示。

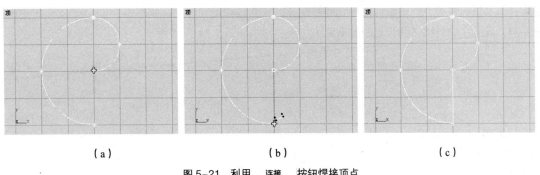

（a）　　　　　　　　　　　（b）　　　　　　　　　　　（c）

图5-21　利用　连接　按钮焊接顶点

5.2.2　线段编辑

编辑【线段】子对象层级是以线段为最小单位进行编辑，可对线段进行拆分等操作。下面以窗顶花格图案的制作过程为例，介绍线段编辑方法，结果如图 5-22 所示。

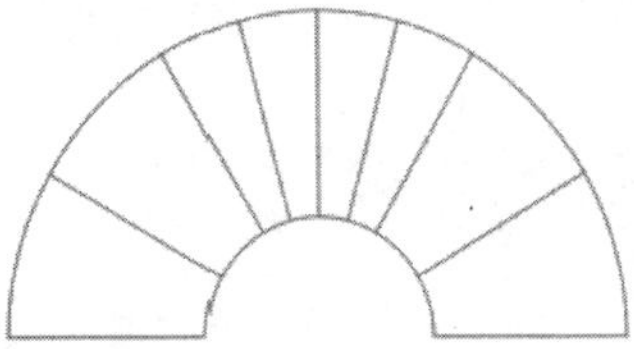

Effect 06　┃ 窗顶花格图案的制作

Step 01 重新设定系统。激活前视图，单击　/　弧　按钮，利用键盘输入创建方法，创建一个【半径】为"150"的半圆弧。

图5-22　窗顶花格图案

Step 02 将【对象类型】面板中【开始新图形】选项的勾选取消，使下面创建的线型与圆弧成为一个线型。

Step 03 利用键盘输入法再创建一个半径为"55"的半圆弧。

Step 04 单击　按钮进入修改命令面板，进入【线段】子对象层级，在前视图中选择如图 5-23（a）所示的两段线段子物体。

Step 05 在【几何体】面板中，将　拆分　按钮右侧的文本框内的数值设为"3"，然后单击　拆分　按钮，所选线段子物体就被平分为 4 段，如图 5-23（b）所示。

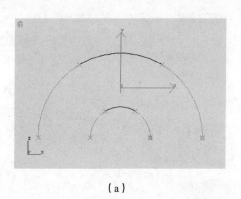 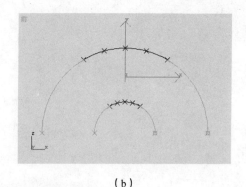

（a）　　　　　　　　　　　　（b）

图 5-23　所选线段子物体的位置及拆分效果

Step 06　选择菜单栏中的【编辑】/【反选】命令，反向选择其余线段子物体，将　拆分　按钮右侧的文本框内的数值设为"1"，然后单击　拆分　按钮，将所选线段子物体平分为两段。

Step 07　单击　横截面　按钮，将鼠标光标放在一个线段子物体上，此时鼠标光标形状如图 5-24（a）所示；单击鼠标左键，拖动鼠标光标到外侧圆弧的一条线段子物体上，如图 5-24（b）所示；再单击鼠标左键，此时在内外圆弧的顶点间就出现了连线，结果如图 5-24（c）所示。

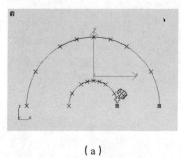 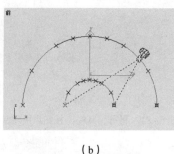 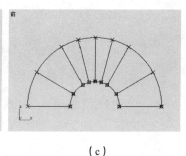

（a）　　　　　　　　　　　（b）　　　　　　　　　　　（c）

图 5-24　连线操作过程

Step 08　单击鼠标右键，完成连线操作。

Step 09　选择菜单栏中的【文件】/【保存】命令。

5.2.3　样条线编辑

在【样条线】子对象层级中可以对样条线进行镜像修改、制作线型轮廓线等，其中比较常用的是二维布尔运算功能。进入样条线子对象层级。展开【几何体】面板，如图 5-25 所示。下面讲解常用按钮。

布尔运算有 3 种方式：并运算、交运算和差运算。

（1）⊘（并运算）：布尔并运算就是结合两个造型所有涵盖的部分。

（2）⊘（差运算）：布尔差运算就是用第 1 个被选择的造型减去与第 2 个造型相重叠的部分，剩余第 1 个造型的其余部分。

（3）⊘（交运算）：布尔交运算就是保留两个造型相互重叠的部分，其他部分消失。

3 种布尔运算方式结果如图 5-26 所示。

图5-25【几何体】面板

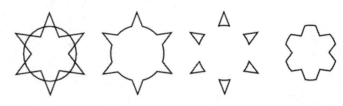

（a）原图形　　（b）⬠（并运算）　（c）⬠（差运算）　（d）⬠（交运算）

图5-26　各种布尔运算结果

（4）　**镜像**　按钮：用来对所选择的曲线进行 ⬔（水平）镜像、⬓（垂直）镜像以及 ◈（双向）镜像操作。如果在镜像前勾选其下的【复制】选项，则会产生一个镜像复制品，效果如图5-27所示。

（a）原图形　　（b）⬔水平　　（c）⬓垂直　　（d）◈双向

图5-27　各种镜像效果

（5）　**轮廓**　按钮：在当前的曲线上添加一条轮廓线，如果原曲线为开放曲线，在添加轮廓的同时系统会自动进行闭合操作。可以手动添加轮廓。激活该按钮，将鼠标光标放在原曲线上，会出现如5-28（b）所示的轮廓光标，按住鼠标左键上下拖曳，就可以生成一根内轮廓或外轮廓线。也可以在该按钮右侧的文本框中输入间距数值，按 Enter 键确定后，也可添加轮廓线。完成后，此文本框中的数值会自动归"0"，添加轮廓线后的效果如图5-28（c）所示。

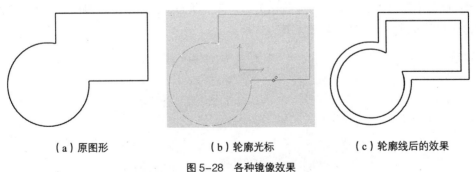

（a）原图形　　　　　　（b）轮廓光标　　　　　　（c）轮廓线后的效果

图5-28　各种镜像效果

下面利用二维布尔运算与轮廓线制作如图5-29所示的线框图形。

Effect 07 ┃ 线框图形的制作

Step 01　重新设定系统。按下键盘的 S 键，鼠标右键单击 ✎ 按钮，弹出【栅格和捕捉设置】对话框，并勾选【栅格点】选项。

Step 02 单击 🖉 / 👌 / 线 按钮，在顶视图中捕捉栅格点，绘制如图 5-30 所示的图形。

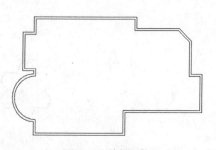

图 5-29 线框形状

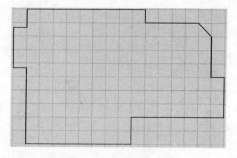

图 5-30 绘制图形

Step 03 取消【栅格点】捕捉方式，并设置【边/线段】捕捉方式，单击 🖉 / 👌 / 圆 按钮，在顶视图中捕捉图形的边，绘制一个圆形，效果如图 5-31 所示。

Step 04 选择闭合线段，单击 🖉 按钮进入修改命令面板，在 修改器列表 ▾ 中选择【编辑样条线】命令，为其添加编辑样条曲线修改。

Step 05 在【几何体】面板中，单击 附加 按钮，将圆形结合到当前矩形中，使所有曲线成为一个整体。

Step 06 单击【选择】面板中的 ⌒（样条线）按钮，在前视图中选择如图 5-32 所示的样条线。

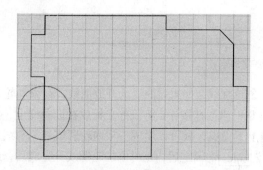

图 5-31 绘制圆形

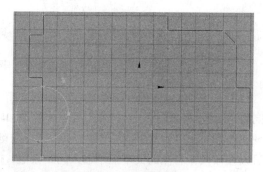

图 5-32 选择样条线

Step 07 确认【几何体】面板中的 ⊘ 按钮为黄色激活状态，再单击其左侧的 布尔 按钮，在视图中选择圆形进行布尔运算，结果如图 5-33 所示。

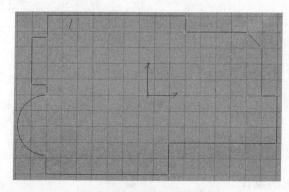

图 5-33 二维布尔运算结果

Step 08 选择布尔运算后的样条线，在 轮廓 按钮右侧的文本框内输入数值 "-18"，再单击

  █ 轮廓 按钮为其做出轮廓。

Step 09 单击∧按钮，使其关闭，结果如图 5-33 所示。

⑩ 选择菜单栏中的【文件】/【另存为】命令，将此场景另存为 "5_10_ok.max" 文件。此场景的
线架文件以相同名字保存在本书附盘 "范例\CH05" 目录下。

5.2.4 调整空间样条线

  前面的内容主要讲述的是平面形态的样条线的编辑方式，很多时候还会遇到编辑空间样
条线的情况。空间样条线是在平面样条线的基础上通过在各个视图中调节子对象来调整形态
得到的。

  利用前面介绍的内容，制作背椅练习中的钢管模型，效果如图 5-34 所示。

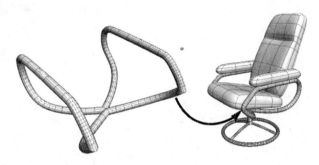

图 5-34 最终效果

Effect 08 █ 制作钢管模型

Step 01 重新设定系统。单击 🗔/🔥/ 线 按钮，在前视图中绘制如图 5-35 所示的图形。

Step 02 单击 ⚙ 按钮进入修改面板，单击··按钮，进入【顶点】子对象层级，选择如图 5-36 所
示的顶点。

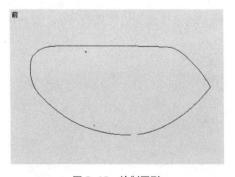

图 5-35 绘制图形

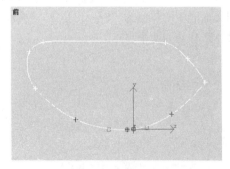

图 5-36 选择顶点

Step 03 在顶视图和左视图中调整顶点如图 5-37 和图 5-38 所示。

Step 04 透视图中的图形效果如图 5-39 所示。

Step 05 单击··按钮，回到顶层级，单击 ⋈ 按钮，将图形沿 X 轴镜像并复制一份。

Step 06 激活左视图，选择复制后的图形，单击 ◈ 按钮，在弹出的【对齐当前选择】对话框中设
置参数如图 5-40 所示。将复制后的图形与原图形对齐。

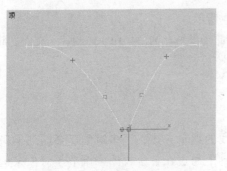

图 5-37　在顶视图中调整顶点

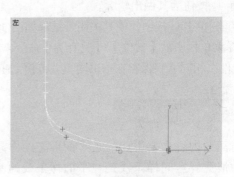

图 5-38　在左视图中调整顶点

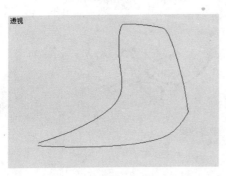

图 5-39　透视图中的图形效果

图 5-40　【对齐当前选择】对话框

Step 07　对齐后的效果如图 5-41 所示，选择最初的图形，在【几何体】面板中，单击 `附加` 按钮，将复制后的图形结合到当前图形中，使所有曲线成为一个整体。

Step 08　单击 `⋯` 按钮，进入【顶点】子对象层级，选择如图 5-42 所示的顶点。修改 `焊接` 按钮右侧文本框中的数值为"8"，再单击 `焊接` 按钮。将选择的顶点焊接为一个。以相同的方式焊接另外断开处的两个顶点。

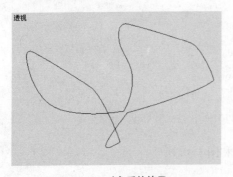

图 5-41　对齐后的效果

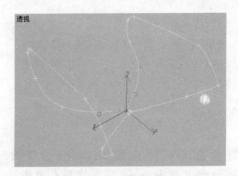

图 5-42　选择顶点

Step 09　勾选【渲染】面板中的【在渲染中启用】与【在视口中启用】选项，并设置【径向】/【厚度】值为"30"。最终效果如图 5-43 所示。

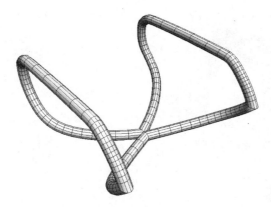

图 5-43 最终效果

5.3 | 2D 转 3D 建模

在 3ds Max 9 中，二维图形转换成三维物体是非常常用的建模方式之一。通过对样条线添加修改器，可以使二维的样条线转化为三维模型。常用的修改器有：【挤出】修改器、【车削】修改器、【倒角】修改器和【倒角剖面】修改器。

5.3.1 【挤出】修改器

【挤出】建模方法可以为一个闭合的样条曲线图形增加厚度，将其挤出成三维实体；如果是为一条非闭合曲线进行挤出处理，那么挤出后的物体就会是一个面片。

【挤出】修改器的【参数】面板如图 5-44 所示。

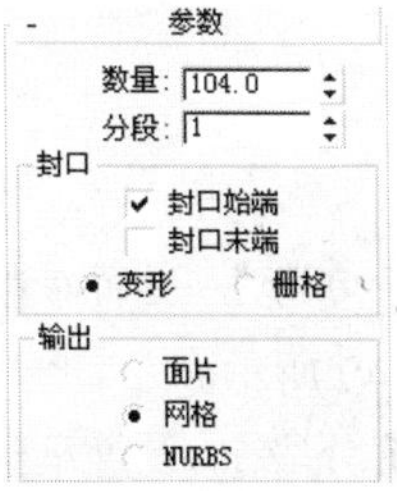

（1）【数量】：设置挤出的厚度。

（2）【分段】：设置挤出厚度上的片段划分数。

（3）【封口】栏

【封口始端】：在顶端加面，封盖物体。

【封口末端】：在底端加面，封盖物体。

图 5-44 【挤出】修改器的【参数】面板

下面就利用挤出修改功能创建雕塑中的支柱物体，效果如图 5-45 所示。

Effect 09 | 利用【挤出】修改器创建雕塑中的支柱物体

Step 01 单击 ⬚/⬚/ 线 按钮，在顶视图中捕捉栅格点绘制如图 5-46 所示的图形。

Step 02 单击 ⬚ 按钮，进入修改命令面板。选择 修改器列表 ▾ 下拉列表中的【挤出】修改器，为图形施加【挤出】修改。

Step 03 将修改命令面板中的【参数】/【数量】值设为"20"，此时图形就被挤出"20"个单位的厚度，形态如图 5-45 所示。

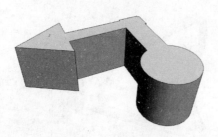
图 5-45　被挤出后的效果

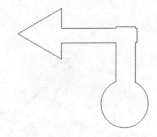
图 5-46　绘制图形

5.3.2　【车削】修改器

【车削】建模方法可以将一个样条线沿某个轴旋转，产生三维造型，效果如图 5-47 所示。

【车削】修改器的【参数】面板如图 5-48 所示。

图 5-47　【车削】形成玻璃杯的形态　　　　图 5-48　【车削】修改器的【参数】面板

（1）【度数】：设置车削成形的角度，360° 是一个完整的环形，小于 360° 为不完整的扇形，形态如图 5-49 所示。

（2）【分段】：设置车削圆周上的片段划分数，值越高，造型越光滑。取消勾选底部的【光滑】选项，效果会更明显。形态如图 5-50 所示。

【度数】：360　　【度数】：180　　【度数】：90　　　　【分段】：8　　【分段】：16　　【分段】：32

图 5-49　不同的【度数】形成不同的形态　　　　图 5-50　不同的【分段】形成不同的形态

（3）【方向】：设置车削轴的方向，如果选择的轴向不正确，物体会产生扭曲。

（4）【对齐】：设置旋转轴与图形的对齐方式。形态如图 5-51 所示。

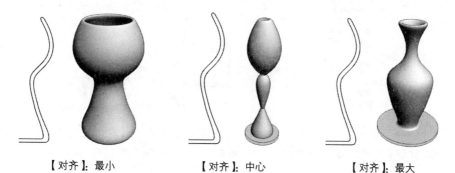

【对齐】：最小　　　　　　【对齐】：中心　　　　　　【对齐】：最大

图 5-51　不同的对齐方式形成不同的形态

下面以创建花瓶形态为例，来说明如何使用【车削】建模方法。

Effect 10 ▎利用【车削】修改器创建花瓶形态

Step 01　重新设定系统。单击 ✎/ ✿ /　　线　　按钮，在前视图中画一条花瓶的外轮廓线。注意修改各顶点的属性和形态。效果如图 5-52 所示。

Step 02　单击 ✐ 按钮，进入修改命令面板。选择 修改器列表 ▾ 下拉列表中的【车削】修改器，为曲线施加【车削】修改。

Step 03　单击【参数】/【对齐】/　最小　按钮，此时就得到了最终的花瓶形态，如图 5-53 所示。

图 5-52　画一条花瓶的外轮廓线　　　图 5-53　【车削】形成花瓶的形态

Step 04　选择菜单栏中的【文件】/【保存】命令，将此场景保存为"05_花瓶.max"文件。此场景的线架文件以相同名字保存在本书附盘"Scenes\05"目录下。

5.3.3　【倒角】修改器

【倒角】建模方法是对样条线进行挤出成形，并且在挤出的同时，在边界上加入直形或圆形倒角，一般用来制作文字标志

【倒角】修改器的参数面板分为【倒角值】和【参数】两部分。

（1）【倒角值】参数面板

【倒角值】参数面板形态如图 5-54 所示。

① 【起始轮廓】：设置原始图形的外轮廓大小，值为"0"时，将以原始图形为基准，进行倒角

制作。效果如图 5-55 所示。

图 5-54 【倒角值】参数面板形态

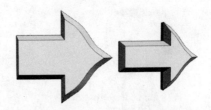
【起始轮廓】：4　　【起始轮廓】：0
图 5-55 不同【起始轮廓】值的倒角效果

②【级别 1】、【级别 2】、【级别 3】：分别设置 3 个级别的【高度】和【轮廓】的值。必须先勾选【级别 2】、【级别 3】选项，才能修改其下各参数。效果如图 5-56 所示。

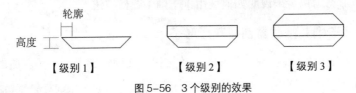
【级别 1】　　　　　【级别 2】　　　　　【级别 3】
图 5-56 3 个级别的效果

（2）【参数】面板

【参数】面板形态如图 5-57 所示。

①【封口】栏：可参见【挤出】建模方法的相关参数解释。

②【曲面】栏

【线性侧面】：设置倒角侧面以直线方式划分。

【曲线侧面】：设置倒角侧面以曲线方式划分。

两种侧面对比效果如图 5-58 所示。

③【分段】：设置各级别倒角内部的分段数，较高的段数值主要用于弧形倒角，效果如图 5-59 所示。

④【避免线相交】：对倒角进行光滑处理，但总保持顶盖不被光滑处理，效果如图 5-60 所示。

图 5-57 【参数】面板形态

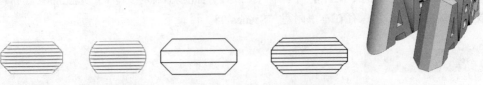
【线性侧面】　　【曲线侧面】　　　【分段】：1　　　【分段】：3
图 5-58 线性倒角与弧形倒角效果　　图 5-59 不同分段数的倒角效果　　图 5-60 平滑交叉面效果

> ⓘ 要点提示：倒角操作最适合于弧状图形或图形的夹角大于 90°的情况，因为锐角（小于 90°）会产生极化倒角，常常会与邻边重合。勾选【避免线相交】选项，并适当调整【分离】值，就可以避免此类问题。

下面利用【倒角】修改器创建倒角文字，效果如图 5-61 所示。

Effect 11 ┃ 利用【倒角】修改器创建倒角文字

Step 01 重新设定系统。单击 🔾 / 🔾 / ▢文本▢ 按钮，在【参数】面板下方的【文本】框内输入 "ABC" 字样。设置字体为 "黑体"。

Step 02 激活前视图，然后在视图中单击鼠标左键，创建出 "ABC" 文本字。并绘制如图 5-62 所示的箭头图形。

图 5-61　倒角文字形态效果　　　　　　　　　　图 5-62　文字与图形效果

Step 03 单击 ✎ 按钮，进入修改命令面板。选择 ▢修改器列表▼▢ 下拉列表，选择其中的【倒角】修改器，为文字施加倒角修改。

Step 04 将【倒角值】参数面板中的参数调整至如图 5-63 所示的状态。

Step 05 此时视图中形成的倒角文字形态如图 5-61 所示。

Step 06 选择菜单栏中的【文件】/【保存】命令，将场景另存为 "05_倒角.max" 文件。此场景的线架文件以相同名字保存在本书附盘的 "Scenes\05" 目录下。

图 5-63　【倒角值】参数面板中的参数设置

5.3.4 【倒角剖面】修改器

　　【倒角剖面】建模方法与【倒角】建模方法有很大的区别，这种建模方法需要两根样条线，一条是主体线，另外一条是剖面轮廓线，这两个图形可以是闭合的，也可以是开放的。在制作完成后，剖面轮廓线不能删除，否则生成的三维物体将失去轮廓厚度。倒角剖面效果如图 5-64 所示。

　　【倒角剖面】修改器的【参数】面板形态如图 5-65 所示。

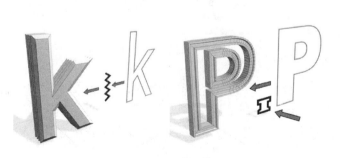

图 5-64　倒角剖面建模效果图　　　　　图 5-65　【倒角剖面】修改器的【参数】面板形态

（1）　▢拾取剖面▢ 按钮：激活此按钮，拾取外轮廓线。

（2）【封口】栏：可参见【挤出】建模方法的相关参数解释。

（3）【相交】栏：可参见【倒角】建模方法的相关参数解释。

Effect 12 ▍利用【倒角剖面】修改器创建倒角剖面文字

Step 01 单击 ✎/☺/ 线 按钮，绘制出如图 5-66（a）所示的线型，并利用 ✎/☺/ 文本 按钮，创建如图 5-66（a）所示的文字。

Step 02 选择文本字，单击 ✐ 按钮，进入修改命令面板。单击 修改器列表 ▾ 下拉列表，选择其中的【倒角剖面】修改器。

Step 03 单击【参数】面板中的 拾取剖面 按钮，使其成为黄色激活状态。

Step 04 单击顶视图中的曲线轮廓，场景中的二维文本字就变成了拥有复杂轮廓的三维立体字，效果如图 5-66（b）所示。

（a）剖面轮廓线　　　　　　　　　　　　　　（b）倒角剖面立体字

图 5-66　倒角剖面创建立体字

5.4 ▍课堂实践——制作立体标志

　　根据前面介绍的内容，制作如图 5-67 所示的立体标志。这个练习主要通过在参数化的样条线的基础上转化为可编辑样条线来绘制图形，并利用修改器将二维图形转化为三维对象。

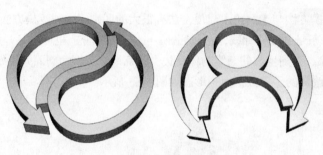

图 5-67　立体标志

Step 01 重新设定系统。单击 ✎/☺/ 圆 按钮，在顶视图中创建一个【半径】为"100"的圆形、两个【半径】为"50"的圆形，如图 5-68 所示。

Step 02 选择所有的圆形，在视图中单击鼠标右键，在弹出的菜单中选择【转换为】/【转换为可编辑样条线】命令。

Step 03 在顶视图中选择最大的圆形，单击 ✐ 按钮进入修改命令面板。在【几何体】面板，单击 附加 按钮，在视图中依次单击选择两个小圆，如图 5-69 所示，使 3 个圆形成为一个对象。

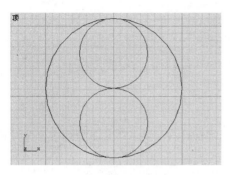

图 5-68　创建 3 个圆形

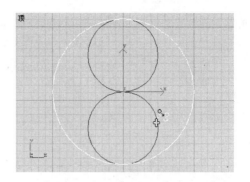

图 5-69　依次选择 3 个圆形

Step 04 进入【线段】子对象层级，选择如图 5-70 所示的线段，按下键盘的 Delete 键，将选择的线段删除，删除后的效果如图 5-71 所示。

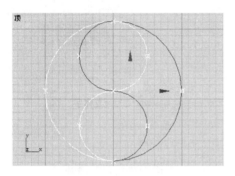

图 5-70　选择线段

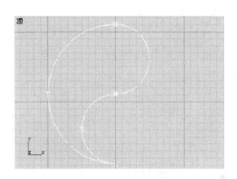

图 5-71　删除后的效果

Step 05 进入【顶点】子对象层级，框选如图 5-72 所示的顶点，单击【几何体】面板中的 焊接 按钮。将 6 个顶点焊接为 3 个顶点。这样将 3 个独立的线段焊接为一个整体。

Step 06 进入【线段】子对象层级，选择如图 5-73 所示的线段，在【几何体】面板中，确认 拆分 按钮右侧文本框内的数值为 "1"，然后单击 拆分 按钮，选择的线段子物体就被平分为两段。

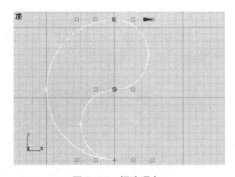

图 5-72　框选顶点

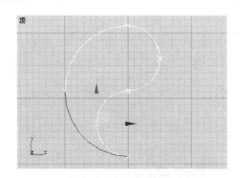

图 5-73　选择线段

Step 07 选择如图 5-74 所示的线段，按下键盘的 Delete 键，将选择的线段删除，删除后的效果如图 5-75 所示。

Step 08 进入【样条线】子对象层级，在【几何体】面板中，修改 轮廓 按钮右侧的文本框内输入数值 "-14"，轮廓效果如图 5-76 所示。

Step 09 单击 ✎/✎/ 多边形 按钮，在顶视图中创建一个【半径】为 "17"、【边数】为 "3"

的三角形，旋转并移动到如图 5-77 所示的位置。

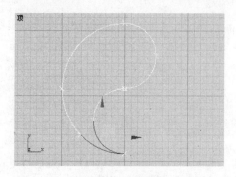

图 5-74　选择线段

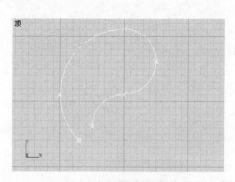

图 5-75　删除后的效果

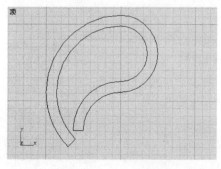

图 5-76　轮廓效果

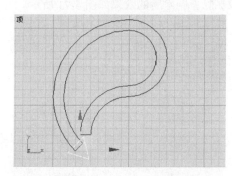

图 5-77　创建三角形

Step 10 将三角形转化为可编辑的曲线后附加到前面编辑的样条线中，使所有曲线成为一个整体。

Step 11 选择图形，再次进入修改命令面板。进入【样条线】子对象层级，在【几何体】面板中选择三角形对象。

Step 12 确认【几何体】面板中的 ◎ 按钮为黄色激活状态，再单击其左侧的 布尔 按钮，在视图中单击另一个曲线，布尔运算的结果如图 5-78 所示。

Step 13 单击主工具栏中的 ▥ 按钮，在弹出的【镜像】对话框中勾选【镜像轴】/【XY】项，然后勾选【克隆当前选项】/【实例】选项。镜像并移动到如图 5-79 所示的位置。

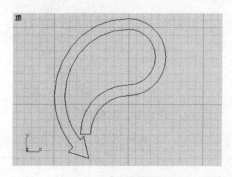

图 5-78　布尔运算的结果

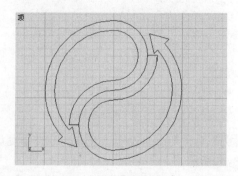

图 5-79　镜像效果

Step 14 选择 修改器列表 下拉列表中的【挤出】修改器，为曲线施加【挤出】修改。设置【数量】值为"20"，透视图的渲染效果如图 5-80 所示。

Step 15 仔细观察，发现曲线部分不是很光滑，现在回到【可编辑样条线】的【线段】子对象层级进行编辑修改。

Step 16 选择如图 5-81 所示的线段，在【几何体】面板中，确认 拆分 按钮右侧文本框内的数值为"1"，然后单击 拆分 按钮，线段子物体就被平分为两段。

图 5-80　渲染效果

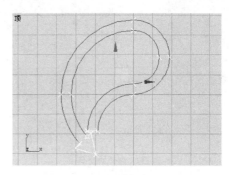

图 5-81　镜像效果

Step 17 拆分后的效果如图 5-82 所示，再次选择如图 5-83 所示的线段，单击 拆分 按钮。

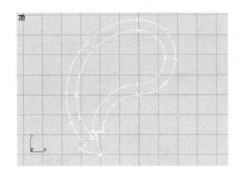

图 5-82　渲染效果

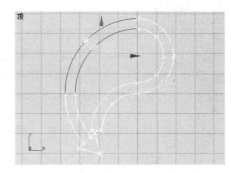

图 5-83　镜像效果

Step 18 线段细分的最终效果如图 5-84 所示。最终的渲染效果如图 5-85 所示。此时对象曲线部分变得光滑了。

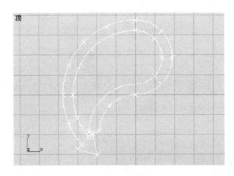

图 5-84　渲染效果

图 5-85　镜像效果

Step 19 选择菜单栏中的【文件】/【保存】命令，将场景另存为"05_编辑线型 01.max"文件。此场景的线架文件以相同名字保存在本书附盘的"Scenes\05"目录下。

制作另一个效果。

Step 20 重新设定系统。选择菜单栏中的【文件】/【打开】命令，打开本书附盘"Scenes\05"

目录中"05_编辑线型线稿.max"文件，如图 5-86 所示。

Step 21　单击主工具栏中的 按钮，在弹出的【镜像】对话框中勾选【镜像轴】/【X】项，然后勾选【克隆当前选项】/【复制】选项。镜像后的效果如图 5-87 所示。

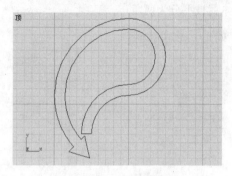

图 5-86　打开的文件

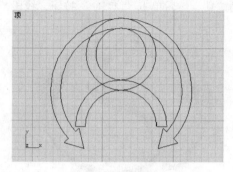

图 5-87　镜像效果

Step 22　将复制后的图形附加到另一个样条线中，使所有曲线成为一个整体。

Step 23　选择图形，再次进入修改命令面板。进入【样条线】子对象层级，在【几何体】面板中，选择任意一个样条线。

Step 24　确认【几何体】面板中的 按钮为黄色激活状态，再单击其左侧的 布尔 按钮，在视图中单击另一个曲线，布尔运算的结果如图 5-88 所示。

Step 25　选择 修改器列表 下拉列表中的【挤出】修改器，为曲线添加【挤出】修改器。设置【数量】值为"20"，透视图的渲染效果如图 5-89 所示。

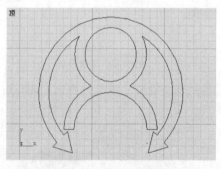

图 5-88　布尔运算的结果

图 5-89　渲染效果

Step 26　选择菜单栏中的【文件】/【保存】命令，将场景另存为"05_编辑线型 02.max"文件。此场景的线架文件以相同名字保存在本书附盘的"Scenes\05"目录下。

5.5 拓展练习——展示模型制作

　　下面通过组合基本几何体来创建展示设计的模型，完成的模型效果如图 5-90（a）所示，最终渲染效果如图 5-90（b）所示。

Step 01　重置设定系统。单击创建面板的 / / 长方体 按钮，在顶视图创建一个长方体，参数设置如图 5-91 所示。将长方形命名为"地面"。此时透视图效果如图 5-92 所示。

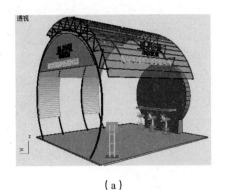
（a）

（b）

图 5-90　展示设计的模型和最终渲染效果

图 5-91　参数设置

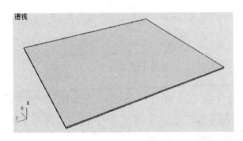

图 5-92　透视图效果

Step 02　单击创建面板的 / / 弧 按钮，在前视图创建一段弧线，单击 按钮，进入修改命令面板。展开【参数】面板，参数设置如图 5-93（a）所示。

Step 03　展开【渲染】面板，参数设置如图 5-93（b）所示，调整创建好的样条线的位置。此时透视图效果如图 5-94 所示。

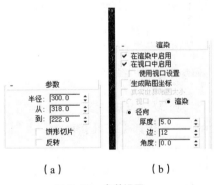
（a）　　　（b）

图 5-93　参数设置

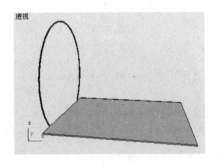

图 5-94　透视图效果

Step 04　放大弧形的局部，如图 5-95 所示，发现弧形分段不够，显得不够圆滑，单击工具栏的 按钮，查看简单的渲染效果，如图 5-96 所示。

Step 05　展开【插值】面板，勾选【自适应】选项，设置如图 5-97 所示。此时，查看简单的渲染效果，如图 5-98 所示。

Step 06　单击创建面板的 / / 弧 按钮，在前视图创建一段弧线，单击 按钮，进入修改命令面板。

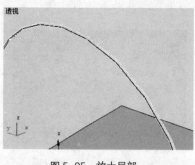

图 5-95　放大局部

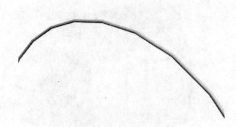

图 5-96　渲染效果

图 5-97　【插值】面板

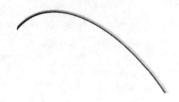

图 5-98　渲染效果

Step 07　展开【参数】面板，参数设置如图 5-99 所示。调整创建好的样条线的位置，参照步骤（4）～步骤（7）的方式勾选【在渲染中启用】选项、【在视口中启用】选项及勾选【自适应】选项，此时透视图效果如图 5-100 所示。

图 5-99　参数设置

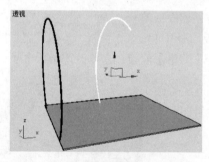

图 5-100　透视图效果

Step 08　复制创建好的第 2 条样条线 2 份，并选择【实例】复制方式，参照如图 5-101 所示调整位置。选择如图 5-101 所示的所有弧形对象，选择菜单栏的【组】/【成组】命令，以"钢管 01"为名命名组对象。

Step 09　单击创建面板的 ◆ / ◇ / 　弧　按钮，在前视图创建一段弧线，单击 ／ 按钮，进入修改命令面板。

Step 10　展开【参数】面板，参数设置如图 5-102 所示。展开【渲染】面板，取消勾选【在渲染中启用】选项及【在视口中启用】选项。

Step 11　单击选择 修改器列表 ▼ 下拉列表中的【编辑样条线】修改器，为样条线添加【编辑样条线】修改器。

Step 12　单击【选择】面板中 ∧ 按钮，进入样条线子对象层级，在视图中选择样条线。展开【几何体】面板，在 　轮廓　 按钮右侧的文本框内输入数值"4"，再单击 　轮廓　 按钮为其做出轮廓。单击【选择】面板中 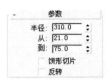 按钮，结束子对象的编辑。轮廓效果如图 5-103 所示。

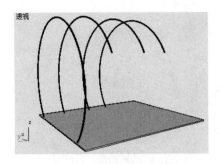

图 5-101　复制对象并调整位置

图 5-102　参数设定

Step 13　单击选择 修改器列表 ▼ 下拉列表中的【挤出】修改器，为样条线添加【挤出】修改器。

Step 14　将修改命令面板中的【参数】/【数量】值设为"400"，并调整位置，效果如图 5-104 所示。以"弧形透明背板"为名命名对象。

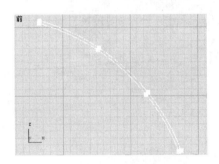

图 5-103　轮廓效果

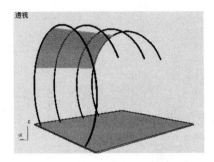

图 5-104　调整位置

Step 15　以相同方式制作出另外两个弧形背板，弧形参数如图 5-105 所示，挤出大小为"120"。并调整位置，效果如图 5-106 所示。成组后以"弧形背板"为名命名组对象。

图 5-105　弧形参数

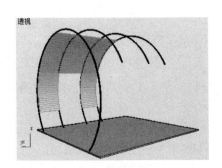

图 5-106　调整位置

Step 16　以相同方式制作出顶部的透明阳光板，弧形参数如图 5-107 所示，挤出大小为"500"。并调整位置，效果如图 5-108 所示。以"弧形透明顶板"为名命名对象。

Step 17　单击创建面板的 ❘ / ❘ / 圆柱体 按钮，在顶视图创建一个长方体，参数设置如图 5-109 所示，调整位置，以"企业形象台"为名命名对象。此时效果如图 5-110 所示。

Step 18　单击 ❘ / ❘ / 圆 与 矩形 按钮，在前视图中绘制一个圆形与矩形，圆形大小与上一步中的圆柱体半径一样为"195",矩形【长度】与【宽度】分别为"260"、"90"。参照如图 5-111 所示对齐两个图形。

图 5-107 弧形参数

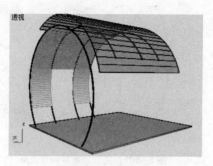

图 5-108 调整位置

图 5-109 圆柱体参数

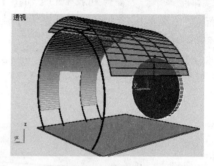

图 5-110 调整位置

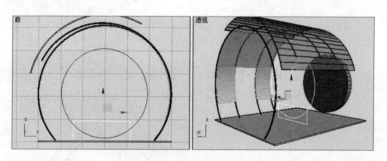

图 5-111 绘制图形

Step 19 选择两个图形,在视图中单击鼠标右键,在弹出的菜单中选择【转换为】/【转换为可编辑样条线】命令。

Step 20 选择矩形,单击 按钮进入修改命令面板,在【几何体】面板中,单击 附加 按钮,将圆形结合到当前矩形中,使所有曲线成为一个整体。

Step 21 单击【选择】面板中的 ∧（样条线）按钮,在前视图中选择矩形的样条线。

Step 22 确认【几何体】面板中的 （差集）按钮为黄色激活状态,再单击其左侧的 布尔 按钮,在视图中选择圆形进行布尔运算,结果如图 5-112 所示。单击【选择】面板中 ∧ 按钮,结束子对象的编辑。

Step 23 单击选择 修改器列表 下拉列表中的【挤出】修改器,为样条线添加【挤出】修改器。

Step 24 将修改命令面板中的【参数】/【数量】值设为"40",并调整位置,效果如图 5-113 所示。以"圆柱底台"为名命名对象。

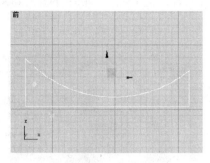

图 5-112　布尔结果

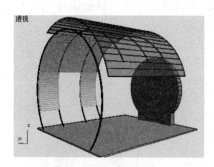

图 5-113　调整位置

Step 25　单击 ✏/⚙/　文本　按钮，在【参数】面板下方的【文本】框内已有默认文本"MAX 文本"，在此输入任意文字（企业的名称）。参数设置如图 5-114 所示。

Step 26　激活左视图，然后在左视图中单击鼠标左键，创建的文本就出现在左视图中，如图 5-115 所示。

图 5-114　输入文本

图 5-115　调整位置

Step 27　单击选择 修改器列表 ▼ 下拉列表中的【挤出】修改器，将【参数】/【数量】值设为"2"，挤出效果如图 5-116 所示，以"企业名称"为名命名对象。

Step 28　以相同的方式制作企业 LOGO，效果如图 5-117 所示。

图 5-116　企业名称效果

图 5-117　企业 LOGO 效果

Step 29　场景中的其他对象的创建方式大同小异，这里就不再赘述。

Step 30　选择菜单栏中的【文件】/【保存】命令，将场景另存为"05_展示.max"文件。此场景的线架文件以相同名字保存在本书附盘的"Scenes\05"目录中。

Step 31 模型场景最终效果如图 5-118 所示。为场景添加灯光，赋予材质后的最终渲染效果如图 5-119 所示。

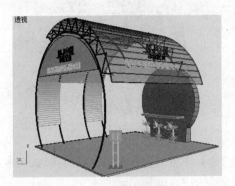

图 5-118　模型场景最终效果

图 5-119　最终渲染效果

小结

本章主要介绍了样条线的创建方式与编辑方法。在二维画线过程中，尤其要重点掌握图形子对象的修改功能。在初始创建阶段不可能一次完成最终所需的效果，往往需要进行二次编辑，在子物体编辑命令中，顶点层级的编辑命令使用频率更高一些，需要反复练习。

2D 转 3D 建模方法是 3ds Max 中常用的建模方法之一，应当熟练掌握。二维图形是 2D 转 3D 建模的基础，在生成三维物体后，还可以通过修改器堆栈回到二维图形层进行再次编辑。这也是很常用的修改技巧之一。

在进行 2D 转 3D 建模过程中，二维图形的形态将最终影响三维物体的形态。需要注意的是，如果原始二维图形为开放式图形，经过 2D 转 3D 修改后，生成的是三维面片物体；如果原始二维图形为闭合图形，生成的是三维实体模型。

习题

一、填空题

1. 在创建二维线型时，勾选其【渲染】面板中的_____选项，可将二维线型转换成圆形或矩形截面的网格物体进行渲染。

2.【车削】修改功能可以通过_____一个二维图形，产生三维物体。

3.【倒角剖面】建模方法需要两根二维图形，一条是_____，另外一条是_____，这两个图形可以是闭合的，也可以是开放的。

4. 在利用【倒角剖面】修改功能制作物体后，剖面轮廓线_____，否则生成的三维物体将_____。

二、选择题

利用【车削】功能创建物体时，如果想使物体表面变得光滑，就要适当增加_____值。

  A、【度数】   B、【分段】   C、【方向】   D、【平滑】

三、问答题

1. 二维图形的顶点有几种类型？
2. 简述【挤出】修改器和【倒角】修改器的含义。
3. 倒角轮廓建模的轮廓线可以删除吗？

第 6 章

复合建模方式

复合建模技术是将已有的三维物体组合起来构成新的三维物体，也称组合形体。在 1.6.3 节中已经提到复合建模有 10 种形式，本章将主要讲解常用的【放样】与【布尔】建模方式。

【教学目标】

- 了解复合建模方式类型。
- 掌握放样建模方法。
- 掌握布尔建模方法。

6.1 复合建模方式简介

在 ⚪（几何体）创建面板下，单击 标准基本体 ▾ ，在弹出的下拉列表中选择【复合对象】选项，切换为复合对象三维建模模块的按钮组。如图 6-1 所示。

1. 变形

【变形】是指由两个或多个顶点数相同的二维或三维物体形成变形对象。通过对这些顶点的插入，从一个物体变为另一个物体，其间的形状发生渐变而生成动画。图 6-2 所示为利用变形生成的动画。其中，图 6-2（a）所示为位于"0"、"10"、"20"帧的基础对象，图 6-2（b）所示为利用基础对象形成的变形对象。

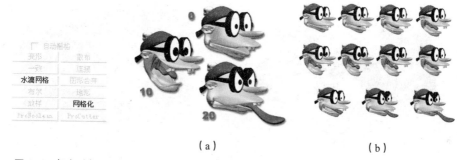

（a）　　　　　　　　　　　　　　（b）

图 6-1　复合对象　　　　　　图 6-2　为利用变形生成动画

变形是一种与 2D 动画中的中间动画类似的动画技术。【变形】对象可以合并两个或多个对象，方法是插补（插补是指在轨迹起点与终点之间插入新的节点，从而使数据密化）第一个对象的顶点，使其与另外一个对象的顶点位置相符。如果随时执行这项插补操作，将会生成变形动画。

原始对象称作种子对象或基础对象。种子对象变形成的对象称作目标对象。可以对一个种子执行变形操作，使其成为多个目标。此时，种子对象的形式会发生连续更改，以符合播放动画时目标对象的形式。

创建变形之前，种子和目标对象必须满足下列条件。

（1）这两个对象必须是网格、面片或多边形对象。

（2）这两个对象必须包含相同的顶点数。

如果不满足上述条件，将无法执行【变形】命令。

只要目标对象是与种子对象的顶点数相同的网格，就可以将各种对象用作变形目标对象，包括动画对象或其他变形对象。

创建变形时，需要执行下列步骤。

Step 01　为基础对象和目标对象建立模型。

Step 02　选择基本对象。

Step 03　单击 ⚲ / ⚪ /【复合对象】/ 变形 按钮。

Step 04　添加目标对象。

Step 05　设置动画。

2．散布

【散布】是指将物体的多个副本散布到屏幕上或定义的区域内，图 6-3 所示为散布效果。

要创建散布对象，可以执行以下操作。

Step 01 创建一个对象作为源对象，或者创建一个对象作为分布对象。

Step 02 选择源对象，然后在单击 ⬚ / ⬚ / 【复合对象】/ ⬚ 散布 ⬚ 按钮。

> ⓘ **要点提示**：源对象必须是网格对象或可以转换为网格对象的对象。如果当前所选的对象无效，则【散布】按钮不可用。

3．一致

【一致】是指通过将某个对象的顶点（称为"包裹器"）投影至另一个对象的表面（称为"包裹对象"）而创建一个新物体。常用于给物体添加几何细节，图 6-4 所示为一致效果。

图 6-3　散布效果

图 6-4　一致效果

和【变形】一样，【一致】中所使用的两个对象必须是网格对象或可以转化为网格对象的对象。如果所选的包裹器对象无效，则【一致】按钮不可用。

4．连接

【连接】是指由两个带有开放面的物体，通过开放面或空洞将其连接后组合成一个新的物体。连接的对象必须都有开放的面或空洞，这就是两个对象连接的位置。使两个对象洞与洞之间面对面，然后应用【连接】。

5．水滴网格

【水滴网络】是指可以通过几何体或粒子创建一组球体，还可以将球体连接起来，就好像这些球体是由柔软的液态物质构成的一样。如果球体在离其他球体的一定范围内移动，它们就会连接在一起。如果这些球体相互移开，将会重新显示球体的形状。图 6-5 示为水滴网格效果。

在 3D 行业，采用这种方式操作的球体的一般称为变形球。水滴网格复合对象可以根据场景中的指定对象生成变形球。此后，这些变形球会形成一种网格效果，即水滴网格。在设置动画期间，如果要模拟移动或流动的厚重液体和柔软物质，理想的方法是使用【水滴网格】命令。

6．图形合并

⬚ / ⬚ / 【复合对象】/ ⬚ 图形合并 ⬚ 命令主要用来创建包含网格对象和一个或多个图形的复合对象。这些图形嵌入在网格中（将更改边与面的模式），或从网格对象中去掉样条曲线区域。该命令常用于生产物体边面的文字镂空、花纹、立体浮雕效果、从复杂面物体截取部分表面以及一些动画效果等。

7. 地形

【地形】是指使用代表海拔等高线的样条曲线创建地形，图 6-6 所示为地形效果。

图 6-5 水滴网格效果

图 6-6 地形效果

8. 网格化

【网络化】是指以每帧为基准将程序对象转化为网格对象，这样可以对网格对象应用修改器，如弯曲或 UVW 贴图（关于 UVW 贴图的讲解，读者可参见第 8 章有关材质与贴图的内容）。它可用于任何类型的对象，但主要为使用粒子系统而设计。

6.2 放样

放样对象是指通过两个或多个横截面，沿着曲线挤出二维图形，创建三维实体。可以从两个或多个现有样条线对象中创建放样对象。横截面可以是开放的（如圆弧），也可以是闭合的（如圆）。横截面用于定义实体或曲面的截面形状。

6.2.1 常用参数详解

对二维线型进行放样建模后，在修改命令面板中会出现与放样相关的几个参数面板，下面就对这些面板中的常用参数进行解释。

1.【创建方法】面板

【创建方法】面板形态如图 6-7 所示。

（1） 获取路径 按钮：在放样前如果先选择的是截面图形，那么单击此按钮，在视图中选择将要作为路径的图形。

（2） 获取图形 按钮：如果先选择的是路径图形，单击此按钮，在视图中选择将要作为截面的图形。

2.【曲面参数】面板

【曲面参数】面板形态如图 6-8 所示。

图 6-8 【曲面参数】面板

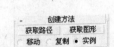

图 6-7 【创建方法】面板

（1）【平滑】栏

【平滑长度】：对长度方向的表面进行光滑处理。

【平滑宽度】：对宽度方向的表面进行光滑处理。

只有赋了材质贴图之后此栏的设置才会起作用，关于材质贴图可参见本书第 8 章的内容。

（2）【贴图】栏

【应用贴图】：启用和禁用放样贴图坐标。

【真实世界贴图大小】：控制应用于该对象的纹理贴图材质所使用的缩放方法。

【长度重复】：控制贴图沿路径重复的次数。

【宽度重复】：控制贴图沿截面圆周重复的次数，效果如图 6-9 所示。

【规格化】：勾选此项，贴图将在长度与截面圆周上均匀分布，否则会受到表面顶点分布的影响，效果如图 6-10 所示。

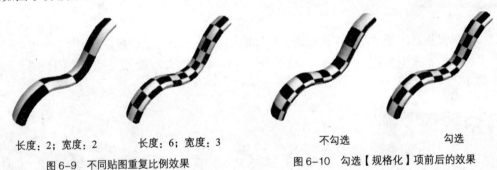

长度：2；宽度：2　　　长度：6；宽度：3　　　　　不勾选　　　　　勾选

图 6-9　不同贴图重复比例效果　　　　　图 6-10　勾选【规格化】项前后的效果

3.【路径参数】面板

【路径参数】面板形态如图 6-11 所示。

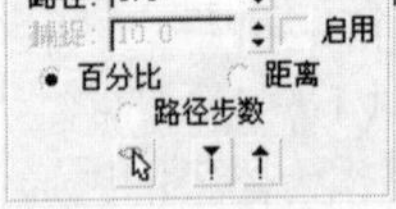

（1）【路径】：在这里设置插入点在路径上的位置，以此来确定将要获取的截面在放样物体上的位置。

（2）【百分比】：全部路径的总长为 100%，根据百分比来确定插入点的位置。

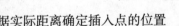

图 6-11 【路径参数】面板

（3）【距离】：以全部路径的实际长度为总数，根据实际距离确定插入点的位置

4.【蒙皮参数】面板

【蒙皮参数】面板形态如图 6-12 所示。

（1）【封口】栏：控制放样物体的两端是否封闭。

（2）【选项】栏

【图形步数】：设置截面图形顶点之间的步幅数，值越大，物体表皮越光滑。

【路径步数】：设置路径图形顶点之间的步幅数，值越大，造型弯曲越光滑。

（3）【显示】栏

【蒙皮】：勾选此项，将在视图中以网格方式显示它的表皮造型。

【蒙皮于着色视图】：勾选此项，将在实体着色（平滑+高光）模式下的视图中显示它的表皮造型。

5.【变形】面板

【变形】面板形态如图 6-13 所示，其中提供了 5 个变形工具，在它们的右侧都有一个 按钮，如果此按钮为 开启状态，表示已发生作用，否则对放样造型不产生影响，但其内部的设置仍保留。

图 6-12 【蒙皮参数】面板

图 6-13 【变形】面板

6.2.2 案例讲解

下面就利用放样制作简单的模型，效果如图 6-14 所示。

Effect 01 利用放样制作模型

Step 01 重新设定系统。单击 / / 矩形 按钮，在顶视图中创建两个矩形，其参数设置及绘制的矩形效果如图 6-15 所示。

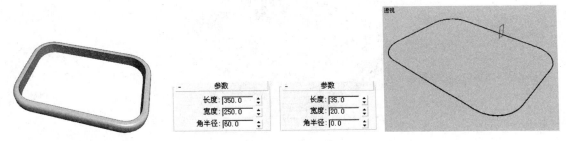

图 6-14 放样效果

图 6-15 绘制两个矩形

Step 02 鼠标右键单击选择较小的矩形，在弹出的菜单中选择【转换为】/【转换为可编辑样条线】命令。

Step 03 进入【修改命令】面板，单击【选择】面板中 按钮，进入【顶点】子对象层级，选择如图 6-16 所示的两个顶点，修改 圆角 右侧文本框中的数值为"8"，再单击 圆角 按钮。圆角效果如图 6-17 所示。

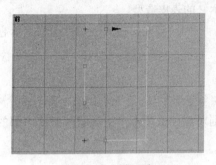

图 6-16 选择顶点

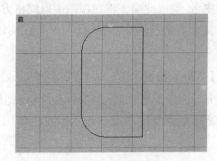

图 6-17 选择顶点

Step 04 单击 / ，在 标准基本体 下拉列表，选择其下的 复合对象 选项。

Step 05 选择较大的矩形，单击 放样 按钮，在【创建方法】面板中单击 获取图形 按钮，在视图中拾取另外一个图像，放样对象效果如图 6-18 所示。

Step 06 单击 按钮，进入修改命令面板，展开【变形】面板，单击 缩放 按钮，打开【缩放变形】窗口，如图 6-19 所示。

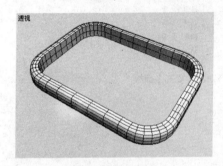

图 6-18 放样结果

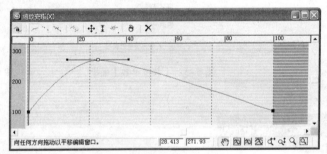

图 6-19 【缩放变形】窗口中的设置

Step 07 单击【缩放变形】窗口工具栏中的 按钮，分别在直线上加入控制点，并利用 按钮调整控制点的位置及形态，如图 6-20 所示。

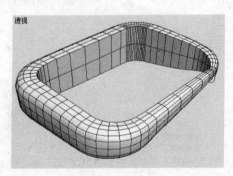

图 6-20 修改效果

Step 08 选择菜单栏中的【文件】/【保存】命令，保存该此场景文件。

6.3 布尔运算

布尔运算是一种逻辑数学的计算方法，这种算法主要用来处理两个集合的域的运算。对两个或多个相交的物体实现布尔运算，从而产生另一个单独的新物体。当两个造型相互重叠时，就可以进行布尔运算。在 3ds Max 中，当两个物体（有形的几何体）相互重叠时就可以进行布尔运算，运算之后产生的新物体称为布尔物体，属于参数化的物体。参加布尔运算的原始物体永久保留其建立参数，布尔运算效果如图 6-21 所示。

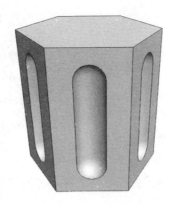

图 6-21　布尔运算效果

6.3.1　常用参数解释

三维布尔运算有 3 个参数面板：【拾取布尔】面板、【参数】面板和【显示/更新】面板。常用参数介绍如下。

1.【拾取布尔】面板

【拾取布尔】面板形态如图 6-22 所示。

拾取操作对象 B 按钮：在布尔运算中，两个原始物体被称为操作对象，一个叫操作对象 A，另一个叫操作对象 B。建立布尔运算前，首先要在视图中选择一个原始对象，即操作对象 A，再单击拾取操作对象 B 按钮，在视图中拾取另一物体，即操作对象 B，然后就可生成三维布尔运算物体。

2.【参数】面板

【参数】面板形态如图 6-23 所示。

（1）【并集】：结合两个物体，减去相互重叠的部分，效果如图 6-24 所示。

（2）【交集】：保留两个物体相互重叠的部分，不相交的部分删除，效果如图 6-25 所示。

（3）【差集（A-B）】：用第 1 个被选择的物体减去与第 2 个物体相重叠的部分，剩下第 1 个物体的其余部分，效果如图 6-26 所示。

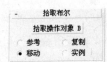

图 6-22 【拾取布尔】面板形态　　　　图 6-23 【参数】面板形态

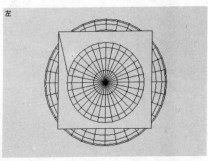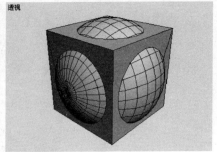

图 6-24　并集布尔运算效果

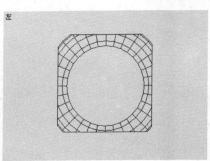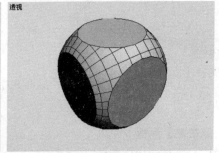

图 6-25　交集布尔运算效果

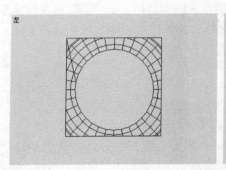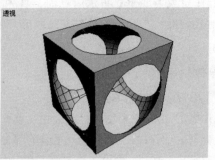

图 6-26　差集（A-B）布尔运算效果

（4）【差集（B-A)】：用第 2 个物体减去与第 1 个被选择的物体相重叠的部分，剩下第 2 个物体的其余部分，效果如图 6-27 所示。

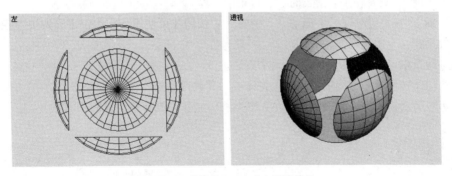

图 6-27　差集（B-A）布尔运算效果

（5）【切割】：操作对象 A 与操作对象 B 进行切割操作。系统提供了 4 种运算方式：【优化】、【分割】、【移除内部】和【移除外部】。效果如图 6-28 所示。

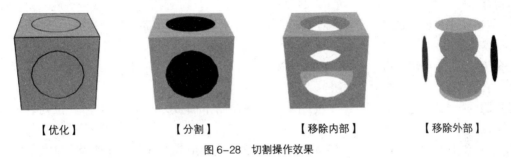

　　　【优化】　　　　　　　【分割】　　　　　　【移除内部】　　　　　　【移除外部】

图 6-28　切割操作效果

2.【显示/更新】面板

【显示/更新】面板形态如图 6-29 所示。

（1）【显示】栏

①【结果】：只显示最后的运算结果。

②【操作对象】：显示出所有的操作对象，效果如图 6-30 所示。

③【结果＋隐藏的操作对象】：在实体着色的视图内，以线框方式显示出隐藏的操作对象。以实体着色方式显示出运算结果，主要用于动态布尔运算的编辑操作，效果如图 6-31 所示。

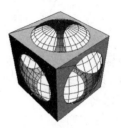

图 6-29　【显示/更新】面板形态　　图 6-30　显示所有操作对象效果　　图 6-31　显示结果+隐藏的操作对象效果

（2）【更新】栏

①【始终】：每一次操作后都立即显示布尔运算结果。

②【渲染时】：只有在最后渲染时才进行布尔运算。

③【手动】：选择此项时，下面的 更新 按钮才可使用，它提供手动的更新控制，需要观看更新效果时，单击选择此按钮即可。

增加进行布尔运算的成功率有以下几个方法。

（1）将物体转换为【可编辑多边形】物体或对其进行塌陷。

（2）适当增加物体的表面段数，这在为复杂物体制作三维布尔运算时很有用。

6.3.2 案例讲解

下面就利用简单的基础对象进行布尔运算。

Effect 02 【布尔运算】使用方法

Step 01 重新设定系统，选择菜单栏中的【文件】/【打开】命令，打开本书附盘"Scenes\06\04_布尔运算.max"文件，如图6-32所示。

Step 02 在顶视图中选择一个胶囊对象，单击右键，在弹出的快捷菜单栏中选择【转换为：】/【转换为可编辑多边形】选项，将选择物体进行转换。

Step 03 单击【编辑几何体】面板中的 附加 按钮，再单击其他胶囊对象，将其结合为一个对象。单击 附加 按钮，使其关闭。

Step 04 选择六棱柱，单击 按钮进入【创建命令】面板，在 标准基本体 ▾ 下拉列表中选择 复合对象 ▾ 选项。

Step 05 单击 布尔 按钮，确认【参数】面板中【操作】栏下的选择项为【差集（A-B）】。

Step 06 单击【拾取布尔】面板中的 拾取操作对象B 按钮，在视图中选择胶囊对象，进行布尔减运算。布尔后的效果如图6-33所示。

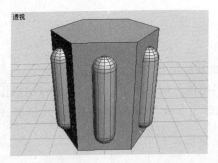

图6-32 打开的场景

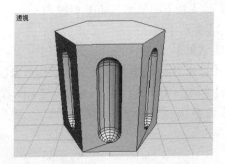

图6-33 布尔运算效果

> **要点提示**：在修改器堆栈窗口中选择【布尔】/【操作对象】选项，在【参数】面板中【操作对象】列表中选择【操作对象B】，单击 按钮，可在视图中移动操作对象B的位置，从而可以改变花墙的抠洞位置。

Step 07 选择菜单栏中的【文件】/【另存为】命令，将场景另存为"06_布尔运算－好.max"文件。此场景的线架文件以相同名字保存在本书附盘"Scenes\06"目录中。

6.4 课堂实践——制作窗帘

下面利用【放样】工具制作如图 6-34 所示的窗帘效果。

图 6-34　窗帘的最终效果图

Step 01 重新设定系统。单击 ⬙/⬙/ 　　线　　 按钮，确认命令面板【创建方式】中的【初始
类型】设置为【平滑】、【拖动类型】设置为【Bezier】。

Step 02 在顶视图中分别画两条如图 6-35（a）所示的曲线。位于上方的曲线名为"Splin01"，位
于下方的曲线名为"Splin02"。

Step 03 将命令面板的【创建方式】中的【初始类型】设置为【角点】、【拖动类型】设置为【角
点】。在左视图中由上向下创建一条直线，形态如图 6-35（b）所示。

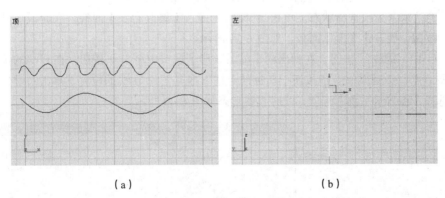

（a）　　　　　　　　　　　　　　　（b）

图 6-35　两条曲线在顶视图中的形态及直线在左视图中的形态

Step 04 选择最后创建的直线，单击 ⬙/⬙ 按钮，在 标准基本体 ▾ 下拉列表中选择 复合对象 ▾ 选项，
单击 放样 按钮，在其下的选项面板中单击 获取图形 按钮，在顶视图中拾取"Splin02"。

Step 05 在【路径参数】面板中，将【路径】值改为"100"，单击 获取图形 按钮，获取"Splin01"，
放样后的物体形态如图 6-36 所示。

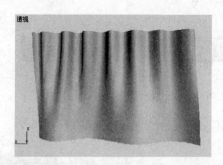

图 6-36　放样后的物体在透视图中的形态

⚠ 要点提示：此时，透视图中的放样物体是不可见的，这是因为放样物体为面片状，面对视图的一面正好是它的反面，而系统又默认反面是不可见的。有两种方法可以解决这个问题：①利用 🔄 按钮，把物体旋转180°；②为它赋予一个双面材质。在本例中采用的是第2种方法。

Step 06　单击工具行中的 ⊞ 按钮，选择1个未编辑过的示例球，在【明暗器基本参数】面板里勾选【双面】选项，位置如图 6-37 所示。

Step 07　单击【漫反射】右边的　按钮，位置如图 6-38 所示，为窗帘赋予一个贴图。

图 6-37　【双面】选项的位置　　　　图 6-38　【漫反射】右边按钮的位置

Step 08　在弹出的【材质/贴图浏览器】中双击【位图】选项。在弹出的对话框中选择本书所附光盘的 "Scenes\07\bu-red.jpg" 文件，再单击 打开⑩ 按钮。

Step 09　在【坐标】面板中，将【U】向【平铺】值改为 "4"、【V】向【平铺】值改为 "5"。

Step 10　单击【材质编辑器】中的 按钮，将此材质赋予场景中的窗帘。

Step 11　单击 按钮，此时在透视图中就可看到已赋材质的窗帘。

Step 12　确认窗帘为被选择状态。单击 按钮，进入【修改命令】面板，在面板的最底部单击 ＋ 变形 按钮，展开【变形】面板，如图 6-39 所示。

Step 13　单击 缩放 按钮，在弹出的【缩放变形】窗口中单击 按钮，在 80% 的位置为直线加入一个调节点，然后再单击 按钮把新加的点往下拖曳至约 97% 的位置，单击右键，在弹出的列表框中选择【Bezier-平滑】选项，此时直线形态如图 6-40 所示。

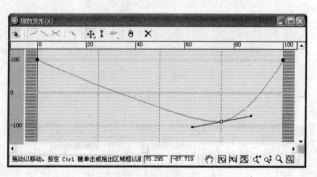

图 6-39　【变形】面板形态　　　　图 6-40　直线在【缩放变形】窗口中的形态

Step 14 关闭此窗口。单击【变形】面板中的 扭曲 按钮，在弹出的【扭曲变形】窗口中，利用上述所介绍的方法，把直线调整至如图 6-41 所示的形态。

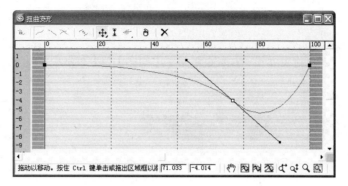

图 6-41　直线在【扭曲变形】窗口中的形态

Step 15 关闭此窗口。再单击【变形】面板中的 倾斜 按钮，在弹出的【倾斜变形】窗口中，把直线调整至如图 6-42 所示的形态。

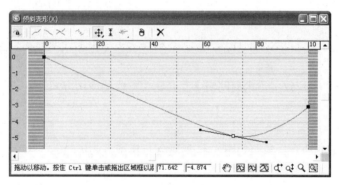

图 6-42　直线在【倾斜变形】窗口中的形态

Step 16 关闭此窗口。此时窗帘已制作完毕。单击视图控制区中的 按钮，调整透视图的角度，窗帘最终形态如图 6-43 所示。

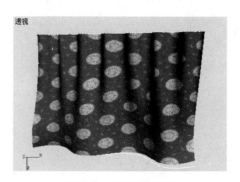

图 6-43　窗帘的最终形态

Step 17 选择菜单栏中的【文件】/【保存】命令，将场景保存为 "06_窗帘.max" 文件。此线架文件保存在本书配套光盘的 "Scenes\06" 子目录中。

小结

本章主要介绍了复合建模方式，并着重讲解了【放样】与【布尔】建模方式。希望读者能灵活掌握与运用。

习题

一、填空题

1. 复合建模方式包括_____、【散布】、【一致】、【连接】、【水滴网格】、【图形合并】、_____、【地形】、_____和【网格化】10种方式。

2. 放样对象是指通过两个或多个截面，沿着_____挤出二维图形，创建三维实体。可以从两个或多个现有样条线对象中创建放样对象。

3. 布尔运算是一种逻辑数学的计算方法，这种算法主要用来处理_____的域的运算。

二、问答题

1. 简述【变形】、【一致】、【水滴网格】复合建模方式的使用方式。

2. 什么是三维布尔运算？

三、操作题

利用本章所介绍的内容，参照如图6-44所示创建模型，此场景的线架文件以"06_放样.max"为名保存在本书附盘的"习题"目录下。

图6-44 放样模型

第

7 章

高级多边形建模

多边形建模方式是 3ds Max 中最为传统和经典的一个建模方式，3ds Max 9 中的多边形建模方法比较容易理解，非常适合初学者学习。多边形建模适合创建各种复杂的形体，并且在建模的过程中有更多的想象空间和可修改余地。

【可编辑多边形】修改器是一个非常重要的修改命令，3ds Max 提供的基本体造型是有限的，用户可以利用【可编辑多边形】修改器在基本体的基础上创建复杂多变的形状。

【教学目标】

- 了解多边形建模流程。
- 了解多边形模型的构成元素。
- 掌握编辑子对象的方式。
- 掌握多边形建模过程中常用的修改器。

7.1 多边形建模流程

可编辑多边形是在可编辑网格基础上发展起来的一种多边形编辑技术，与可编辑网格非常相似。与由三角面组成的网格对象不同的是，多边形对象的面是包含任意数目顶点的多边形。通常最好是将多边形划分为四边形的面。

在使用多边形方式建模时，可以以一个体开始转多边形，也可以以一个面转多边形，最后增加平滑网格修改器，进行表面的平滑和提高精度。其中涉及的技术主要是推拉表面构建基本模型，这种技法大量使用点、线、面的编辑操作，对空间控制能力要求比较高，适合创建复杂的模型。图 7-1 所示为以一个立方体开始逐步细分多边形来创建汽车模型的过程。

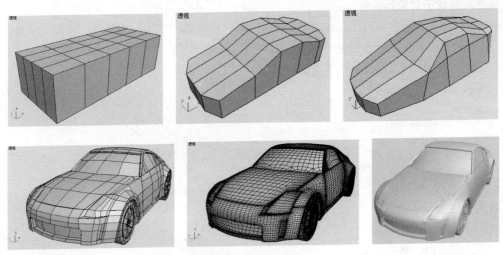

图 7-1　多边形建模流程

编辑多边形模型的过程实际上是通过编辑多边形的子对象来塑造形体的过程。

7.2 多边形的编辑

在编辑多边形模型之前，需要将对象先转化为可编辑多边形对象，才能在此基础上对多边形的形态进行编辑。

将对象转化为可编辑多边形对象有两种方式：

（1）在修改面板添加【编辑多边形】修改器。

（2）选择基础对象，在视图中单击鼠标右键，在弹出的菜单中选择【转换为】/【转换为可编辑多边形】命令，将对象转换为多边形进行编辑。

前一种方式可以保留对象修改堆栈。后一种方式执行的结果是破环性的。将对象转化为可编辑多边形对象后，单击  按钮，进入【修改命令】面板，修改器堆栈窗口的【可编辑多边形】下有 5 个子对象层级，如图 7-2 所示。

　　在编辑多边形的形态时，用户编辑的其实是对象的子对象，可编辑多边形的子对象包括：（顶点）编辑、（边）编辑、（边界）编辑、（多边形）编辑和（元素）编辑。子对象示意图如图 7-3 所示。可以根据需要进入不同的子对象层级进行编辑修改。

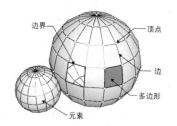

图 7-2　五个子对象层级　　　　　　图 7-3　子对象示意图

　　当进入任意子对象层级以后，就只能选择相应的子对象并进行编辑，而其他类型的子对象是不能被选择的。若需要编辑其他子对象，必须先切换到相应的层级。例如，当进入【顶点】子对象层级后，就只能选择顶点对象，边、多边形等其他子对象是不能被选择的；当需要再对多边形进行调整时，需要再切换到【多边形】子对象层级。修改面板的内容也会根据所选的子对象不同而变化，提供的编辑工具也不一样。

7.2.1　【选择】面板

　　【选择】面板主要用于快速选择，面板状态如图 7-4 所示。上排的 5 个按钮用于切换子对象层级，子对象层级的切换也可以在修改器堆栈中进行。下面简单介绍【选择】面板的其他选项和按钮。

　　（1）【按顶点】：启用该项时，只有通过选择所用的顶点，才能选择子对象。单击顶点时，将选择使用该选定顶点的所有子对象。

图 7-4　【选择】面板

　　（2）【忽略背面】：启用该项后，选择子对象将只影响法线朝向用户的那些对象。禁用（默认值）时，无论可见性或面向方向如何，都可以选择鼠标光标下的任何子对象。如果鼠标光标下的子对象不止一个，请反复单击在其中循环切换。同样，禁用"忽略背面"后，无论面对的方向如何，区域选择都包括了所有的子对象。

　　（3）【按角度】：启用并选择某个多边形时，也可以根据复选框右侧的角度设置选择邻近的多边形。该值可以确定要选择的邻近多边形之间的最大角度。仅在"多边形"子对象层级可用。

　　（4）　收缩　：通过取消选择最外部的子对象缩小子对象的选择区域。如果不再减少选择大小，则可以取消选择其余的子对象。

　　（5）　扩大　：朝所有可用方向外侧扩展选择区域。在该功能中，将边界看作一种边选择。

　　（6）　环形　：通过选择所有平行于选中边的边来扩展边选择。圆环只应用于边和边界选择。

　　（7）　循环　：在与选中边相对齐的同时，尽可能远地扩展选择。循环只应用到边和边界选择上，并只通过 4 个方向的交点传播。

7.2.2 【软选择】面板

【软选择】参数面板形态如图 7-5 所示。

（1）【使用软选择】：软选择状态开启选项。当勾选此项时才可进行软选择设置，效果如图 7-6 所示。

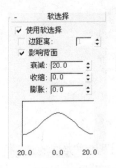

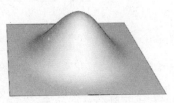

图 7-5 【软选择】参数面板　　　　　　　　图 7-6 软选择状态开启前后的效果

（2）【边距离】：当勾选此项时，在被选择点和其影响的顶点之间以边数来限制它的影响范围，并在表面范围内，以边距来测量顶点的影响区域空间。

（3）【影像背面】：当勾选此项时只可编辑可视面的顶点。

（4）【衰减】、【收缩】、【膨胀】：用来调节影响区域的曲线状态，效果如图 7-7 所示。

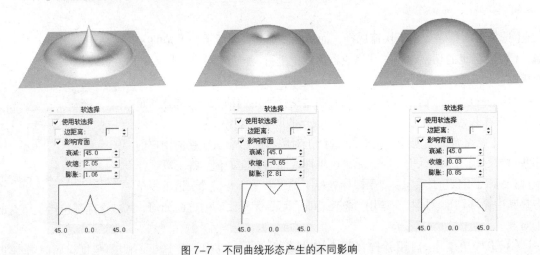

图 7-7 不同曲线形态产生的不同影响

7.2.3 【顶点】子对象层级

进入修改命令面板，单击【选择】面板中 ··· 按钮，进入顶点子对象层级，展开【编辑顶点】面板，如图 7-8 所示。

（1） 移除 ：利用 Delete 键可以删除选定顶点，但是会在删除顶点处产生洞，单击 移除 按钮可以删除顶点而不产生洞。

（2） 断开 ：在与选定顶点相连的每个多边形上都创建一个新顶点。

（3）挤出：单击该按钮，可以以拖曳鼠标的方式挤出选择的边。单击其右侧的□按钮，弹出【挤出顶点】对话框，如图 7-9 所示。可以在该对话框中进行参数设置，【挤出】顶点前后效果如图 7-10 所示。

图 7-8　【编辑顶点】面板

图 7-9　【挤出顶点】对话框

【挤出高度】：在法线方向上的挤出高度。

【挤出基面宽度】：挤出同时向外扩张的距离。

（4）焊接：将指定公差范围内选定的连续顶点合并为一个顶点，焊接效果如图 7-11 所示。单击其右侧的□按钮，在弹出【焊接顶点】对话框中，可以修改【焊接阀值】来指定焊接公差。

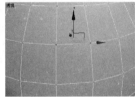

图 7-10　【挤出】顶点前后效果　　　　　　图 7-11　焊接效果

（5）切角：将顶点沿与之相连的线段方向进行分割细化，使原顶点处形成切角效果，如图 7-12（a）与（b）所示。单击其右侧的□按钮，弹出【切角顶点】对话框，设置参数，将顶点进行切角处理。图 7-12（c）所示为勾选【打开】选项的效果。

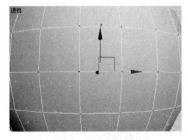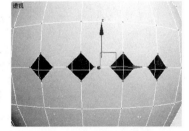

（a）所选顶点位置　　　　　　　（b）顶点切角效果　　　　　　（c）勾选"打开"选项

图 7-12　切角效果

（6）目标焊接：将两个相距很远的顶点组合为一个顶点，这两个顶点必须连续，即两顶点间必须有一个边相连。图 7-13 所示为将一个顶点焊接到另一个顶点上的效果。

（7）连接：在选中的一对顶点之间创建新的边。图 7-14 所示为连接两个顶点的效果。

（8）移除孤立顶点：删除不属于任何多边形的所有顶点。

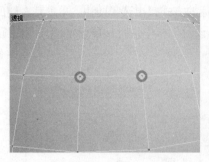 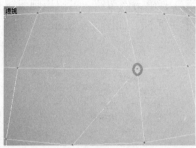

图 7-13　目标焊接顶点

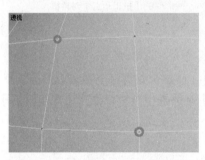 

图 7-14　连接两顶点

（9）　**移除未使用的贴图顶点**：某些建模操作会留下未使用的（孤立）贴图顶点，它们会显示在【展开 UVW 编辑器】中，但是不能用于贴图。单击此按钮，可以自动删除这些贴图顶点。

7.2.4　【边】子对象层级

进入修改命令面板，单击【选择】面板中 ◁ 按钮，进入边子对象层级，展开【编辑边】面板，如图 7-15 所示。

（1）　**插入顶点**：手动细分可视的边。

（2）　**移除**：删除选定边并合并使用这些边的多边形。移除后会保留原有的顶点，若要删除关联的顶点，可以按住 Ctrl 键的同时单击　**移除**　按钮；如图 7-16 所示。

图 7-15　【编辑边】面板

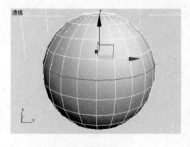 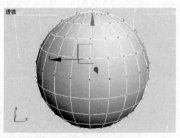 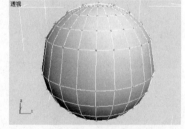

要移除被选中的边　　　　　　移除边后保留原来的顶点　　　　　　按住 Ctrl 键的同时移除边的效果

图 7-16　删除与移除效果对比

（3）　**分割**：沿着选定边分割边。

（4）　**挤出**：单击该按钮，可以以拖曳鼠标光标的方式挤出选择的多边形。单击其右侧的 □

按钮，弹出【挤出边】对话框，如图 7-17 所示。

　　【挤出高度】：设置法线方向上的挤出高度。

　　【挤出基面宽度】：设置挤出同时向外扩张的距离。

　　【挤出边】效果如图 7-18 所示。

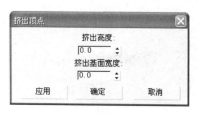

图 7-17　【挤出边】对话框

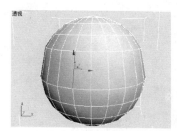

图 7-18　【挤出边】效果

7.2.5　【多边形】子对象层级

　　进入修改命令面板，单击【选择】面板中 ■ 按钮，进入多边形子对象层级，展开【编辑多边形】面板，如图 7-19 所示。

　　（1）　挤出　：单击该按钮，可以以拖曳鼠标的方式挤出选择的顶点。单击其右侧的 □ 按钮，弹出【挤出多边形】对话框，如图 7-20 所示。可通过设置参数的方式挤出多边形。

图 7-19　【编辑多边形】展卷帘

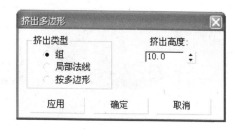

图 7-20　【挤出多边形】对话框

　　【挤出多边形】对话框中主要参数功能如下。

　　①【挤出高度】：设置在法线方向上的挤出高度。

　　②【挤出类型】：当对多个多边形执行挤出时，可以选择挤出方式。

　　挤出多边形效果如图 7-21 所示。

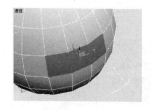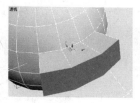

选择的多边形　　　　以【组】方式挤出　　　以【局部法线】方式挤出　　以【按多边形】方式挤出

图 7-21　挤出多边形效果

（2）　**轮廓**　：用于增加或减小每组连续选定的多边形的外边。单击其右侧的▢按钮，弹出【多边形加轮廓】对话框，可以通过设置参数的方式增加轮廓。【多边形加轮廓】对话框中主要参数功能如下。

【轮廓量】：数值为正时，向外扩张，数值为负时，向内收缩。

多边形轮廓效果如图 7-22 所示。

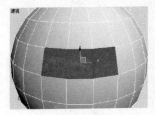
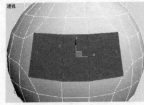

选择的多边形　　　　　　　　【轮廓量】值为正　　　　　　　　【轮廓量】值为负

图 7-22　多边形【轮廓】效果

（3）　**倒角**　：效果和挤出相似，但在挤出后倒角，可以扩大或缩小挤出顶面多边形。单击其右侧的▢按钮，弹出【倒角多边形】对话框，可以通过设置参数的方式倒角多边形。【倒角多边形】对话框中主要参数功能如下。

①【高度】：在法线方向上的挤出高度。

②【轮廓量】：数值为正时，向外扩张，数值为负，向内收缩。

③【倒角类型】：当对多个多边形执行倒角时，可以选择倒角方式。

多边形倒角效果如图 7-23 所示。

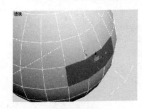
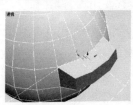
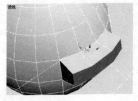
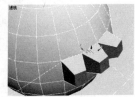

选择的多边形　　　　以【组】方式倒角　　　以【局部法线】方式倒角　　以【按多边形】方式倒角

图 7-23　多边形倒角效果

（4）　**插入**　：执行没有高度的倒角操作。单击其右侧的▢按钮，弹出【插入多边形】对话框，可通过设置参数的方式插入多边形。【插入多边形】对话框中主要参数功能如下。

①【插入量】：指定插入多边形与原多边形的距离。

②【插入类型】：当选择多个多边形执行插入时，可以选择插入方式。

多边形的插入效果如图 7-24 所示。

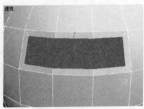

选择的多边形　　　　　　以【组】方式插入　　　　　　以【按多边形】方式插入

图 7-24　多边形的插入效果

（5）**桥**：连接对象上的两个多边形或多边形组。单击其右侧的 ⬚ 按钮，弹出【跨越多边形】对话框，即可设置桥接选项。图 7-25 所示为桥接多边形效果。

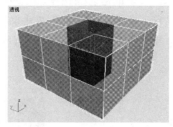

图 7-25　桥接多边形效果

（6）**翻转**：翻转选定多边形的法线方向。

（7）**从边旋转**：选择多边形后，按下该按钮，移动鼠标到边上，当光标变为 ✛ 状态，按住左键并拖曳，可以以选定边为旋转轴，旋转挤出多边形。效果如图 7-26 所示。

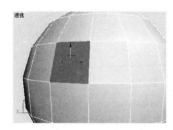

选择的多边形　　　　　　　　从边旋转效果　　　　　　　　从边旋转效果

图 7-26　从边旋转的效果

也可以单击其右侧的 ⬚ 按钮，弹出【从边旋转多边形】对话框，如图 7-27 所示。可通过设置参数的方式旋转多边形。【从边旋转多边形】对话框中主要参数功能如下。

① 【角度】：设定旋转角度大小。

② 【分段】：新挤出的多边形的段数。

③ **拾取转枢**：单击该按钮，再移动鼠标到视图中选取边作为旋转轴。

（8）**沿样条线挤出**：沿样条线挤出选定的多边形。单击其右侧的 ⬚ 按钮，弹出【沿样条挤出多边形】对话框，如图 7-28 所示。【沿样条挤出多边形】对话框中主要参数功能如下。

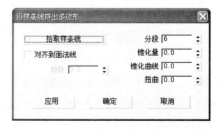

图 7-27　【从边旋转多边形】对话框　　　　图 7-28　【沿样条线挤出多边形】对话框

① 【对齐到面法线】：将挤出与多边形的法线对齐。

② 【旋转】：在挤出的同时旋转样条线。

③ **拾取样条线**：单击该按钮，再移动鼠标到视图中选取样条线。

④【分段】：挤出多边形后，指定其长度方向上的细分段数。

⑤【锥化量】：设置挤出沿着其长度变小或变大的程度。

⑥【锥化曲线】：加速锥化的变化量。

⑦【扭曲】：沿着挤出的长度产生扭曲效果。

图 7-29 所示为多个多边形沿同一条样条线挤出时，设定不同的挤出参数的挤出效果。

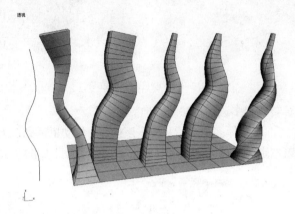

图 7–29　沿样条线挤出效果

7.3 常用修改器

在编辑多边形模型时，还经常结合修改器来编辑形态，下面介绍以下常用的修改器。

7.3.1 【对称】修改器

【对称】修改器在构建角色模型或船、飞行器等中轴对称的模型时特别有用，【对称】修改器可以围绕 *x*、*y* 或 *z* 平面镜像多边形网格。当【对称】修改器 Gizmo 位于多边形内部时会切分多边形网格，如有必要会移除其中一部分，并沿着公共缝自动焊接顶点。

当对多边形应用【对称】修改器时，对于多边形一半所做的任何编辑会与另一半交互显示。这样在编辑对称的多边形模型时只需要修改一半就可以了。图 7-30 所示为对称效果。

【对称】修改器的【参数】面板形态如图 7-31 所示。

（1）【镜像轴】栏：

①【X】、【Y】、【Z】：指定执行对称所围绕的轴。可以在选中轴的同时在视图中观察效果。

②【翻转】：如果想要翻转对称效果的方向则勾选该选项。默认设置为禁用状态。

（2）【沿镜像轴切片】：勾选该选项时，镜像 Gizmo 在定位于多边形边界内部时作为一个切片平面。当 Gizmo 位于多边形边界外部时，对称反射仍然作为原始多边形的一部分来处理。如果取消该选项，对称反射会作为原始网格的单独元素来进行处理。默认设置为启用。

（3）【焊接缝】：勾选该选项，确保沿镜像轴的顶点在阈值以内时会自动焊接。默认设置为启用。

（4）【阈值】：阈值设置的值代表顶点在自动焊接起来之前的接近程度。默认设置是 0.1。

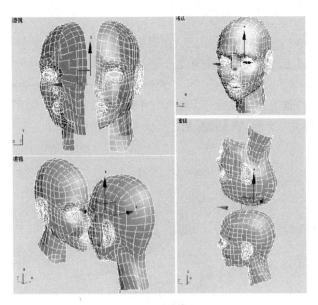

图 7-30　对称效果

图 7-31　参数面板

> ⓘ **要点提示**：将阈值设置得太高会导致网格的扭曲，特别是在镜像 Gizmo 位于原始网格边缘的外部时。

7.3.2 【FFD】修改器

　　【FFD】（自由变形）修改器通过在物体外围加入一个由控制点构成的结构线框，在结构线框子物体层级，通过调整控制点，可以改变封闭几何体的形状。【FFD】修改功能可以通过少量的控制点来改变物体形态，产生柔和的变形效果。系统提供了多种【FFD】修改器，如【FFD 2×2×2】、【FFD 3×3×3】、【FFD 4×4×4】、【FFD（长方体）】、【FFD（圆柱体）】。使用【FFD（长方体）】和【FFD（圆柱体）】修改器，可在结构线框上设置任意数目的点，比其他 3 个基本修改器功能更强大、更灵活，可以根据需要来使用。

　　下面就利用【FFD 4×4×4】修改功能制作一椅子场景，效果如图 7-32 所示。

图 7-32　椅子效果

Effect 01 │ 制作椅子

Step 01 重新设定系统。单击 ✏️ / ⚪ / ▢ 长方体 按钮，在顶视图创建一个【长度】、【宽度】、【高度】分别为"400"、"280"、"55"，【长度分段】与【宽度分段】均为"3"，【高度分段】为"2"的长方体，效果如图 7-33 所示。

Step 02 选择长方体物体，单击 ✏️ 按钮进入修改命令面板，在【修改器列表】中选择【网格平滑】修改命令，为长方体物体添加网格平滑修改。在【细分量】面板中将【迭代次数】值修改为"3"，效果如图 7-34 所示。

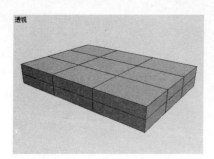 

图 7-33　创建长方体　　　　　　　　图 7-34　添加【网格平滑】修改器

Step 03 再次在【修改器列表】中选择【FFD 4×4×4】修改命令，为方体物体添加 FFD 修改，效果如图 7-35 所示。

Step 04 在修改命令堆栈窗口中展开【FFD 4×4×4】层级，选择其中的【控制点】层级。选择如图 7-36 所示的控制点，沿 z 轴向上移动一定距离。

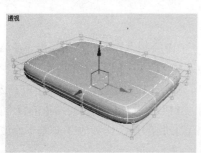 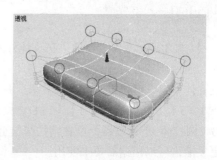

图 7-35　添加【FFD 4×4×4】修改器　　　图 7-36　移动所选的控制点

Step 05 选择如图 7-37 所示的控制点，沿 z 轴向上稍微移动一定距离。

Step 06 选择如图 7-38 所示的控制点，沿 z 轴向上稍微移动一定距离。

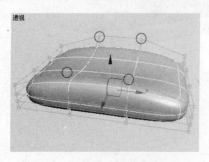 

图 7-37　移动所选的控制点　　　　　图 7-38　移动所选的控制点

Step 07 添加【FFD 4×4×4】修改器，编辑后的结果如图 7-39 所示。

Step 08 利用前面学习过的基本几何体知识创建椅子腿，最终效果如图 7-40 所示。

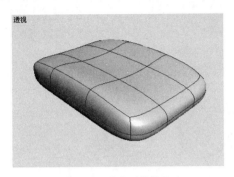

图 7-39　编辑后的结果

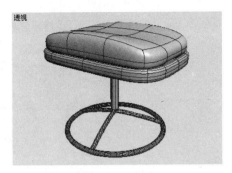

图 7-40　最终效果

Step 09 选择菜单栏中的【文件】/【保存】命令，将此场景保存为"07_FFD4-4-4.max"文件。此场景的线架文件以相同名字保存在本书附盘的"Scenes\07"目录中。

7.3.3 【壳】修改器

　　3ds Max 中的网格物体都是由无厚度的面组成的，这些面组合在一起，就会形成一个三维实体。如果该实体上的面有一个缺口，则会看到实体的内部是空的，缺口处的边是无厚度的，这样很不真实。【壳】修改器的功能可弥补这一缺陷，它可以为开放的网格物体的表皮增加厚度。

　　【壳】修改器的【参数】面板形态如图 7-41 所示。

　　（1）【内部量】：设置内部面向内移动的距离。

　　（2）【外部量】：设置外部面向外移动的距离。

　　（3）【分段】：设置内外两条边之间的细分段数。值越高，两条边之间的过渡越平滑，如图 7-42 所示。当使用【倒角边】功能时，此选项不起作用。

图 7-41　【壳】修改器的【参数】面板

【分段】：1　　　【分段】：3

图 7-42　不同【分段】值的效果

　　（4）【倒角边】：勾选此项，用户可以指定一条斜切线型，系统会根据此线型来定义壳边的过渡形状。

　　（5）【倒角样条线】：单击其右侧的 None 按钮，选择一个非闭合线型来定义壳边的过渡形状。效果如图 7-43 所示。

图 7-43　壳边的过渡形状

Effect 02 ┃ **利用【壳】修改器制作勺子**

　　下面以一个勺子的制作过程为例，讲解【壳】修改器的使用方法。勺子的制作流程如图 7-44 所示。

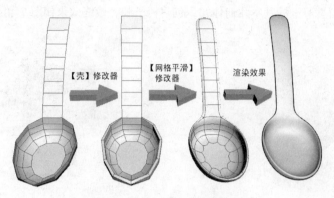

图 7-44　利用【壳】修改器制作勺子

Step 01　重新设定系统。选择菜单栏中的【文件】/【打开】命令，打开本书附盘"Scenes/07/07_勺子基本形.max"文件，这是一个由圆柱体修改好的基本形体，如图 7-45 所示。

Step 02　单击 ⿻ 按钮进入【修改命令】面板，选择 修改器列表 ▾ 下拉列表中的【壳】修改器，并设置【参数】面板中的【内部量】为"1.7"，此时添加【壳】修改的勺子形体如图 7-46 所示。

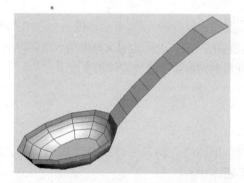

图 7-45　打开勺子基本形

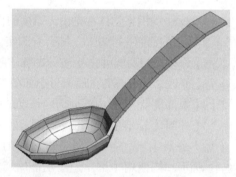

图 7-46　修改后的效果

Step 03　选择 修改器列表 ▾ 下拉列表中的【网格平滑】修改器，添加【网格平滑】修改，并设置【细分量】面板中的【迭代次数】数值为"4"。细分后的效果如图 7-47 所示。单击主工具栏的 ⿻（渲染）按钮，渲染效果如图 7-48 所示。

Step 04　选择菜单栏中的【文件】/【保存】命令，将场景另存为"07_勺子_好.max"文件。此场景的线架文件以相同名字保存在本书附盘的"Scenes\07"目录中。

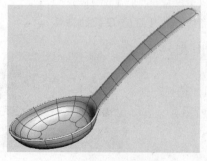

图 7-47　细分后的效果

图 7-48　渲染效果

7.3.4 【网格平滑】修改器

【网格平滑】修改器通过多种不同方法平滑场景中的几何体。该修改器可以细分几何体，同时在角和边插补新面的角度以及将单个平滑组应用于对象中的所有面。【网格平滑】的效果是使角和边变圆，就像它们被锉平或刨平一样。使用【网格平滑】参数可控制新面的大小和数量，以及它们如何影响对象曲面的平滑程度。图 7-49 所示为应用【网格平滑】修改器后的效果。

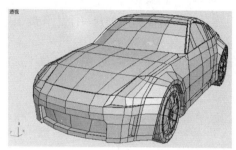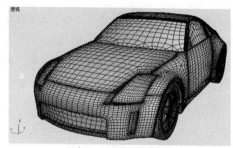

图 7-49 【网格平滑】效果

这里只讲解最常用的【细分量】面板的选项，【细分量】面板形态如图 7-50 所示。

（1）【迭代次数】：设置网格细分的次数。增加该值时，每次新的迭代会通过在迭代之前对顶点、边和曲面创建平滑差补顶点来细分网格。修改器会细分曲面来使用这些新的顶点。默认设置为"0"，范围为"0"～"10"。允许在程序开始细分网格之前，修改所有设置或参数，例如"网格平滑"类型或更新选项。

图 7-50 【细分量】面板

在增加迭代次数时要注意，对于每次迭代，对象中的顶点和曲面数量（以及计算时间）增加 4 倍。对平均适度的复杂对象应用 4 次迭代会花费很长时间来进行计算，可按 Esc 停止计算。

（2）【平滑度】：确定对多尖锐的锐角添加面以平滑对象。计算得到的平滑度为顶点连接的所有边的平均角度。值为"0.0"会禁止创建任何面。值为"1.0"会将面添加到所有顶点，即使它们位于一个平面上。

（3）【渲染值】：用于在渲染时对对象应用不同的【迭代次数】和不同的【平滑度】值。一般将使用较低【迭代次数】和较低【平滑度】值进行建模，使用较高值进行渲染。这样可在视图中迅速处理低分辨率对象，同时生成更平滑的对象以供渲染。

7.4 课堂实践——制作铃铛

下面以对基本几何体添加【可编辑多边形】修改器为例，来介绍【可编辑多边形】修改器的使用方法。最终效果如图 7-51 所示。

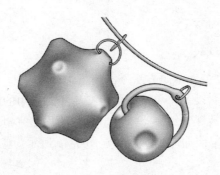

图 7-51　最终效果

Step 01 重新设定系统。单击 ▣/◉/ 长方体 按钮，在透视图中创建一个【长度】、【宽度】和【高度】值均为 "20"，【分段】值均为 "3" 的方体，如图 7-52 所示。

Step 02 单击 ▨ 按钮，进入修改面板，单击 修改器列表 ▾，在弹出的下拉列表中选择【球形化】修改器。进行球形化修改后的效果如图 7-53 所示。

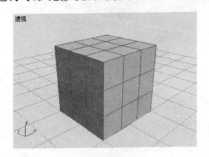

图 7-52　创建方体

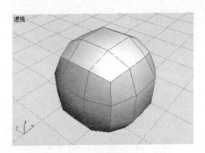

图 7-53　修改后的效果

Step 03 在修改面板中单击 修改器列表 ▾，在弹出的下拉列表中选择【编辑多边形】修改器。

Step 04 进入【编辑多边形】修改器的【多边形】子对象层级，按住键盘上的 Ctrl 键，选择如图 7-54 所示的两个多边形。

🛈 **要点提示**：图 7-54 是以 "透明＋背面消隐" 方式显示对象的，该状态下可以不用旋转视图就能看到对象背面的状态。在透视图中右键单击方体，在弹出快捷菜单中选择【对象属性】命令，弹出【对象属性】对话框，在【常规】选项卡中的【显示属性】中勾选 "透明"，确认取消勾选【背面消隐】选项即可。

Step 05 在【编辑多边形】面板中单击 桥 右侧的 ▢ 按钮，弹出【跨越多边形】对话框，如图 7-55 所示，修改【分段】值为 "2"，单击 确定 按钮。编辑后的效果如图 7-56 所示。

图 7-54　选择多边形

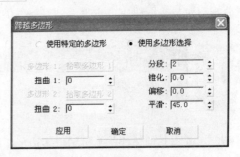

图 7-55　【跨越多边形】对话框

Step 06 选择如图 7-57 所示的 4 个多边形。

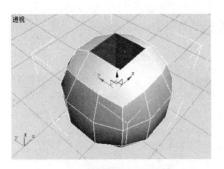

图 7-56　编辑后的效果

图 7-57　选择多边形

Step 07 在【编辑多边形】面板中单击　倒角　右侧的 □ 按钮，弹出【倒角多边形】对话框，如图 7-58 所示，设置【高度】和【轮廓量】值分别为 "−3.0" 和 "−0.2"。单击　确定　按钮。编辑后的效果如图 7-59 所示。

图 7-58　【倒角多边形】对话框

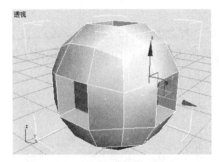

图 7-59　编辑后的效果

Step 08 在修改面板中单击 修改器列表 ▼，在弹出的下拉列表中选择【网格平滑】修改器。

Step 09 设置【细分量】面板中的【迭代次数】值为 "4"。细分后的效果如图 7-60 所示。

Step 10 选择创建好的对象，命名为 "珠子 01"，在对象上单击右键，在弹出的菜单中选择【隐藏当前选择】选项，将对象暂时隐藏。

Step 11 单击 ⬚/◔/　圆　按钮，在顶视图中创建一个【半径】为 "9.5" 的圆形。

Step 12 单击 ⬚ 按钮，进入修改面板，展开【渲染】面板，勾选【在视口中启用】选项。修改【径向】选项栏的【厚度】值为 "2.0"【边】值为 "9"。效果如图 7-61 所示。

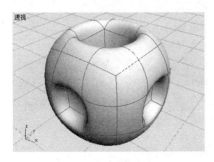

图 7-60　网格平滑效果

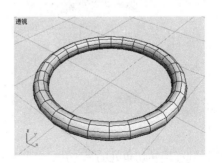

图 7-61　【在视口中启用】效果

Step 13 单击 修改器列表 ▼ ，在弹出的下拉列表中选择【编辑样条线】修改器。进入【顶点】子对象层级。

Step 14 选择如图 7-62 所示的顶点，在顶视图中垂直向上移动顶点到适当的位置，移动后的效果如图 7-63 所示。

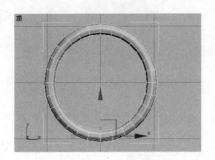

图 7-62　选择定点

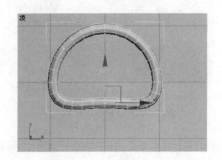

图 7-63　顶点向上移动后的效果

Step 15 单击 修改器列表 ▼ ，在弹出的下拉列表中选择【编辑多边形】修改器。进入【边】子对象层级。

Step 16 选择如图 7-64 所示的一圈边，在【编辑边】面板中单击 切角 按钮右侧的□按钮，在弹出的【切角边】对话框中设置【切角量】值为"0.7"，如图 7-65 所示。然后单击 确定 按钮。切角效果如图 7-66 所示。

图 7-64　选择边

图 7-65　【扭曲】修改器的参数面板

Step 17 重新选择如图 7-67 所示的边，利用 ↻ 工具，将选择的边沿世界坐标轴 z 轴旋转 6°。

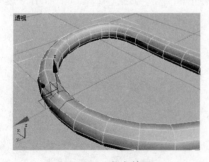

图 7-66　切角效果

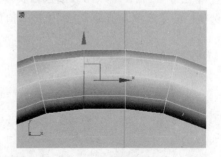

图 7-67　重新选择边

Step 18 同样旋转切角处的另一边，旋转后的效果如图 7-68 所示。

Step 19 进入【编辑多边形】修改层级的【顶点】子对象层级。利用 ▫ 工具等比例放大选择的顶点，最终效果如图 7-69 所示。

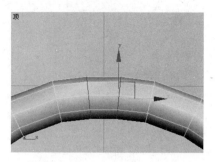

图 7-68 旋转后的效果

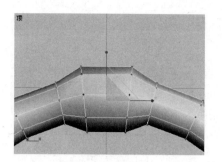

图 7-69 选择顶点

Step 20 修改顶点后的形体效果如图 7-70 所示。

Step 21 进入【编辑多边形】修改层级的【多边形】子对象层级。选择如图 7-71 所示的上下两个多边形。

图 7-70 修改顶点后的形体效果

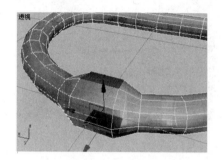

图 7-71 选择多边形

Step 22 在【编辑多边形】面板中单击 倒角 按钮右侧的□按钮，在弹出的【倒角多边形】对话框中修改【高度】和【轮廓量】的值为分别为"-0.22"和"-0.2"，然后单击 确定 按钮，如图 7-72 所示。倒角效果如图 7-73 所示。

图 7-72 【倒角多边形】对话框

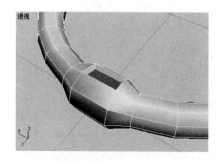

图 7-73 倒角效果

Step 23 保持两个多边形的选取状态，在【编辑多边形】面板中单击 桥 按钮右侧的□按钮，在弹出的【跨越多边形】对话框中，设置【分段】值为"2"，然后单击 确定 按钮，如图 7-74 所示。

Step 24 桥接多边形的效果如图 7-75 所示。

Step 25 根据前面介绍的方法，利用✛工具和▫工具调整顶点，如图 7-76 所示。

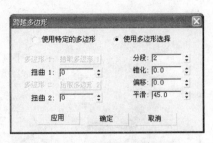

图 7-74 【跨越多边形】对话框

图 7-75 桥接多边形的效果

Step 26 单击 修改器列表 ▼ ，在弹出的下拉列表中选择【网格平滑】修改器。修改【细分量】面板中的【迭代次数】值为"4"。细分后的效果如图 7-77 所示。

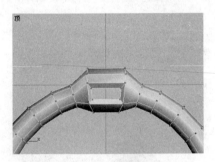

图 7-76 选择并调整顶点

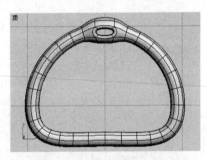

图 7-77 【网格平滑】效果

Step 27 在视图空白处单击右键，在弹出的菜单中选择【全部取消隐藏】选项，显示"珠子 01"对象，并调整位置，效果如图 7-78 所示。

Step 28 利用前面介绍的方法制作另外一个珠子，最终效果如图 7-79 所示。

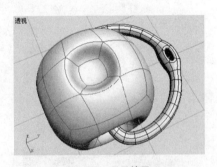

图 7-78 显示效果

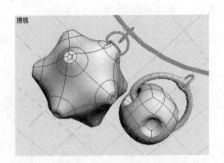

图 7-79 最终的效果

Step 29 选择菜单栏中的【文件】/【保存】命令，将场景另存为"07_项链.max"文件。此场景的线架文件以相同名字保存在本书附盘的"Scenes\07"目录中。

> ⓘ **要点提示**：在【扩展基本体】的【对象类型】面板中创建一个异面体，设置【系列】类型为【十二面体/二十面体】，【系列参数】/【P】值为"0.35"，然后再添加【编辑多边形】修改器进行编辑，最后添加【网格平滑】修改器，制作流程如图 7-80 所示。

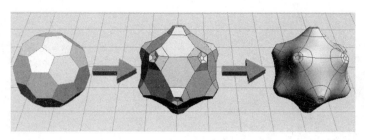

图 7-80　操作提示

7.5 | 拓展练习——制作枕头模型

利用可编辑多边形方式制作枕头模型，最终效果如图 7-81 所示。

Step 01 重新设定系统。单击 🖫 / ◎ / 长方体 按钮，在顶视图创建一个【长度】、【宽度】、【高度】分别为 "300"、"300"、"80"，【长度分段】与【宽度分段】均为 "4"，【高度分段】为 "3" 的长方体。参数设置及效果如图 7-82 所示。

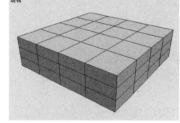

图 7-81　枕头效果

图 7-82　参数设置及创建长方体的效果

Step 02 选择长方体物体，单击右键，在弹出的菜单中选择【转换为】/【转换为可编辑多边形】命令，将对象转换为多边形进行编辑。

Step 03 单击 ⋯ 按钮，进入【顶点】子对象编辑层级。

Step 04 选择如图 7-83 所示的顶点，利用 ✥ 工具，参照如图 7-84 所示调整顶点位置。

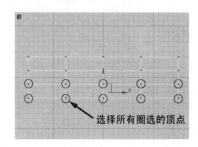

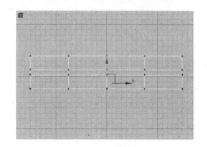

图 7-83　选择顶点

图 7-84　调整选择的顶点

Step 05 再选择如图 7-85 所示的顶点，利用 ✥ 工具，参照如图 7-86 所示在前视图中调整顶点位置。

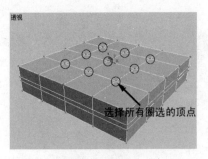

图 7-85　选择顶点

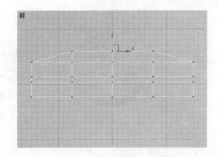

图 7-86　调整选择的顶点

Step 06　以相同的方式调整底面的顶点，效果如图 7-87 所示。

Step 07　再选择如图 7-88 所示的多边形的 8 个顶点，利用 ▣ 工具，参照如图 7-89 所示在前视图中沿 y 轴缩放顶点。

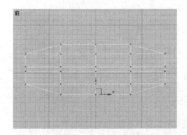

图 7-87　调整顶点

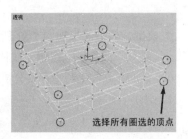

图 7-88　选择顶点

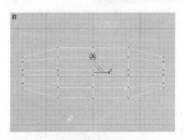

图 7-89　调整选择的顶点

Step 08　调整顶点后，多边形模型的形态如图 7-90 所示。

Step 09　单击 ⁝⁝ 按钮，进入【顶点】子对象编辑层级。选择如图 7-91 所示的多边形。

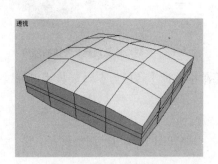

图 7-90　多边形模型的形态

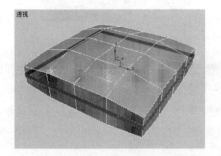

图 7-91　调整选择的顶点

(ⓘ) **要点提示**：图 7-91 的显示状态是以"透明＋背面消隐"方式显示对象。该状态下可以不用旋转视图就可看到对象背面的状态，在透视图中右键单击方体，在弹出快捷菜单中选择【属性】，弹出【对象属性】对话框，在【常规】选项卡中的【显示属性】中勾选"透明"，取消勾选"背面消隐"选项即可。

Step 10　在【编辑多边形】展卷帘中单击 挤出 右侧的 □ 按钮，弹出【挤出多边形】对话框，如图 7-92 所示，点选【局部法线】选项，并修改【挤出高度】的数值为"5"，单击 确定 按钮。修改后的效果如图 7-93 所示。

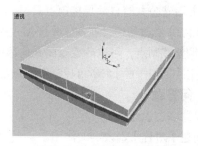

图 7-92　多边形模型的形态　　　　　　　　图 7-93　调整选择的顶点

Step 11　单击 ✏ 按钮进入【修改命令】面板，在【修改器列表】中选择【网格平滑】修改命令，为长方体物体添加网格平滑修改。在【细分量】面板中将【迭代次数】值修改为"2"。效果如图 7-94 所示。

Step 12　赋予材质后渲染的效果如图 7-95 所示，读者可以再复制出一个枕头，并调整其位置。

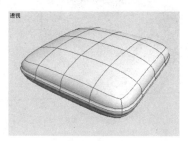

图 7-94　最终效果　　　　　　　　　　图 7-95　赋予材质后的效果

> **① 要点提示**：材质的编辑与赋予将在后面的章节中讲解，这里不作叙述。

Step 13　选择菜单栏中的【文件】/【保存】命令，将场景另存为"07_枕头.max"文件。此场景的线架文件以相同名字保存在本书附盘的"Scenes\07"目录中

小结

　　本章主要介绍了多边形建模流程、多边形模型的构成元素、编辑多边形子对象的方式以及多边形建模过程中常用的修改器。需要重点掌握的是编辑多边形各个子对象层级的方式，着重掌握对象的附加、切割、分割、挤出等的操作。多边形建模非常适合建立形态复杂的模型，希望读者多加练习，通过积累经验，并仔细揣摩优秀多边形模型中线的布局与走向。

习题

一、填空题

1．当【对称】修改器 Gizmo 位于多边形＿＿＿＿＿＿＿时会切分多边形网格，如有必要会移除其中

一部分，并沿着公共缝自动焊接顶点。

2.【FFD】修改器通过在物体外围加入一个由_____构成的结构线框，在结构线框子物体层级，通过调整控制点，可以改变封闭几何体的形状。

3. 使用【网格平滑】参数可控制新面的大小和数量，以及它们如何影响对象曲面的_____程度。

二、问答题

1. 简述多边形建模的流程。

2. 简述【对称】修改器的作用。

三、操作题

利用本章所介绍的内容，创建如图 7-96（a）所示模型，添加网格平滑后的效果如图 7-96（b）所示。此场景的线架文件以"07_框架方体.max"为名保存在本书附盘的"习题"目录下。

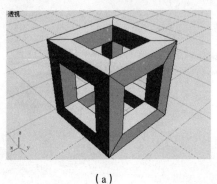
（a）

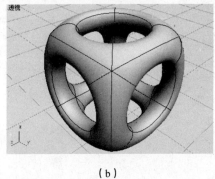
（b）

图 7-96　模型效果

第 **8** 章

材质与灯光

在前面的章节中重点介绍了三维模型的创建、编辑与修改方法。要模拟真实世界的场景，仅仅依靠模型的准确、细致是不够的，还需要为场景添加灯光，并赋予模型材质以达到逼真的视觉效果。

通常在有灯光照射的场景模式下为对象赋予材质。灯光与材质的关系非常紧密，相同的材质在不同的灯光照射下，表现的视觉效果可能会完全不同。灯光除了可以提供基本的照明功能外，还可以用来烘托场景氛围，为场景增加真实感与纵深感。3ds Max 9 中提供了多种灯光类型来模拟生活中不同类型的光源。

本章主要介绍 3ds Max 9 中的材质、材质编辑器、灯光的基础知识和使用方法。

【教学目标】

- 了解渲染的基础概念。
- 了解 3ds Max 9 中材质编辑器的使用方法。
- 掌握基础材质的调节方法。
- 了解常用灯光的类型和使用方法。
- 了解贴图的基本概念、类型和作用。
- 掌握多种贴图方式的使用方法。
- 掌握多种材质的使用方法。

8.1 渲染的基本概念

渲染是通过物理环境的光线照明、物理世界中物体的材质质感来得到较为真实的图像的过程，要将一个包含模型的场景通过渲染得到较为真实的图像，需要执行以下几个步骤。

（1）指定渲染器。

（2）为场景添加灯光。

（3）为对象指定材质。

（4）设定图像输出的参数。

（5）测试初步的渲染结果。

（6）当效果满意后可以输出较高分辨率及参数设定的最终图像。

8.1.1　材质质感与光线的传播

真实世界中的物质（如玻璃、金属、木头、布料等）都呈现出不同的视觉感受。除了颜色、发光、纹理等属性，影响物质质感最重要的是物体如何反射和传播光线，这是由物质的物理属性决定的，如金属相对布料来说，金属反射更多的光线，布料吸收更多的光线。另外由于金属较光滑，通常形成面积较小、强度较高的高光；布料则形成面积很大，强度很低的高光。玻璃在反射光线的同时，还会产生折射。

在 3ds Max 9 中，模型是通过赋予材质来模拟对象的质感，材质主要用于描述物体如何反射和传播光线，材质的调节和灯光是分不开的，最好先设定场景中的照明环境，然后再调节物体的材质。

8.1.2　光线的传播方式

在渲染的所有环节中，光线是最为重要的一个要素。三维软件中灯光发射出来的光线的传播方式是模拟现实世界中光线传播的方式，但是又与现实世界中光线传播的方式有所不同。为了更好地理解渲染的原理，首先来认识一下现实世界中光线的传播方式：反射、折射、透射。

1. 反射

光线的反射是指光线在运动过程中，碰到物体表面并回弹的现象，它包括漫反射和镜面反射两种方式。所有能看得见的物体都受这两种方式的影响，图 8-1 所示为光线的反射示意图。

与现实现实世界中光线反射不同的是：现实世界中光线的反弹是无限次的逐渐衰减的过程；而在三维软件中光线不能实现无限次的反弹并逐渐衰减的效果，否则渲染将陷入无限次运算中。用户可以指定光线反弹的次数。其实当光线反弹的次数在 8 次以上后，多余的反弹效果对渲染结果的影响就很小了。

反射是体现物体质感的一个非常重要的因素。

首先是色彩，当物体将所有的光线反弹出去时，我们就会看到物体呈现白色；当物体将光线全部吸收而不反弹时，物体会呈现黑色；当物体只吸收部分光线然后将其余的光线反弹出去时，则物体会表现出各种各样的色彩。例如，当物体只反弹了红色光线而将其余光线吸收后会呈现红色。

其次是光泽度，光滑的物体（如玻璃、瓷器、金属等），总会出现明显的高光；而没有明显高光的物体，通常都是比较粗糙的，如砖头、瓦片、泥土。高光的产生也是光线反射的效果，这是"镜面反射"在起作用。光滑的物体有一种类似"镜子"的反射效果，它对光源的位置和颜色是非常敏感的。所以，光滑的物体表面会"镜射"出光源，这就是物体表面的高光区，越光滑的物体高光范围越小，强度越高。光线的反射效果如图 8-2 所示。

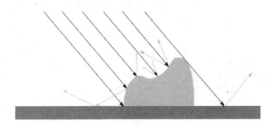

图 8-1　光线反射示意图

图 8-2　光线的反射效果

2. 折射

光线的折射是发生在透明物体中的一种现象。由于不同物质的密度不同，光线从一种介质传送到另一种介质时发生偏转现象。不同的透明物质具有不同的折射率，这是表现透明材质的一个重要手段。图 8-3 所示为光线折射示意图。

同样，在三维软件中也可以指定光线在碰到透明对象的表面产生折射的次数。较高的折射次数将会增加渲染的时间，应指定一个合适的值来保证渲染质量的同时减少渲染时间。光线折射效果如图 8-4 所示。

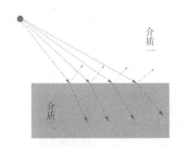

图 8-3　光线折射示意图

图 8-4　光线折射效果

3. 穿透

当光线遇到透明物体时，一部分光线会被反弹，而另一部分光线会通过物体继续传播。如果光线比较强，光线穿透物体后会产生焦散效果，如图 8-5 所示。

如果物体是半透明的材质，光线会在物体内部产生散射，叫做"次表面散射"。比如牛奶、可乐、玉、皮肤等都有这种效果，如图 8-6 所示。

物体的质感都是通过以上 3 种光线的传播方式来表现的。在渲染过程中，将真实世界中的光影现象运用到渲染中，这对真实地表现渲染效果是非常有利的。光线的折射和穿透的模拟都会耗费大量时间，所以在指定这类效果的参数的时候要谨慎。

图8-5 焦散效果

图8-6 玉的焦散效果

8.2 【材质编辑器】窗口

在【材质编辑器】窗口中完成材质的调节，单击菜单栏中的 ⁂ 按钮（或按键盘上的 M 键）打开【材质编辑器】窗口，如图8-7所示。

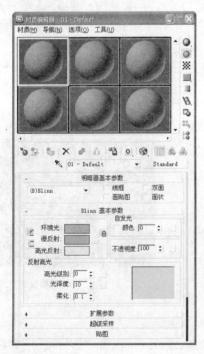

（a）

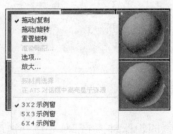

（b）

图8-7 【材质编辑器】窗口

8.2.1 功能讲解

【材质编辑器】窗口主要分为4大部分：菜单栏、示例窗、工具栏和参数面板。各区域功能如下。

（1）菜单栏：将材质编辑命令分类放置，可以从中调用各种材质编辑工具。

（2）示例窗：用来显示材质的调节效果。调节参数时，其效果会立刻更新显示到示例窗中的示例球上，用户可以通过示例球来观看材质的效果。默认窗口显示为 6 个灰色的示例球，在一个示例球上单击鼠标右键，在弹出的快捷菜单中有【3×2 示例窗】、【5×3 示例窗】、【6×4 示例窗】选项（或按键盘上的 X 键），可对示例球的显示数量进行更换，如图 8-7（b）所示。

（3）工具栏：示例窗下方和右侧有横竖两排工具按钮，可用来进行各种材质控制。

① 水平工具栏多用于材质的指定、保存和层级跳跃。

② 垂直工具栏大多针对示例窗中的显示模式。

（4）参数面板：在【材质编辑器】窗口的下方是其参数控制区，根据材质类型及贴图类型的不同，参数控制区中的内容也不同。

【材质编辑器】窗口的参数面板中包含以下几个面板，与贴图及输出有关的参数都在这个可变区内进行设置。

下面详细讲解参数面板的重要面板的参数。

1.【明暗器基本参数】展卷帘

图 8-8 所示为【明暗基本参数】面板，下面简单介绍常用参数。

（1）【明暗器类型】列表：在该列表
中设定材质反射光线的基本类型，主要表现为材质高光的
形态不同。在此列表中可以指定【各向异性】、【高光级别】、
【Blinn】、【金属】、【多层】、【Oren-Nayar-Blinn】、

图 8-8　明暗器基本参数面板

【Phong】、【Strauss】和【半透明明暗器】8 种不同的材质渲染属性，由它们确定材质的基本性质。
图 8-9 所示为几种材质渲染属性的高光效果。

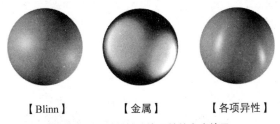

【Blinn】　　　　【金属】　　　　【各项异性】

图 8-9　几种材质渲染属性的高光效果

①【各向异性】：它的反光呈不对称形状，反光角度可任意调节，常用于表现金属漆、玻璃等光滑物体的反光效果。

②【高光级别】参数控制高光区域的强度，【光泽度】选项控制高光区域的大小。这两个参数是配合使用的，对于高抛光的物体（如玻璃、金属）【高光级别】相对较高，【光泽度】也相对高一些，即高光范围较小。

③【Blinn】（圆形高光）：常用于表现坚硬光滑的物体表面，它所呈现的反光呈尖锐状态。

④【金属】：专用于金属材质的制作，它可以模拟出金属表面非常强烈的反光效果。

⑤【多层】：组合了两个 Anisotropic 类型的反光，每一个反光都可以拥有不同的颜色和角度，适用于表现光滑复杂的表面效果。

⑥【Oren-Nayar-Blinn】：主要用于不光滑物体，如布料和织物等。

⑦【Phong】：常用于表现类似玻璃或塑料等非常光滑的表面，它所呈现的反光是柔和的，这

一点区别于【Blinn】类型。

⑧【Strauss】：也用于金属材质，且比【金属】类型赋予的金属质感要好。

⑨【半透明明暗器】：专门用于表现半透明的物体表面，例如蜡烛、玉饰品、有色玻璃等。

（2）☐ **线框**：以网格线框的方式来渲染物体，效果如图 8-10 所示，它能表现出物体的线架结构。

（3）☐ **双面**：将与物体法线相反的一面也进行渲染，效果如图 8-11 所示。在 3ds Max 9 中，有些敞开面的物体，其内壁可看不到任何材质效果，这时就必须勾选双面设置。

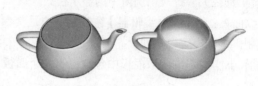

未勾选【双面】　　　　勾选【双面】

图 8-10　线框方式的渲染效果　　　　图 8-11　勾选【双面】前后的效果比较

（4）☐ **面贴图**：将材质指定给造型的所有面，效果如图 8-12 所示。

（5）☐ **面状**：勾选此项后，使物体表面以面片方式进行渲染，效果如图 8-13 所示。

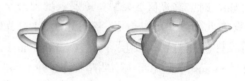

未勾选【面贴图】　　勾选【面贴图】　　　　未勾选【面状】　　　　勾选【面状】

图 8-12　勾选【面贴图】前后的效果比较　　　　图 8-13　勾选【面状】前后的效果比较

2.【Blinn 基本参数】面板

该面板根据【明暗器类型】中选择的类型，显示相应的参数面板。默认为【Blinn 基本参数】的参数面板，其他类型的参数面板大部分相同，如图 8-14 所示。

颜色是材质最基本的属性。物体的颜色是通过光的反射产生的。由于光的作用，物体表面的颜色不可能是单一的，除了它本身的颜色外，还受周围环境及灯光颜色的影响，因此主要有 3 个属性控制着材质的颜色，分别如下。

（1）【环境光】：物体表面阴影区的颜色，表现物体反射周围环境的颜色。

（2）【漫反射】：物体表面漫反射区的颜色。物体本身的颜色，它决定了材质的主色调。

（3）【高光反射】：物体表面高光区的颜色。

以上 3 个色彩分别指物体表面的 3 个区域，区域划分如图 8-15 所示。

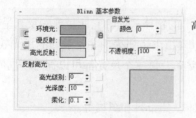
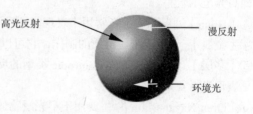

图 8-14　【Blinn 基本参数】面板形态　　　　图 8-15　物体表面的区域划分

（4）【自发光】栏：使材质具备自身发光效果，常用来制作灯泡、太阳等光源物体。设置自发光效果后，物体在场景中不受灯光的影响。

【颜色】：勾选此项时，可从其右侧的颜色块中选择材质的自发光色。取消此项勾选时，材质使用其【漫反射】色作为自发光色，此时色块就变为数值输入状态，值为"0"时，材质无自发光；值为"100"时，材质有自发光。

【不透明度】：设置材质的透明度属性，默认值为"100"，即不透明材质；值为"0"时，则为完全透明材质，效果如图 12-13 所示。

（5）【反射高光】栏：设置材质的反光强度和反光度。

【高光级别】：设置高光的影响级别，默认值为"0"。

【光泽度】：设置高光影响的尺寸大小，值越大，高光越小越细，默认值为"10"。

【柔化】：对高光区的反光进行柔化处理，使它变得模糊、柔和。

3.【各向异性基本参数】面板

当【明暗器类型】中选择的类型为"各向异性"时，【Blinn 基本参数】面板会切换为【各向异性基本参数】面板，这个面板比【Blinn 基本参数】面板多了 3 个可调项，如图 8-16 所示。

（1）【漫反射级别】：控制材质漫反射区的亮度。默认值为 100"，值域是"0～400"。

（2）【各向异性】：控制高光的外形，使其有不同的形态，值为"0"时，高光区呈现出圆形；值为"100"时，高光区变得非常窄，效果如图 8-17 所示。

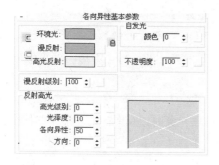

图 8-16　【各向异性基本参数】面板

【各向异性】= 0　　　【各向异性】= 100

图 8-17　不同的【各向异性】值产生不同的高光区外形

【方向】：改变高光区的方向。默认值为"0"，值域是"0～9999"。

8.2.2　范例解析——调节基础 3ds Max 9 材质

材质的基本属性是指材质的固有颜色、材质表面的反光属性、透明度、自发光等基本材质属性。下面通过一个案例来介绍基本材质的调节方法。

Effect 01 ┃ 调节基本材质的方法

Step 01　选择菜单栏中的【文件】/【打开】命令，打开本书附盘"Scenes\08\08_鱼.max 鱼.max"场景文件，如图 8-18 所示。

Step 02　单击 按钮，打开【材质编辑器】窗口，选择一个空白示例球，单击【漫反射】项旁边的色块，弹出【颜色选择器：漫反射颜色】对话框，如图 8-19 所示。

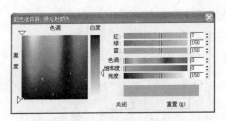

图 8-18　场景效果　　　　　　　　　　图 8-19　【颜色选择器】对话框

Step 03　在此对话框中的红、绿、蓝 3 条色带中，用鼠标在合适的位置单击，可以调整颜色。调整白线在这 3 条色带中的不同位置，将示例球的颜色调成棕红色，单击 关闭 按钮，即可关闭【颜色选择器】对话框。此时，视图中的环形结变为棕红色。

Step 04　将【高光级别】值设为"18"，增加高光区的高度；将【光泽度】值设为"28"，缩小高光区的尺寸，此时，示例球的表面产生明显的高光亮点，效果如图 8-20 所示。

Step 05　在【Blinn 基本参数】面板中，将【自发光】/【颜色】的值分别设为"50"和"100"，观看自发光效果，效果如图 8-21 所示。

【颜色】值为"0"

值为"50"

值为"100"

图 8-20　同步材质的状态　　　　　図 8-21　不同【颜色】值的自发光效果

Step 06　将【自发光】/【颜色】值再改回"0"，使其不发光，然后将【不透明度】值分别设为"50"和"80"，观看环形结的透明效果，如图 8-22 所示。

Step 07　将【不透明度】值改为"100"，使环形结不透明。

Step 08　勾选【明暗器基本参数】面板中的【线框】选项，此时透视图中的环形结为线框方式，如图 8-23（a）所示。

Step 09　勾选【双面】选项，环形结背面的线框也显示出来，如图 8-23（b）所示。在制作透视材质时也常使用此选项。

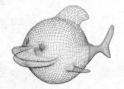

【不透明度】值为"50"　　　值为"80"　　　　　（a）线框效果　　　（b）双面效果

图 8-22　透明效果　　　　　　　　　图 8-23　线框方式及双面方式

8.3 常用灯光对象

在默认状态下，3ds Max 9 系统提供了一盏泛光灯以照亮场景，如果创建了新的灯光，系统中的默认灯光就会自动关闭。在 ![icon] / ![icon] / 标准 ▾ 命令面板中一共提供了以下 5 种最常用的标准灯光，如图 8-24 所示。

1. 目标聚光灯

目标聚光灯产生的是一个锥形的照射区域，可影响光束内被照射的物体，产生一种逼真的投影阴影。【目标聚光灯】包含两个部分：【投射点】（场景中的小圆锥体图形）和【目标点】（场景中的小立方体图形）。通过调整这两个图形的位置可以改变物体的投影状态，从而产生逼真的效果。聚光灯有矩形和圆形两种投影区域，矩形特别适合制作电影投影图像、窗户投影等。圆形适合制作路灯、车灯、台灯等灯光的照射效果。效果如图 8-25 所示。

图 8-24　标准灯光类型

2. 自由聚光灯

自由聚光灯是一个圆锥形图标，产生锥形照射区域。它实际上是一种受限制的目标聚光灯，也就是说它相当于一种无法通过改变目标点和投影点的方法改变投射范围的目标聚光灯，但可以通过工具栏中的 ![icon] 工具来改变其投射方向。

3. 目标平行光

目标平行光产生一个圆柱状的平行照射区域，其他功能与目标聚光灯基本相似。目标平行光主要用于模拟阳光、探照灯、激光光束等效果，如图 8-26 所示。

图 8-25　目标聚光灯在顶、透视图中的效果　　　　图 8-26　目标平行光在顶、透视图中的效果

4. 自由平行光

自由平行光是一种与自由聚光灯相似的平行光束，它的照射范围是柱形的。

5. 泛光灯

泛光灯是一种可以向四面八方均匀照射的点光源，它的照射范围可以任意调整，在场景中表现为一个正八面体的图标。泛光灯是在效果图制作当中应用最广泛的一种光源，标准泛光灯用来照亮整个场景。场景中可以用多盏泛光灯协调作用，以产生较好的效果。效果如图 8-27 所示。

图 8-27　泛光灯在顶、透视图中的效果

这5种灯光本身并不能着色显示，只能在视图操作时以线框形式显示，但它却可以影响周围物体表面的光泽、色彩和亮度。通常灯光是和物体的材质共同起作用的，它们之间合理地搭配可以产生恰到好处的色彩和明暗对比，从而使三维作品更具有立体感和真实感。

8.3.1 常用灯光使用方法

由于这些常用的灯光属性都大致相同，所以本节只以目标聚光灯为例，讲解它的使用方法。

Effect 02 ▌目标聚光灯的使用方法

Step 01 重新设定系统。选择菜单栏中的【文件】/【打开】命令，打开本书所附光盘"Scenes \08\08_鱼.max"文件，这是一个鱼的场景。

Step 02 单击 ▨/✦/ **目标聚光灯** 按钮，在前视图中按住鼠标左键，由上至下拖出一个目标聚光灯的图标，松开鼠标左键，一盏目标聚光灯就创建好了。

Step 03 分别在前、顶视图中调节灯光的光源点和目标点，使目标点落在茶壶上。

Step 04 单击工具栏中的 ▨ 按钮，渲染透视图。创建灯光前后效果对比如图 8-28 与图 8-29 所示。

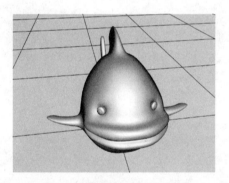

图 8-28 系统默认灯光照射效果

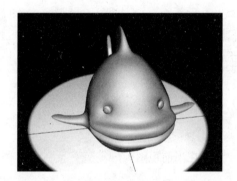

图 8-29 目标聚光灯照射效果

Step 05 激活左视图，在前视图图标上单击鼠标右键，在弹出的快捷菜单栏中选择【视图】/【Spot01】选项，将左视图转换为聚光灯视图，如图 8-30 所示。

Step 06 单击视图控制区的 ▨ 按钮，在灯光视图按住鼠标左键拖曳来调节灯光的照射角度。单击视图控制区的 ▨ 按钮，调节灯光光源的远近。单击视图控制区的 ◎ 按钮，调整灯光聚光区的大小，单击视图控制区的 ◎ 按钮，调整灯光衰减区的大小，最终调节效果如图 8-31 所示。

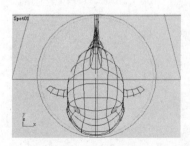
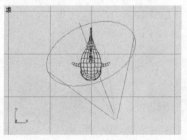
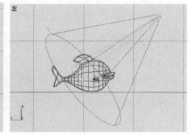

图 8-30 【Spot01】视图　　　　　　　　　　　　图 8-31 调节聚光灯

> **(！) 要点提示**：在灯光的参数面板中也可以调节聚光灯的聚光区与衰减区的大小，读者可以根据习惯选用。

Step 07　单击工具栏中的 🔘 按钮，渲染透视图。调节后的效果如图 8-32 所示。

Step 08　单击 ✏️ 按钮，进入修改面板，在【常规参数】面板中，勾选【阴影】/【启用】选项。图 8-33 所示为灯光启用投影后的效果。

图 8-32　渲染透视图后的效果

图 8-33　调节聚光灯

Step 09　选择菜单栏中的【文件】/【保存】命令，将场景另存为 "08_鱼-好.max" 文件。此场景的线架文件以相同名字保存在本书附盘的 "Scenes\08\卡通材质" 目录中。

8.3.2　常用参数解释

1．灯光视图控制区按钮

当视图切换为灯光视图后，视图控制区的按钮也都变成了调节灯光视图的工具按钮，如图 8-34 所示。只有在当前视图为灯光视图时视图控制区的按钮为调节灯光视图的按钮组，其主要按钮的功能如下。

（1）🔆（推拉灯光）按钮：光束的发光点与目标点间的连线称之为光轴。此按钮可以在聚光灯视图内让发光点沿光轴方向移动。

（2）◎（灯光聚光区）按钮：在聚光灯视图内控制聚光范围的大小。

（3）◎（灯光衰减区）按钮：在聚光灯视图内控制衰退范围的大小。

（4）🔄（侧滚灯光）按钮：调整聚光灯投射光束的转角（以光轴为旋转轴）。它主要是在光束形态为矩形或用聚光灯投影图片时起作用。

（5）👁（环游灯光）按钮：调整光束的仰俯角度。

2．灯光的参数面板

灯光的参数面板基本相同，下面以聚光灯为例，对一些常用的参数面板和参数进行讲解。选择灯光后，单击 ✏️ 按钮进入修改命令面板，其中各参数面板解释如下。

（1）【常规参数】面板。【常规参数】面板形态如图 8-35 所示。

①【灯光类型】栏：选择灯光的类型。

【启用】：用于灯光的开关控制，如果暂时不需要此灯光的照射，可以先将它关闭。

②【阴影】栏：选择阴影的计算方式。

图 8-34 聚光灯的调节工具按钮组　　图 8-35 【常规参数】面板

【启用】：勾选此项，使灯光产生阴影。其下的区域是阴影类型选择区。

排除... 按钮：允许指定物体不受灯光的照射影响，单击它可打开一个【排除/包含】对话框，如图 8-36 所示。在此窗口中通过 》按钮和《按钮可以将场景中的物体加入（或取回）到右侧排除框中，作为排除对象，它将不再受到这盏灯光的影响。对于照明和阴影也可以分别进行排除。

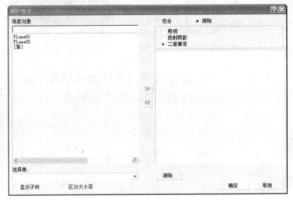

无排除　　　　　　　　　　　　　　　　　　　排除地板

图 8-36 【排除/包含】窗口

（2）【强度/颜色/衰减】面板。【强度/颜色/衰减】面板如图 8-37 所示。

①【倍增】：控制灯光的照射强度，值越大，则光照强度越大，默认值为"1.0"。图 8-38 所示为设置【倍增】值前后的效果对比。

【倍增】：0.8　　　　　　【倍增】：1.5

图 8-37　【强度/颜色/衰减】参数面板　　　图 8-38　设置【倍增】值前后的效果比较

② 色块：调整灯光的颜色。

③【衰退】栏：设置灯光由强变弱的衰减类型。系统默认的方式是【无】，还包括【倒数】和

【平方反比】衰退方式。

【倒数】：灯光的强度与距离成反比例关系变化，即灯光强度=1/距离。

【平方反比】：灯光的强度与距离成平方反比关系变化。灯光强度=1/距离^2。

④【远距衰减】栏：设置灯光从开始衰减到全部消失的区域。

【使用】：勾选此项，产生衰减效果。效果如图 8-39 所示。

【显示】：该灯光在未被选择的情况下，在视图中仍以线框方式显示衰减范围。

【开始】/【结束】：分别设置衰减范围的起始和终止距离，如图 8-40 所示。

图 8-39　设置灯光衰减前后的效果比较

图 8-40　灯光的衰减范围

（3）【聚光灯参数】面板。【聚光灯参数】面板如图 8-41 所示。

①【泛光化】：勾选此项，使聚光灯兼有泛光灯的功能，可以向四面八方投射光线，照亮整个场景，但仍会保留聚光灯的特性，效果如图 8-42 所示。

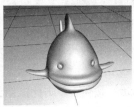

未勾选【泛光化】　　　勾选【泛光化】

图 8-41　【聚光灯参数】面板形态　　　图 8-42　勾选【泛光化】前后效果比较

②【聚光区/光束】：设置光线完全照射的范围，在此范围内物体受到全部光线的照射，默认值为"43"。

③【衰减区/区域】：调节灯光的衰减区域，在此范围外的物体将不受该灯光的影响，与【聚光区/光束】配合使用，可产生光线由强向弱衰减变化的效果，默认值为"45"。

④【圆】/【矩形】：设置是产生圆形灯还是矩形灯，默认为圆形。

⑤【纵横比】：设置矩形长宽比例。

（4）【高级效果】面板。【高级效果】参数面板用来设置灯光控制物体表面的情况，如图 8-43 所示。

①【对比度】：调节物体高光区与过渡区之间表面的对比度。

②【柔色漫反射边】：柔化过渡区与阴影区表面之间的边缘，避免产生清晰的明暗分界。

③【漫反射】、【高光反射】、【仅环境光】：允许灯光单独对漫反射区、高光区和环境光区进行照射，效果如图 8-44 所示。

④【投影贴图】：勾选其下的【贴图】项，再单击右侧的　无　按钮，可以选择一张图像作为投影图，它可以使灯光投影出图片效果，如图 8-45 所示。

仅影响高光区　　仅影响漫反射区　　仅影响环境光

图 8-43　【高级效果】参数面板　　　　　图 8-44　灯光影响物体不同区域的效果

（5）【阴影参数】面板。【阴影参数】面板用于调整阴影贴图的颜色及效果，如图 8-46 所示。

①【颜色】：改变阴影的颜色。

②【贴图】：勾选此项，可在其右侧的　　无　　按钮中贴入一幅图像，为阴影指定一幅贴图，效果如图 8-47 所示。

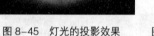

图 8-45　灯光的投影效果　　　图 8-46　【阴影参数】面板　　　图 8-47　阴影贴图效果

（6）【大气和效果】面板。【大气和效果】面板是为灯光添加环境特效而设置的，如图 8-48 所示。

①　添加　按钮：单击此按钮，可打开【添加大气或效果】对话框，如图 8-49 所示，允许为灯光施加体积光和镜头光斑特效等。

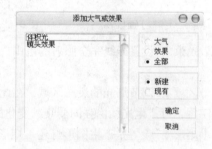

图 8-48　【大气和效果】面板　　　图 8-49　【添加大气或效果】窗口

②　删除　按钮：删除在下方列表中选择的环境特效。

③　设置　按钮：对所选择的特效进行编辑设置。

8.4 【体积光】特效

光线穿过带有烟雾或尘埃的空气时，会形成有体积感的光束。根据这一原理，【体积光】具有能被物体阻挡的特性，形成光芒透射效果。利用【体积光】可以很好的模拟晨光透过玻璃窗的效果，还可以制作探照灯的光束效果等。体积光可以指定给除环境光之外的任何灯光类型。效果如图 8-50 所示。

　　创建一盏聚光灯，进入修改面板，单击【大气和效果】面板中的 添加 按钮，在弹出的【添加大气或效果】对话框内选择【体积光】选项，然后单击 确定 按钮。此时就为这盏目标聚光灯添加了一个体积光，在【大气和效果】面板中选择【体积光】选项后，再单击此面板最下方的 设置 按钮，可弹出【环境和效果】窗口，在其中的【体积光参数】面板里可对体积光进行编辑修改，其面板如图 8-51 所示。

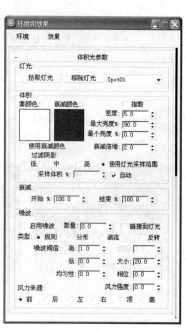

图 8-50 【体积光】效果　　　　　　　　　图 8-51 【体积光参数】面板

　　下面就对其中常用的一些参数进行解释。

1.【体积】栏

（1）【雾颜色】：设置形成灯光体积的雾的颜色。对于体积光，它的最终颜色是由灯光色与雾色共同决定的。

（2）【衰减颜色】：在灯光设置衰减后，此色块决定衰减区内雾的颜色。

（3）【密度】：设置雾的密度，值越大，体积感越强，内部不透明度越高，光线也越亮，效果如图 8-52 所示。

【密度】= 2.0　　　　　　　　　　【密度】= 6.0

图 8-52　不同的密度值效果比较

2.【噪波】栏:

(1)【启用噪波】:控制是否打开噪波影响,当勾选此项时,【噪波】栏内的设置才有意义。

(2)【数量】:设置噪波强度。值为"0"时,无噪波。值为"1"时,为完全噪波效果,如图 8-53 所示。

【数量】= 0   【数量】= 1

图 8-53 不同的噪波数量值效果比较

(3)【类型】:选择噪波的类型。有【规则】、【分形】、【湍流】和【反转】4 种选项,其中【反转】选项是将噪波效果反向,使浓厚处与稀薄处交换,其他 3 种效果分别如图 8-54 所示。

【规则】   【分形】   【湍流】

图 8-54 不同的噪波类型效果

8.5 贴图与贴图坐标

8.2 节讲述了材质基本属性的调节方法,若要表现物体表面的纹理效果(如布料的格子、条纹或花纹等图案、产品模型表面的 LOGO 图案、包装盒表面的装饰图案、磨砂塑料材质表面的颗粒质感等),都需要通过贴图来实现。

贴图的用途很多,除了用来模拟材质的纹理效果,也可以作为环境背景、利用位图的灰度值影响模型的表面(如凹凸贴图),还可以将贴图指定给灯光,作为灯光的投影贴图。

8.5.1 贴图

除了调节材质反射、传播光线的属性外,材质还有一些基本属性,如物体的颜色、透明度、发光、纹理。贴图是材质调节中非常重要的一部分,贴图的用途很多,除了模拟材质的纹理效果,还可以作为环境背景。

材质的调节相对有难度,要想制作逼真的材质效果,除了多加练习、积累经验,还需要读者有敏锐的观察力。

8.5.2　贴图的来源

贴图的来源有两种：使用外部加载的位图、使用软件中的程序纹理。

1．使用外部加载的位图

外部加载的位图常用格式为".jpg"、".tif"或".bmp"等，这些图像是通过调用现有的图片、利用扫描仪获取或是用 Photoshop 等平面设计软件绘制等方式获得的。3ds Max 9 通过【位图】贴图方式来链接外部文件，在保存时这些图像文件不会被存储到"*.max"场景文件中，因此在复制场景文件时，应将所有外部贴图文件与场景文件放在同一目录中，避免出现丢失贴图的现象。

2．使用程序纹理

程序贴图是计算机根据一定的模式计算而成的，如棋盘格、噪波、衰减等。它并不是真正的图片。该类贴图会保存到"*.max"场景文件中，因此不会出现丢失贴图的现象。

纹理是附着在材质之上的，比如生锈的钢板、满是尘土的衣服、磨光的大理石等。纹理不但要有丰富的视觉感受和对材质质感的体现，而且还要对材质的破损和图案进行加工。

8.5.3　贴图的类型

根据贴图的结构和用途，一般将其分为 5 类。

1．2D 贴图

2D 贴图将贴图以平面图像的方式包裹在模型的表面，或指定给场景作为背景贴图。此类贴图的特点是只出现在模型表面，没有深度。比较有代表性的有以下几种。

（1）【位图】：使用一张位图或视频格式文件作为贴图，常用于表现物体表面的纹理或用作背景贴图。这是最常用的一种贴图类型，支持多种位图格式，包括 AVI、MOV、BMP、JPG、GIF、IFL、PNG、RLA、TGA、TIF、Yuv、PSD、FLC、RPF、FLI 和 CIN 等。

（2）【渐变】：可以产生三色的过渡效果，它的可扩展性非常强，有线性渐变和放射渐变两种类型，3 个色彩可以随意调节（也可以是 3 个贴图），通过贴图还可以制作出无限级别的渐变和其他特殊效果。使用该贴图模拟天空背景，这也是其最常表现的一种效果。

（3）【渐变坡度】：可以把它看作是渐变贴图的升级，是一种功能非常强大的贴图，能产生多色的过渡效果，提供多达 12 种纹理类型，经常用于制作石头表面、天空、水面等材质。

在【材质编辑器】窗口中，单击【Diffuse】右侧的 按钮，在弹出的【材质/贴图浏览器】对话框中选择【位图】选项，然后单击 确定 按钮。在出现的【选择位图图像文件】对话框中选中任意一幅本机图片，此时会切换到控制 2D 贴图的【坐标】面板，如图 8-55 所示，其中的参数控制着贴图在物体表面的位置。下面介绍坐标面板中的几个重要参数。

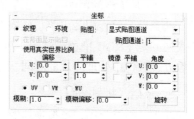

图 8-55　【坐标】面板

（1）【纹理】：当贴图要表现材质的纹理时，选择该选项。

（2）【环境】：当贴图被指定给场景时，选择该选项。

（3）【偏移】：控制贴图在物体表面的偏移位置，其下的【U】、【V】、【W】选项代表了物体表面的X、Y、Z 3个轴向。在制作材质变换动画时，一般通过录制【偏移】选项的不同值的材质变化来表现材质的流动效果。

（4）【平铺】：控制贴图在物体表面的重复次数，其下的【U】、【V】、【W】选项也是代表了物体表面的X、Y、Z 3个轴向。

2．3D 贴图

3D 贴图与 2D 贴图完全不同，是一种基于函数的计算方法生成的图案。它不但出现在物体的表面而且存在于物体的内部，是一种立体的贴图。比较有代表性的有以下几种。

（1）【噪波】：通过两种颜色或贴图的随机混合，产生一种无序的杂点效果。它是使用最为频繁的一种贴图，常常用来表现物体表面凹凸不平的效果，如起伏的水面、粗糙的石头等。如果将其指定给场景，还可以模拟天空中的云彩。

（2）【烟雾】：能够产生丝状、雾状、絮状等无序的纹理图案，效果与【Noise】贴图类似，常常用来作为背景和不透明贴图使用。

（3）【细胞】：除了模拟细胞外，它经常用来模拟石头砌墙、鹅卵石路面甚至是海面等物体效果。

（4）【perlin 大理石】：通过使两种颜色混合，产生类似珍珠岩纹理的效果，经常用于制作大理石、星球等一些有不规则纹理的物体材质。

（5）【波浪】：能够产生三维和平面的水波纹效果。

> ⓘ **要点提示**：3D 贴图同样有一个共用的【坐标】参数面板，作用与 2D 贴图的相同，这里不再重复介绍。

3．合成贴图

合成贴图顾名思义就是将不同的贴图和颜色进行混合处理，使它们融合成一种贴图。比较有代表性的有以下几种。

（1）【遮罩】：使用一张贴图作为遮罩，通过贴图本身的灰度值大小来显示被遮罩贴图的材质效果。

（2）【混合】：将两种贴图混合在一起，通过调整混合的数量值来产生相互融合的效果。

（3）【合成】：合成贴图类型由其他贴图组成，这些贴图使用 Alpha 通道彼此覆盖。对于这类贴图，应使用已经包含 Alpha 通道的图像。

4．颜色修改贴图

此类贴图的作用是更改材质表面像素的颜色。它实际上是一个简单的颜色调整编辑器，比较有代表性的是【RGB 染色】贴图，可直接通过 3 个颜色通道来调整贴图的色调，节省了用户在其他图像处理软件中处理图像的时间。

5．反射、折射贴图

此类贴图专门用来模拟物体的反射与折射效果。比较有代表性的有以下几种。

（1）【平面镜】：用于共平面的表面产生模拟镜面反射的效果，必须配合【反射】贴图方式使用。

（2）【光线跟踪】：这是一种使用率较高的贴图，能提供真实的、完全的反射与折射效果，但渲染时间比较长，一般在制作单幅的静态图像时使用。

（3）【薄壁折射】：必须配合【折射】贴图方式使用，能够产生透镜变形的折射效果，而且渲染速度比较快，常用来制作玻璃和放大镜，能够产生比较真实的材质效果。

8.5.4 【贴图】展卷帘

【贴图】展卷帘位于【材质编辑器】窗口的参数面板中。图 8-56 所示为在标准材质的【贴图】展卷帘形态。【贴图】展卷帘中集中了所有可以添加贴图的贴图通道，各通道在物体不同的区域产生不同的贴图效果，下面就讲解一下其中几个常用的贴图通道。常用的几个贴图通道及效果说明如表 8-1 所示。

图 8-56 【贴图】展卷帘

表 8-1　　　　　　　　　　　常用的贴图通道及效果说明

贴 图 通 道	效 　 果	说 　 明
【漫反射颜色】		主要用于表现材质的纹理效果，当设置其【数量】值为"100"时，会完全覆盖漫反射色的颜色
【高光颜色】		在物体的高光处显示出贴图效果
【光泽度】		在物体的反光处显示出贴图效果，贴图的颜色会影响反光的强度
【自发光】		将贴图以一种自发光的形式贴在物体表面，图像中纯黑的区域不会对材质产生任何影响，非纯黑的区域将会根据自身的颜色产生发光效果，发光的地方不受灯光以及投影影响
【不透明度】		利用图像明暗度在物体表面产生透明效果，纯黑色的区域完全透明，纯白色的区域完全不透明

贴图通道	效　果	说　明
【凹凸】		通过图像的明暗强度来影响材质表面的光滑程度，从而产生凹凸的表面效果。白色图像产生凸起效果，黑色图像产生凹陷效果，中间色产生过渡效果
【反射】		通过图像来表现出物体反射的图案，该值越大，反射效果越强烈。它与【漫反射颜色】贴图方式相配合，会得到比较真实的效果
【折射】		折射贴图方式模拟空气和水等介质的折射效果，在物体表面产生对周围景物的折射效果。与反射贴图不同的是，它表现一种穿透效果

在【贴图】面板中，每种贴图通道右侧都有一个　None　按钮，通过单击此按钮，可打开【材质/贴图浏览器】对话框，在此对话框中选择一种贴图类型就可以激活该通道。

8.5.5　贴图坐标

多数物体在创建完成后就已经具备了系统默认的贴图坐标，如球体和长方体等基本体对象生成时，就具有贴图坐标，但是很多情况下，默认的贴图坐标并不能满足要求，例如，利用各种方式创建的多边形、网格或面片模型就不具备贴图坐标，这时候可以通过给对象添加【UVW 贴图】修改器，来人为地为模型对象指定贴图方式。

【UVW 贴图】修改器用于对物体表面指定贴图坐标，以确定材质投射到物体表面并显示的方式。当为物体施加了该贴图坐标后，它便会自动覆盖以前的坐标指定，包括建立时的默认贴图坐标。

单击 按钮进入修改命令面板，在【修改器列表】中选择【UVW 贴图】命令，为物体添加【UVW 贴图】修改器。物体添加了【UVW 贴图】修改器。其【UVW 贴图】修改层级的修改命令面板中【参数】/【贴图】栏的形态如图 8-57 所示。下面来学习一下常用的贴图方式。

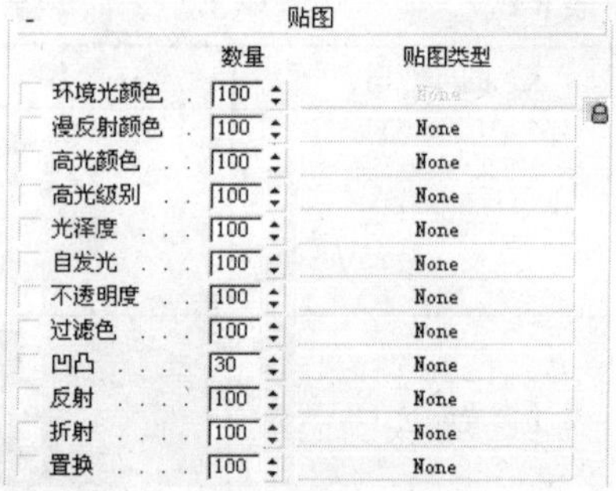

图 8-57　【贴图】面板

1．平面贴图方式

平面贴图方式是将贴图沿平面映射到物体表面，适用于平面物体的贴图需求，其贴图原理如图 8-58 所示。

为物体添加 UVW 贴图坐标后，其修改器堆栈中有【Gizmo】子对象层级。选择【Gizmo】层级后，可以对物体的贴图套框进行移动、旋转和缩放操作，从而对贴图的效果进行调节。图 8-59 所示为贴图套框对贴图的影响。在【材质编辑器】窗口中打开 按钮，可以在视图中实时看到贴图调节的效果。

【Gizmo】贴图套框根据贴图方式的不同，在视图上显示的形态也不同，如图 8-60 所示。顶部的黄色标记表示贴图套框的顶部，右侧绿色的线框表示贴图的方向。对圆柱贴图方式和球形贴图方式的贴图套框来说，绿色线框是贴图的接缝处。

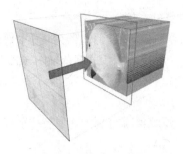

图 8-58　在视图中调节贴图套框

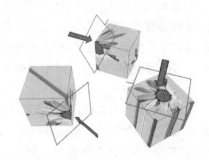

图 8-59　不同贴图方式的贴图套框

　　下面通过为两个不同形态的盘子模型应用平面贴图方式，来学习该贴图方式的设置方式，最终的渲染效果如图 8-61 所示。

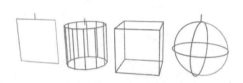

图 8-60　平面贴图方式

图 8-61　平面贴图效果

Effect 03 ▎平面贴图方式的设置方式

Step 01 重新设定系统。

Step 02 选择菜单栏中的【文件】/【打开】命令，打开本书附盘 "Scenes\08\平面贴图\08_平面贴图.max" 场景文件。

Step 03 单击主工具栏中的 ⚇ 按钮，打开【材质编辑器】窗口。参照如图 8-62 所示，调整【Blinn基本参数】面板的参数。

Step 04 单击【漫反射】右侧的 ▢ 按钮，在弹出的【材质/贴图浏览器】对话框中选择【位图】选项，然后单击 确定 按钮，在出现的【选择位图图像文件】对话框中选择本书附盘 "范例\CH08" 目录中的 "盘子.bmp" 文件，单击 打开(O) 按钮，示例图上便出现了该贴图的形态。

> ❶ **要点提示**：【漫反射】右侧的 ▢ 按钮内贴图与【通道】面板中【漫反射颜色】通道内贴图是相关联的，在其中任何一个内加入贴图都可以。

Step 05 在【坐标】面板中将【U 向平铺】和【V 向平铺】值分别设为 "1"，此时【坐标】面板状态如图 8-63 所示。

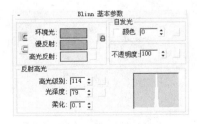

图 8-62　【Blinn 基本参数】面板

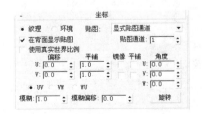

图 8-63　【坐标】面板

Step 06 单击 按钮，回到上一层参数面板。

Step 07 选择方盘子对象，单击 按钮，将材质赋予选择的对象。

Step 08 选择【方盘子】对象，单击 按钮进入修改命令面板，在【修改器列表】中选择【UVW贴图】命令，为平面物体添加 UVW 贴图坐标，此时在【参数】面板中其默认贴图方式为【平面】贴图。

Step 09 此时透视图中【Gizmo】线框状态如图 8-64 所示。

Step 10 将透视图转换为平滑加高光显示方式，单击【材质编辑器】窗口工具栏中的 按钮。透视图中的平面物体上显示出贴图图案，如图 8-65 所示。

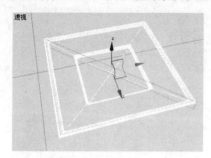 

图 8-64 【Gizmo】线框状态　　　　图 8-65 显示贴图图案

Step 11 此时【Gizmo】线框轴向和长宽比还不合适，进入修改命令面板，点选【对齐】栏的【Y】选项，调整贴图轴向，效果如图 8-66 所示。

Step 12 此时【Gizmo】线框角度和大小与盘子模型不匹配，进入【Gizmo】子对象层级，利用将【Gizmo】线框沿 z 轴旋转 45°。旋转效果如图 8-67 所示。

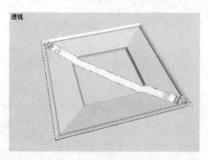 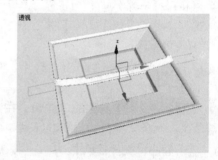

图 8-66 调整贴图轴向　　　　图 8-67 旋转效果

Step 13 单击【对齐】栏的 适配 按钮，调整后的【Gizmo】线框大小状态如图 8-68 所示。

Step 14 利用 将【Gizmo】线框等比缩小一些，效果如图 8-69 所示。

图 8-68 调整后的效果　　　　图 8-69 缩放后的效果

Step 15 渲染效果如图 8-70 所示。

Step 16 以相同的方式为圆盘子对象添加 UVW 贴图坐标，并赋予材质。最终效果如图 8-71 所示。

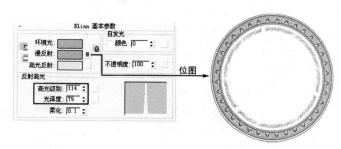

图 8-70　方盘子渲染效果　　　　　　　　　图 8-71　圆盘子渲染效果

Step 17 选择菜单栏中的【文件】/【保存】命令，将场景另存为 "08_平面贴图-好.max" 文件。将此场景的线架文件以相同名字保存在本书附盘的 "Scenes\08 \平面贴图" 目录中。

2．球形与收缩包裹贴图方式

球形贴图方式是将贴图沿球体内表面映射到物体表面的方式，如图 8-72 所示，在球体顶部和底部，位图边与球体两极交汇处会看到缝和贴图奇点。这种方式适用于为球体或类球体物体的贴图。收缩包裹贴图方式也用于为球体或类球体物体的贴图，但是它会截去贴图的各个角，然后在一个单独极点将它们全部结合在一起，仅创建一个奇点，如图 8-73 所示。

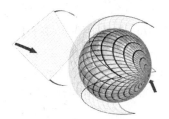

图 8-72　球形贴图方式　　　　　　　　　图 8-73　收缩包裹贴图方式

下面通过为静物模型应用球形与收缩包裹贴图方式，来学习该贴图方式的设置方式。

Effect 04 ▎球形与收缩包裹贴图方式

Step 01 重新设定系统。

Step 02 选择菜单栏中的【文件】/【打开】命令，打开本书附盘 "Scenes\08\球形贴图\08_静物.max" 场景文件。

Step 03 单击主工具栏中的 ∷ 按钮，打开【材质编辑器】窗口。选择一个未使用的示例球，参照 8-74 所示调整材质。

Step 04 选择 "苹果 01" 对象，单击 按钮，将此材质赋予对象，并激活 按钮，以便在透视图中观察贴图效果。

Step 05 单击 按钮，进入修改命令面板，在【修改器列表】中选择【UVW 贴图】命令，为平面物体添加 UVW 贴图坐标，在【参数】面板中修改贴图方式为【球体】贴图方式。其视图效果如图 8-75 所示。

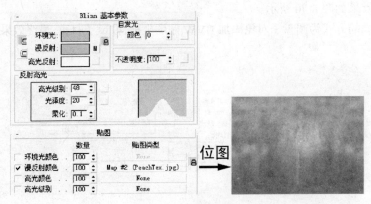

图 8-74　编辑材质

Step 06　观察贴图，可以看到在结合处形成明显的接封，在【参数】面板中修改贴图方式为【收缩包裹】贴图方式。其透视图效果如图 8-76 所示。

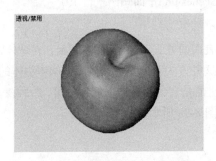

图 8-75　【球体】贴图方式效果图

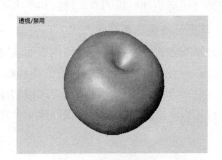

图 8-76　【收缩包裹】贴图方式效果图

⚠ 要点提示：【球体】贴图方式和【收缩包裹】贴图方式均可指定给类似球体的模型，到底是选择哪种贴图方式还需要根据作为贴图的图片而定。

Step 07　单击主工具栏中的 ❖❖ 按钮，打开【材质编辑器】窗口。选择另一个未使用的示例球，参照图 8-77 所示调整材质。

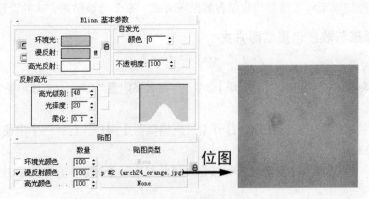

图 8-77　编辑材质

Step 08　选择"桔子 01"对象，单击 ♨ 按钮，将此材质赋予对象。

Step 09　单击 ⚙ 按钮，进入修改命令面板，在【修改器列表】中选择【UVW 贴图】命令，为对象添加 UVW 贴图坐标，在【参数】面板中修改贴图方式为【球体】贴图方式。透视图效果如图 8-78 所示。

Step 10　以相同的方式为其他对象赋予材质，最终渲染效果如图 8-79 所示。

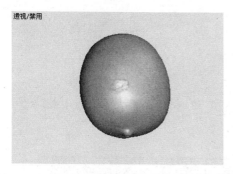

图 8-78　球形贴图方式效果

图 8-79　最终渲染效果

Step 11　选择菜单栏中的【文件】/【保存】命令，将场景另存为"08_静物-好.max"文件。将此场景的线架文件以相同名字保存在本书附盘的"Scenes\08\球形贴图"目录中。

3．圆柱贴图方式

圆柱贴图方式是将贴图沿圆柱侧面映射到物体表面的方式，适用于为圆柱类物体的贴图，如图 8-80 所示。下面就利用圆柱贴图方式为水杯赋予贴图，其效果如图 8-81 所示。

图 8-80　圆柱贴图方式

图 8-81　圆柱贴图效果

下面通过为一个杯子模型应用圆柱贴图方式，来学习该贴图方式的设置方式，最终的渲染效果如图 8-81 所示。

Effect 05 ▌圆柱贴图方式

Step 01　选择菜单栏中的【文件】/【打开】命令，打开本书附盘"Scenes\08\柱形贴图\08_杯子.max"场景文件。

Step 02　选择"杯子外壁"对象，单击 按钮进入修改命令面板，在【修改器列表】中选择【UVW 贴图】命令，为对象添加 UVW 贴图坐标。此时透视图中【Gizmo】线框状态如图 8-82 所示。

Step 03　此时【Gizmo】线框轴向不对，进入修改命令面板，点选【对齐】栏的【X】选项，调整贴图轴向，再单击【对齐】栏的 适配 按钮。调整后的【Gizmo】线框状态如图 8-83 所示。

Step 04　单击主工具栏中的 按钮，打开【材质编辑器】窗口，选择一个未使用的示例球，参照图 8-84 所示调整材质，将调整好的材质赋予对象。

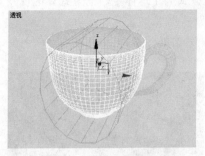

图 8-82 【Gizmo】线框状态

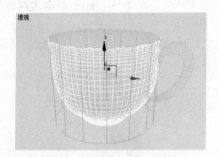

图 8-83 调整后的【Gizmo】线框状态

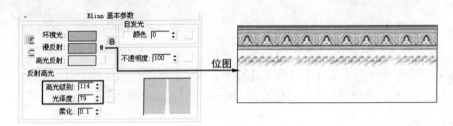

图 8-84 调整材质

Step 05 选择"杯子内壁"对象，选择一个未使用的示例球，在【明暗器基本参数】面板中的 (B)Blinn 下拉列表中选择【（A）各向异性】选项。参照图 8-85 所示调整【各向异性基本参数】面板参数，将调整好的材质赋予对象，最终效果如图 8-81 所示。

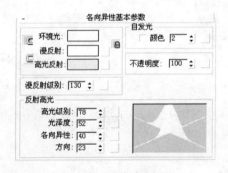

图 8-85 调整材质参数

Step 06 选择菜单栏中的【文件】/【保存】命令，将场景另存为"08_杯子-好.max"文件。将此场景的线架文件以相同名字保存在本书附盘的"\Scenes\08\柱形贴图"目录中。

8.6 材质类型

单击【材质编辑器】窗口中的 Standard 的按钮，弹出【材质／贴图浏览器】对话框，在右侧罗列了所有的材质类型，3ds Max 9 中共有 19 种材质类型，如图 8-86 所示。

图 8-86 【材质／贴图浏览器】对话框

8.6.1　材质类型功能讲解

下面介绍 3ds Max 9 中几种主要材质类型的功能。

（1）【标准】：这是 3ds Max 9 默认的材质类型，也是最常用的材质类型。这种材质类型能制作出大多数材质效果，同时它也是其他材质类型的基础材质。

（2）【多维／子对象】：它的作用是将多个材质组合为一种复合式材质，分别指定给一个物体的不同次物体对象，但要为每一个次物体对象指定一个 ID 号才能正确显示。它也是一种常用的材质类型，尤其是经常在建筑效果图的制作中应用。

（3）【光线跟踪】：可以把它看成是一种高级的标准材质类型，它不仅包括了标准材质的所有特性，而且还可建立真实的反射和折射效果（类似反射贴图，但比它精确，不过渲染速度较慢），并支持雾、颜色浓度、半透明、荧光等效果。

（4）【顶／底】：它的作用是为一个物体指定两种不同的材质，一个位于顶端，一个位于底端，中间的交互处可以产生过渡效果，而且两种材质在物体中所占比例还可以调节。

（5）【混合】：它的作用是将两个不同的材质融合在一起，根据融和度的不同，控制两种材质在模型表面的显示比例。我们可以利用这种特性制作材质变形的动画，另外也可以指定一张图像作为融和遮罩，利用它本身的灰度值来决定两种材质的融和度。该材质类型经常用来制作一些质感要求比较高的物体，如打磨的大理石表面、上腊的地板等。

（6）【合成】：它的作用是将多个不同的材质（包括一个基本材质和 10 个附加材质）叠加在一起，通过添加、排除和混合创造出复杂多样的物体材质。这种材质类型常用来制作动物和人体的皮肤、生锈的金属、复杂的岩石等材质效果。

（7）【双面】：它的作用是为物体内外或正反面指定两种不同的材质，可以通过调整它们彼此之间的透明度来产生一些特殊的效果，经常用在一些需要物体双面显示不同材质的动画中，如纸牌、杯子等。

（8）【Ink'n Paint】：专用于渲染卡通漫画效果，使用它可以在 3ds Max 9 中直接输出卡通动画。

（9）【无光/投影】：它的作用是将场景中的物体隐藏，并且在渲染时也无法看到。该材质类型不会遮挡背景，但对场景中的其他物体却起着遮挡作用，而且还可以表现出自身投影和接受投影的效果。

（10）【变形器】：它的作用是产生材质融合的变形动画。

（11）【壳材质】：专门配合【渲染到贴图】命令使用，它的作用是将【渲染到贴图】命令产生的贴图再贴回物体造型中。这个功能非常有用，在复杂的场景渲染中可以省略光照计算占用的时间。

（12）【虫漆】：它的作用是模拟金属漆、地板漆等物体效果，类似混合材质，但其混合数值没有上限。

（13）【高级照明覆盖】：主要配合高级渲染中的光能传递使用，能够更好地控制光能传递和物体之间的反射比。

8.6.2 多维/子对象材质

【多维/子对象】材质类型将多个材质组合成为一种复合式材质，分别指定给一个物体的不同子物体。

【多维/子对象基本参数】面板形态如图 8-87 所示，其中主要参数的功能讲解如下。

（1） 设置数量 按钮：设置子级材质的数目。

（2） 添加 按钮：单击一下此按钮，就增加一个子级材质。

（3） 删除 按钮：单击一下此按钮，就从后往前删除一个子级材质。

下面介绍多维/子对象材质的基本用法。最终效果如图 8-88 所示。

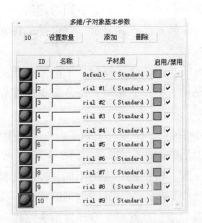

图 8-87 【多维/子对象基本参数】面板

图 8-88 最终效果

Effect 06 ┃ 多维/子对象材质的应用

Step 01 选择菜单栏中的【文件】/【打开】命令，打开本书附盘"Scenes\08\多维子对象\08_饮料罐.max"场景文件。

Step 02 选择易拉罐对象，单击 按钮进入修改命令面板，在【修改器列表】中选择【编辑多边形】命令，单击 ▪ 按钮，进入【多边形】子对象层级，在前视图中选择如图 8-89（a）所示的多边形。

Step 03 在【多边形属性】面板中设置【材质】/【设置 ID】号为"2"，位置如图 8-89（b）所示，这样其余位置上的材质 ID 号就默认为"1"。

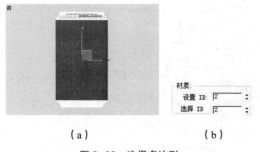

（a）　　　　　　　　（b）

图 8-89　选择多边形

Step 04 关闭■按钮。单击主工具栏中的▓▓按钮，打开【材质编辑器】窗口。选择一个空白示例球，单击 Standard 按钮，在弹出的【材质/贴图浏览器】对话框中选择【多维/子对象】项，在随后弹出的【替换材质】对话框中选择默认项，再单击 确定 按钮。

Step 05 在【多维/子对象基本参数】面板中单击 设置数量 按钮，将材质数设为 2。

Step 06 进入 1 号材质编辑器，在【明暗器基本参数】面板中的 (B)Blinn ▾ 下拉列表中选择 (ML)多层 ▾ 选项。参照图 8-90 所示调整材质。

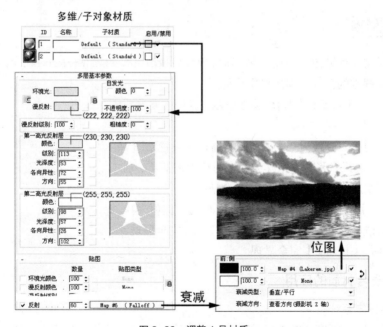

图 8-90　调整 1 号材质

Step 07 单击▲按钮，返回上级材质编辑对话框。进入 2 号材质编辑器，在【明暗器基本参数】面板中的 (B)Blinn ▾ 下拉列表中选择 (ML)多层 ▾ 选项。参照图 8-91 所示调整材质。

Step 08 单击▲按钮，返回上级材质编辑对话框，单击▓按钮，将此材质赋予圆柱体，透视图的渲染效果如图 8-88 所示。

Step 09 选择菜单栏中的【文件】/【保存】命令，将场景另存为"08_饮料罐-好.max"文件。将此场景的线架文件以相同名字保存在本书附盘的"Scenes\08\多维子对象"目录中。

多维/子对象材质

ID	名称	子材质	启用/禁用
1		Default （Standard）	☐ ✓
2		Default （Standard）	☐ ✓

多层基本参数

自发光
颜色 0

环境光
漫反射 不透明度 100
(222, 222, 222)
漫反射级别 100   粗糙度 0

第一高光反射层 (230, 230, 230)
颜色
级别 113
光泽度 53
各向异性 72
方向 55

第二高光反射层 (255, 255, 255)
颜色
级别 98
光泽度 57
各向异性 26
方向 102

贴图

	数量	贴图类型
环境光颜色	100	None
✓ 漫反射颜色	100	Map #1 (包装001.jpg)
漫反射级别	100	None

位图

图 8-91　调整 2 号材质

8.6.3　混合材质

混合材质是将两种贴图混合在一起，通过混合数量值可以调节混合的程度，通常用来表现同一物体表面覆盖与裸露的两种不同的材质特征。

【混合基本参数】面板形态如图 8-92 所示，其中主要参数的功能如下。

（1）【材质 1】/【材质 2】：分别在两个通道中设置贴图。

（2）【遮罩】：选择一张贴图来作为两个材质上的遮罩，利用遮罩图案的明暗度来决定两个材质的混合情况。

（3）【混合量】：如果【遮罩】中无贴图，可通过此值来控制两个贴图混合的程度。当值为"0"时，【材质 1】完全显现；当值为"100"时，【材质 2】完全显现。

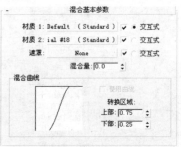

混合基本参数

材质 1: Default （Standard） ● 交互式
材质 2: ial #18 （Standard） ● 交互式
遮罩 None ● 交互式
混合量 0.0

混合曲线
☐ 使用曲线
转换区域
上部 0.75
下部 0.25

图 8-92　【混合基本参数】面板

Effect 07 ▌混合材质的应用

Step 01　重新设定系统。

Step 02　单击 ◈ / ● / 球体 按钮，在透视图中创建一个【半径】大小"100"的球体，调整透视图角度如图 8-93 所示。

Step 03　单击 ✐ 按钮，进入修改命令面板，在【修改器列表】中选择【UVW 贴图】命令，为平面物体添加 UVW 贴图坐标，在【参数】面板中修改贴图方式为【球形】贴图方式。透视图中 UVW 贴图的 Gizmo 形态如图 8-94 所示。

Step 04　单击主工具栏中的 ▓ 按钮，打开【材质编辑器】窗口。选择一个未使用的示例球，在【明暗器基本参数】面板中的 (B)Blinn ▾ 下拉列表中选择【Oren-Nayar-Blinn】选项。

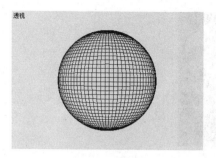

图 8-93　创建球体

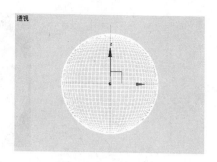

图 8-94　【球形】贴图方式

Step 05　进入【Oren-Nayar-Blinn 基本参数】面板，参照图 8-95 所示的流程调整材质。

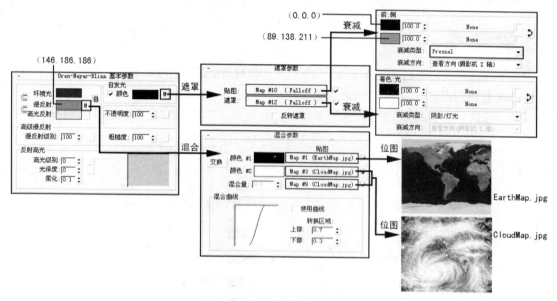

图 8-95　材质制作流程

Step 06　选择调整好的材质，单击 按钮，将材质赋予球体。单击工具行中的 按钮。透视图中的球体显示出贴图图案，如图 8-96 所示。

Step 07　单击 / / 泛光灯 ，在顶视图中创建一盏泛光灯，调整位置如图 8-97 所示。

图 8-96　贴图效果

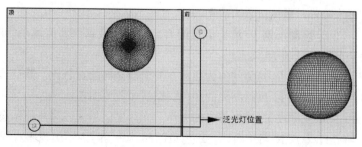

图 8-97　泛光灯位置

Step 08　选择泛光灯，在修改命令面板中调整灯光颜色为（RGB：255、245、232），渲染最终效果如图 8-98 所示。

图 8-98　渲染效果

Step 09　选择菜单栏中的【文件】/【另存为】命令，将此场景另存为"08_地球-好.max"文件。将此场景的线架文件以相同名字保存在本书附盘"Scenes\08\混合材质"目录下。

8.6.4　Ink'n Paint 材质

Ink'n Paint 材质用于创建卡通效果，与其他大多数材质提供的三维真实效果不同。本小节利用Ink'n Paint 材质创建如图 8-101 所示的卡通效果。

【绘制控制】和【墨水控制】面板形态如图 8-99 所示，其中主要参数的功能讲解如下。

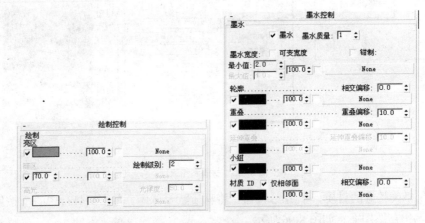

图 8-99　【绘制控制】和【墨水控制】面板形态

（1）【亮区】：对象中亮的一面的填充颜色。默认设置为淡蓝色。禁用此组件将使对象不可见，但墨水除外。默认设置为启用。

（2）【绘制级别】：渲染颜色的着色数，从淡到深。值越小，对象看起来越平坦。值的范围为1～255。默认值为"2"。

（3）【暗区】：左侧的值为显示在对象非亮面的百分比。默认设置为 70.0。

（4）【高光】：反射高光的颜色。默认设置为白色。

（5）【光泽度】：反射高光的大小。光泽度值越大，高亮显示越小。

（6）【墨水】：启用时，会对渲染施墨。禁用时则不出现墨水线。默认设置为启用。图 8-100 所示为启用与未启用【墨水】选项效果的对比。

（7）【墨水宽度】：以像素为单位的墨水宽度。在未启用【可变宽度】时，它是由【最小值】指定的。启用【可变宽度】时，也将同时启用【最大值】参数，墨水宽度可以在最大值和最小值之间变化。

图 8-100 启用与未启用【墨水】效果对比

（8）【钳制】：启用了【可变宽度】后，有时场景照明使一些墨水线变得很细，几乎不可见。如果发生这种情况，应启用【钳制】，它会强制墨水宽度始终保持在【最大值】和【最小值】之间，而不受照明的影响。

Effect 08 ▊ Ink'n Paint 材质的应用

Step 01 选择菜单栏中的【文件】/【打开】命令，打开本书配套光盘"Scenes\08\卡通材质例\08_鱼.max"场景文件。

Step 02 选择如图 8-102 所示的对象。

图 8-101 卡通效果

图 8-102 选择对象

Step 03 单击主工具栏中的 ⚏ 按钮，打开【材质编辑器】窗口。选择一个未使用的示例球，单击 Standard 按钮，在弹出的【材质/贴图浏览器】对话框中选择【Ink'n Paint】选项。参照图 8-103 所示调整参数。

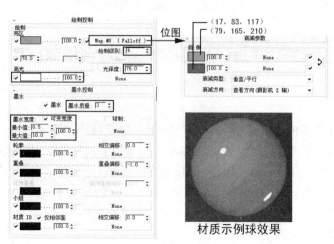

图 8-103 编辑材质图示（1）

Step 04 此时渲染效果如图 8-104 所示。

Step 05 选择如图 8-105 所示的对象，参照图 8-106 所示调整材质，并赋予对象。最终渲染效果如图 8-101 所示。

图 8-104 渲染效果

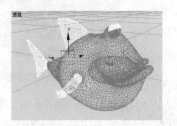

图 8-105 选择对象

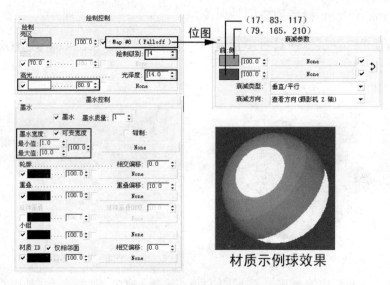

图 8-106 编辑材质图示（2）

Step 06 选择菜单栏中的【文件】/【保存】命令，将场景另存为"08_鱼-好.max"文件。将此场景的线架文件以相同名字保存在本书附盘的"Scenes\08\卡通材质"目录中。

8.7 课堂实践——展示模型渲染

下面以第 5 章中完成的展示模型为场景布置灯光并赋予材质，最终渲染效果如图 8-107 所示。

Step 01 打开本书配套光盘目录下的"Scenes\05\05_展示.max"文件，场景效果如图 8-108 所示。

Step 02 单击 ⬚/ ⬚ / 目标平行光 按钮，在前视图中创建一个目标平行灯，使目标点落在模型中心。再在左视图调整高度，效果如图 8-109 所示。

Step 03 单击 ⬚ 按钮，进入修改面板。在【常规参数】面板中，确认取消勾选【阴影】/【启用】选项，以免太多阴影显得杂乱。

Step 04 展开【强度/颜色/衰减】面板，参数设置如图 8-110 所示。

图 8-107 最终渲染效果

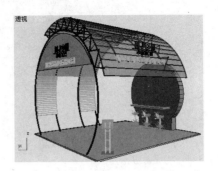

图 8-108 打开场景

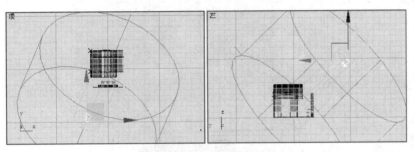

图 8-109 目标平行灯位置与角度

图 8-110 参数设置

Step 05 参照图 8-111 所示，再创建 3 盏目标平行灯，创建这几盏灯光的主要目的是保证各个角度的照明，不要出现比较暗的区域。

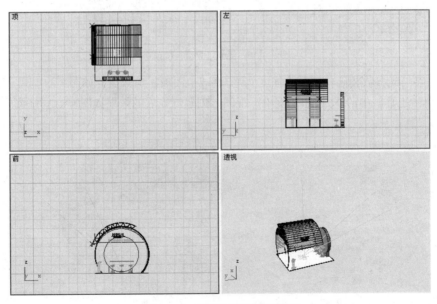

图 8-111 目标平行灯角度与位置

Step 06 单击工具栏中的 按钮，渲染透视图。创建灯光后的效果如图 8-112 所示。

Step 07 现在模型内部有些暗，需要再增加灯光，这时可以选用泛光灯。

Step 08 单击 / / 目标平行光 按钮，在前视图中创建 2 盏泛光灯，位置如图 8-113 所示。

图 8-112　灯光效果

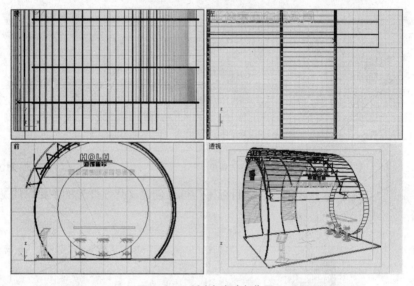

图 8-113　泛光灯角度与位置

Step 09　2 盏灯光参数相同，展开【强度/颜色/衰减】面板，参数设置如图 8-114 所示。

Step 10　单击工具栏中的 按钮，渲染透视图。创建灯光后的效果如图 8-115 所示。

图 8-114　参数设置

图 8-115　灯光效果

Step 11　下面调节材质。按下 Shift+L 键先将灯光隐藏。

Step 12　选择"弧形透明顶板"对象，单击主工具栏中的 按钮，打开【材质编辑器】窗口，选择一个示例球，命名为"透明阳光板"。

Step 13　展开【Blinn 基本参数】面板，参照图 8-116 所示，设置材质的参数，【漫反射】颜色为白色，【不透明度】数值为"55"。

Step 14　展开【贴图】面板，单击【凹凸】选项右侧的　None　按钮，在弹出的【材质/贴图浏览器】对话框中选择【位图】选项，然后单击　确定　按钮，在出现的【选择位图图像文件】对话框中选择本书配套光盘"展示\贴图"目录中的"扣板.jpg"文件，贴图局部如图 8-117 所示。单击 📂 按钮，回到上一层参数面板。

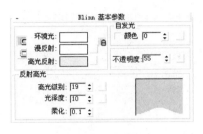

图 8-116　参数设置

图 8-117　贴图局部

Step 15　为了查看效果，先暂时将【渲染】/【环境】下【背景】选项栏的【颜色】修改为白色，单击工具栏中的 🫖 按钮，渲染透视图。效果如图 8-118 所示。

Step 16　选择如图 8-119 所示的对象，选择一个新的示例球，命名为"发光背板"。

图 8-118　渲染效果

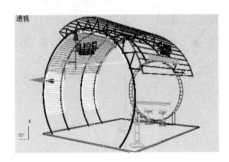

图 8-119　选择对象

Step 17　展开【Blinn 基本参数】面板，参照图 8-120 所示，设置材质的参数，【漫反射】颜色为白色，【不透明度】数值为"55"。

Step 18　再将【渲染】/【环境】下【背景】选项栏的【颜色】修改为黑色，单击工具栏中的 🫖 按钮，渲染透视图。效果如图 8-121 所示。

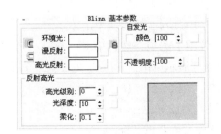

图 8-120　参数设置

图 8-121　渲染效果

Step 19 选择"企业形象台"对象，单击 按钮，进入修改命令面板，在 修改器列表 中选择【编辑多边形】命令，为对象添加【编辑多边形】修改器，来设置材质 ID 号。

Step 20 再在修改器堆栈中选择【编辑多边形】层级，单击 按钮，进入【多边形】子对象层级，在前视图中选择如图 8-122（a）所示的多边形。

Step 21 在【多边形属性】面板中设置【材质】/【设置 ID】号为"2"，如图 8-122（b）所示，其余多边形的材质 ID 号都设置为"1"。

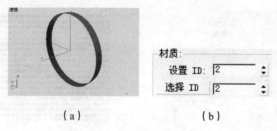

（a）   （b）

图 8-122　选择多边形

Step 22 在 修改器列表 中选择【UVW 贴图】命令，为对象添加 UVW 贴图坐标，然后在【参数】面板将【贴图】选项栏下的方式修改为【圆柱】，并勾选【封口】选项，如图 8-123 所示。

Step 23 关闭 按钮，退出子对象层级。

Step 24 再选择一个新的示例球，命名为"形象台"。单击 Standard 按钮，在弹出的【材质/贴图浏览器】对话框中选择【多维/子对象】选项，在随后弹出的【替换材质】对话框中选择默认项，再单击 确定 按钮。

Step 25 在【多维/子对象基本参数】面板中单击 设置数量 按钮，将材质数设为"2"，如图 8-124 所示。

图 8-123　参数设置

图 8-124　参数设置

Step 26 单击【ID】号为 1 的材质右侧的 Default（Standard）按钮。单击【Diffuse】右侧的 按钮，在弹出的【材质/贴图浏览器】对话框中选择【位图】选项，然后单击 确定 按钮，在出现的【选择位图图像文件】对话框中选择本书配套光盘"展示\贴图"目录中的"yuan01.jpg"文件，如图 8-125 所示。单击 按钮，回到上一层参数面板。

Step 27 进入另一个子材质，将【漫反射】颜色设置为蓝绿色：（RGB:0、92、129）。

Step 28 其他材质的设置比较简单，可以参看本书配套光盘的"Scenes\08\展示\08_展示-好.max"文件。

Step 29 最终渲染效果如图 8-126 所示。

图 8-125 贴图

图 8-126 最终渲染效果

Step 30 选择菜单栏中的【文件】/【保存】命令，将场景另存为"08_展示-好.max"文件。将此场景的线架文件以相同名字保存在本书附盘的"Scenes\08\展示"目录中。

小结

本章主要介绍了渲染的基本概念、材质质感与光线的关系、光线的传播方式；材质编辑器的使用方法、基础材质的应用，常用的灯光类型及使用方式；贴图来源与贴图类型、贴图坐标的功能与使用方法等。材质是使三维场景产生真实视觉效果的重要手段，需要在该环节多花些时间，以深刻理解材质的内涵。

学习材质的基本调节方法非常重要，应当充分理解基本材质各个参数和工具的特点与意义。贴图是材质中非常重要的一个环节，也是最出效果的一个环节。贴图的通道非常多，各通道贴图产生的效果也非常丰富，要通过大量的练习来积累丰富的经验。

另外，3ds Max 9 提供了大量的预设材质，可以在初学时加载预设材质来学习各种材质的使用技巧。灯光的使用和调节相对其他内容来说较为简单，读者只需要多加练习就可以完全掌握。

习题

一、填空题

1. 在为对象添加【UVW 贴图】后，可以使用的贴图方式有_____、_____、_____、_____、_____、_____、_____。

2. _____材质可以为对象模型的不同区域指定不同的材质。

3. _____材质类型可以用于创建卡通材质效果。

二、问答题

1. 简述【Blinn】、【金属】和【各项异性】材质属性的含义。

2. 简述 UVW 贴图坐标的含义。

3．列举常用的材质类型，并简述各材质类型的特点？

三、操作题

利用所学的知识完成 8.7.1 小节中其余未讲述的对象的材质制作，完成如图 8-127 所示的水果静物效果。此场景的线架文件以"水果静物.max"名字保存在本书附盘的"习题\08_静物"目录下。

图 8-127　渲染结果

第 **9** 章

V-Ray 渲染器

　　V-Ray 渲染引擎是目前比较流行的几款主流渲染引擎之一。V-Ray 是一款外挂渲染器。V-Ray for 3ds Max 是 3ds Max 9 的超级渲染器，是由专业渲染引擎公司 Chaos Software 公司设计完成的拥有 Raytracing（光线跟踪）和 Global Illumination（全局照明）的渲染器，用来代替 3ds Max 9 原有的 Scanline render（线性扫描渲染器），V-Ray 还包括了其他增强性能的特性，包括真实的 3d Motion Blur（三维运动模糊）、Micro Triangle Displacement（级细三角面置换）、Caustic（焦散）、通过 V-Ray 材质的调节完成 Sub-suface scattering（次表面散射）的 sss 效果（关于 sss 效果的讲解，读者可参阅 9.8 节的相关内容）和 Network Distributed Rendering（网络分布式渲染）等。

　　本章将详细介绍 V-Ray for 3ds Max 渲染器的基础知识和使用方法。

【教学目标】

- 了解 V-Ray 渲染器渲染的基础概念
- 掌握 V-Ray 材质调节的方式
- 掌握 V-Ray 灯光的特性
- 掌握 V-Ray 选项卡参数的含义

9.1 V-Ray 渲染器简介

目前世界上较出色的渲染器有 Chaos Software 公司的 V-Ray、SplutterFish 公司的 brail、Cebas 公司的 Finalrender、Autodesk 公司的 Lightcape，还有运行在 Maya 上的 Renderman 等。这几款渲染器各有所长，但 V-Ray 的灵活性、易用性更见长，并且还有焦散之王的美誉。

目前流行的渲染器都支持全局光照、HDRI 等技术。

1. 全局照明

全局照明（Global Illumination, GI）是高级灯光技术的一种（还有一种热辐射，常用于室内效果图的制作），也叫做全局光照、间接照明（Indirect illumination）等。灯光在碰到场景中的物体后，光线会发生反弹，再碰到物体后，会再次发生反弹，直到反弹次数达到设定的次数（常用 Depth 来表示）。次数越高，计算光照分布的时间越长。

利用全局照明可以获得更好的光照效果，在对象的投影、暗部不会得到死黑的区域。

过去的很多渲染程序在创建复杂的场景时，必须花大量时间调整灯光的位置和强度才能得到优秀的照明效果，而现在 V-Ray 版本具有全局光照和光线追踪的功能，在完全不需要放置任何灯光的场景，也可以计算出很出色的图片。

2. HDRI

普通的图片只包含色彩信息、某一像素点及各基本色彩的含量，而 HDRI（High Dynamic Range Image，高动态范围图像）图片除了包含色彩信息外，每一点还包含亮度信息。例如，普通照片中天空的色彩（如果为白色）可能与白色物体（纸张）表现为相同的 RGB 色彩，但天空的实际亮度远远超过一般物体，它是自然界的一个光源。所以同一种颜色在 HDRI 中，有些地方的亮度可能非常高。

HDRI 通常是以全景图的形式存储的，全景图是指包含了 360° 范围场景的图像。全景图的形式可以是多样的，包括球体形式、方盒形式、镜像球形式等。加载 HDRI 是需要为其指定贴图方式的。

9.2 渲染器基础操作

下面以一个完整的案例来熟悉并学习 V-Ray 渲染器的基础操作。在利用 V-Ray 渲染器为场景渲染时，通常的步骤是安排场景与设置灯光、为模型指定材质，然后利用较低的渲染质量级别做测试渲染，并有针对性地调整灯光与材质。当测试得到的图像满足要求时，再提高渲染参数以获得高质量的图像。下面先介绍灯光与材质的调试方式，然后再介绍测试用的渲染参数设置。

> (i) **要点提示**：若不指定渲染器，3ds Max 9 会使用默认的扫描线渲染引擎进行渲染，要想使用 V-Ray 渲染，必须先指定其作为渲染器。

Effect 01 ▎指定 V-Ray 渲染器

Step 01　单击主工具栏中的 ⬚（渲染设置）按钮，弹出如图 9-1 所示的【渲染场景：默认扫描线渲染器】窗口。

Step 02　在该窗口面板内按住鼠标左键并向上拖曳，将显示该对话框底部的选项。单击对话框底部的 + 指定渲染器 展卷帘，如图 9-2 所示。单击【产品级】选项栏右侧的 ... 按钮，弹出如图 9-3 所示的【选择渲染器】对话框，这个对话框将显示集成的 mental ray 渲染器和安装的外部渲染插件。

图 9-1 【渲染场景：默认扫描线渲染器】对话框　　图 9-2 【指定渲染器】面板　　图 9-3 【选择渲染器】对话框

Step 03　单击【V-Ray Adv 1.5 RC5】选项，即可将渲染引擎修改为 V-Ray 渲染器。

9.3 V-Ray 灯光

　　灯光的布置要根据具体的对象来安排，在 V-Ray 渲染中一般都会开启全局照明功能，来获得较好的光照分布。场景中的光线可以来自全局照明中的环境光（在【Environment】面板中设置），也可以来自灯光对象，一般会将两者结合使用。全局照明中的环境光产生的照明是均匀的，若强度太大会使画面显得比较平淡，而利用灯光对象可以很好地塑造产品的亮部与暗部，应作为主要光源使用。

　　灯光在渲染中起着至关重要的作用，精确的光线是表现物体材质效果的前提，可以参照摄影中的"三点布光法则"来布置场景中的灯光。

1．主光源

　　主光源是场景中的主要照明光源，也是产生阴影的主要光源。一般把它放置在与主体成45°角左右的一侧，其水平位置通常要比相机高。主光的光线越强，物体的阴影就越明显，明暗对比及反差就越大。在 V-Ray 中，通常以面积光作为主光源，它可以产生比较真实的阴影效果。

2. 辅光源

辅光源又称为补光，用来补充主光产生的阴影区域的照明，显示出物体阴影区域的细节，使物体阴影变得更加柔和，但会影响主光的照明效果。辅光通常被放置在低于相机的位置，亮度是主光的一半到三分之二，这个灯光产生的阴影很弱。渲染时一般用泛光灯或者低亮度的面积光来作为辅光。

3. 背光

背光也叫做反光或者轮廓光，这个光的目的是照亮物体的背面，从而将物体从背景中区分开来。背光灯通常放在物体的后侧，亮度是主光的三分之一到二分之一，这个灯光产生的阴影最不清晰。由于使用了全局照明功能，现在在布置灯光中也可以不安排背光。

以上只是最基本的灯光布置方法，在实际的渲染工作中，需要根据不同的目的和渲染对象来确定相应的灯光布置方案。

9.3.1 Skylight 光源

使用 V-Ray 作为渲染器时，除了使用 3ds Max 9 软件的灯光外，还可以使用 V-Ray 渲染器提供的灯光。V-Ray 还提供一种 Skylight（环境光），Skylight 不属于直接光源（3ds Max 中的灯光、V-Ray 的面积光源都是直接光源）。可以把 Skylight 想象成一个无限大的球体发出的光线，各个方向上的光线强度一样。使用 Skylight 的好处是可以很简单地创建一个均匀的照明环境，在对象的投影、暗部不会得到死黑的区域，但是 Skylight 的强度不宜设置太高，以免画面过于平淡。

当使用了 Skylight，就必须开启 GI（全局照明）使其有效。在【Indirect illumination】面板中，【GI】选项栏下的【On】选项处于勾选状态就表示开启了 GI 功能。

在布置创建灯光时需要注意以下几项。

（1）最好以全黑的场景开始布置灯光，并注意每增加一盏灯光所产生的效果。

（2）要明确每一盏灯的作用与产生照明的程度，不要创建用意不明的灯光。

下面通过一个简单的案例来说明环境光的使用方法。

Effect 02 ▌使用环境光

Step 01 参见 Effect01 指定 V-Ray 渲染器。

Step 02 制作一个简单的场景作为测试，创建一个 200×200 的平面作为地面，再创建一个参数如图 9-4 所示的环形结对象，创建好的场景状态如图 9-5 所示。

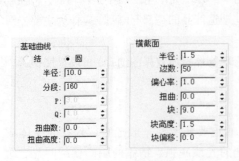

图 9-4 参数设定

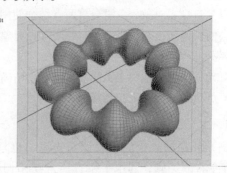

图 9-5 创建好的场景

Step 03 单击主工具栏中的 📷 按钮，弹出如图 9-6 所示的【渲染场景：V-Ray Adv 1.5 RC5】窗口，选择【渲染器】选项卡，【渲染器】选项卡的选项内容如图 9-6 所示。

Step 04　展开【Global switches】面板，取消勾选【Lighting】选项栏下的【Hidden Lights】与【Default Lights】选项。

Step 05　单击 💿 按钮，渲染场景，得到一个全黑的图片，这是因为现在场景中没有任何灯光。

Step 06　创建 Skylight 灯光，展开【Environment】面板，如图 9-7 所示。勾选【GI Environment（skylight）override】与【Reflection/refraction environment override】选项栏下的【On】选项，保持默认的颜色，再次渲染，还是得到黑色图片。

图 9-6　【渲染器】选项卡

图 9-7　【Environment】面板

Step 07　展开【Indirect illumination】面板，勾选【On】选项激活 GI，如图 9-8 所示。

Step 08　再次渲染，V-Ray 就会计算来自 Skylight 的 GI 照明。因为 Skylight 的光线各方向强度相同，所以阴影产生漫射效果，而不是某个方向上的投影。最终渲染效果如图 9-9 所示。

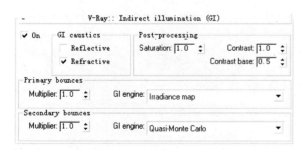

图 9-8　【Indirect illumination】面板

图 9-9　渲染效果

9.3.2　【VRayLight】灯光

单击 ✏️／✏️ 按钮，在 标准 ▼ 下拉列表中选择 VRay ▼ 选项，即可显示 V-Ray 渲染器的灯光面板，如图 9-10 所示。

V-Ray 灯光类型有两种：VrayLight 和 VRaySun，这里主要讲述【VRayLight】灯光的创建及使用方式。

单击 VRayLight 按钮，此时的创建面板状态如图 9-11 所示。

图 9-10　V-Ray 渲染器的灯光面板

【VRayLight】有两种灯光类型：【Plane】与【Sphere】。【Plane】型光源是平面形的，【Sphere】型光源是球形的。

默认的【VRayLight】灯光类型为 Plane 。【Plane】灯光也称为面积光或矩形灯光，它在 V-Ray 中扮演着非常重要的角色，除了设置方便之外，渲染的效果也比较柔和。它不像聚光灯有照射角度的问题，而且能够让反射性材质反射这个矩形灯光，更好地体现物体的质感，所以它的应用比较多。

1. 矩形灯光的特性

（1）面积光的大小对其亮度有影响：面积光尺寸大小会影响它本身的光线强度。在相同的高度与灯光强度下，尺寸越大，其亮度也越大。

（2）面积光的大小对投影有影响：较大的面积光光线扩散较大，所以物体产生的阴影不明显；较小的面积光光线比较集中，扩散范围也小，所以物体产生的阴影较明显。

（3）面积光的光照方向：面积光的照射方向可以从矩形灯光物体上突出的那条线的方向来判断。

图 9-12 所示为矩形灯光产生的照明效果。

图 9-11　矩形灯光参数面板　　　　图 9-12　矩形灯光产生的照明效果

2. 矩形灯光的参数

下面介绍矩形灯光的参数。

（1）【General】（常规）选项栏

【On】：打开或关闭 V-Ray 灯光。

（2）【Intensity】（强度）选项栏

①【Units】（单位）：设置灯光强度使用的单位。

②【Color】（颜色）：由 V-Ray 光源发出的光线的颜色。

③【Multiplier】（倍增）：光源颜色倍增器，数值越大，表示灯光强度越强。

（3）【Size】（尺寸）选项栏

①【Half-length】（倍增）：光源的 U 向尺寸（如果选择球形光源，该尺寸为球体的半径）。

②【Half-width】（倍增）：光源的 V 向尺寸（当选择球形光源时，该选项无效）。

③【W size】（倍增）：光源的 W 向尺寸（当选择球形光源时，该选项无效）。

（4）【Options】（选项）选项栏

①【Double-sided】（双面）：当 V-Ray 灯光为平面光源时，该选项控制光线是否从面光源的两个面发射出来。当选择球面光源时，该选项无效。

②【Invisible】（不可见）：勾选后在渲染效果中光源的形状将不可见，若为对象赋予了反射性材质，则在对象表面不会反射矩形灯光。图 9-13 所示为勾选与未勾选【Invisible】选项的效果比较。

图 9-13　勾选与未勾选【Invisible】选项的效果比较

③【Ignore light normals】（忽略灯光法线）：当一个被追踪的光线照射到光源上时，该选项可用于控制 V-Ray 计算发光的方法。勾选后光源表面在空间的任何方向上发射的光线都是均匀的，不勾选时会在光源表面的法线方向上发射更多的光线。对于模拟真实世界的光线，该选项应当关闭，但是当该选项打开时，渲染的结果更加平滑。

④【No decay】（不衰减）：勾选后灯光的亮度将不会因为距离的增加而衰减，否则光线会随距离按反平方比衰减（这是真实世界光线的衰减方式）。默认为未勾选，一般情况下不要勾选该项。

⑤【Skylight portal】（天光入口）：勾选后，它只是作为天光的入口，对颜色和倍增值的设置将不起作用。

⑥【Store with irradiance map】（用光照贴图存储）：勾选该选项后，GI 计算方式将被设为【Irradiance map】，重新计算面积光的效果并会把它们存储在光照贴图中，这将导致光照贴图的计算花费更长时间，但渲染速度快。用户还可以将光照贴图保存下来稍后再次使用。在使用非【Irradiance map】引擎时，不要勾选此选项，否则光照计算会产生错误。

⑦【Affect diffuse】（影响过渡色）：灯光的颜色是否对材质过渡色区域颜色产生影响，默认为勾选。

⑧【Affect specular】（影响高光）：灯光的颜色是否对材质高光颜色区域产生影响，默认为勾选。

⑨【Affect reflections】（影响折射）：灯光的颜色是否对材质反射区域颜色产生影响，默认为勾选。

（5）【Sampling】（采样）选项栏

【Subdivs】（细分）：控制 V-Ray 运算光线的采样数。

可以看到仅使用 Skylight（环境光）产生的照明效果非常平淡，要得到较好的照明环境，还得创建直接光源。使用 3ds Max 9 中的基本灯光或 V-Ray 中的灯光都可以，这里主要介绍 V-Ray 中灯光的创建与调节。

Effect 03 ▎为场景创建基本的灯光照明

Step 01 继续 Effect02 的内容。单击 按钮，在 标准 下拉
列表中选择 VRay 选项，即可显示 V-Ray 渲染器的灯光面板，如
图 9-14 所示。

图 9-14 V-Ray 渲染器的灯光面板

Step 02 单击 VRayLight 按钮，弹出灯光创建面板。在顶视图中
创建一个 VRayLight 灯光，参数设置如图 9-15 所示。在左视图中将 VRayLight 灯光垂直向上移动，
如图 9-16 所示。

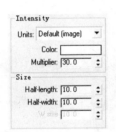

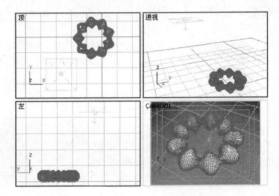

图 9-15 V-RayLight 灯光参数设置　　　　　图 9-16 调整 V-RayLight 灯光位置

Step 03 单击 按钮，渲染效果如图 9-17 所示。

Step 04 从图 9-17 可以看出，场景曝光过度，这有两个方面的原因：Skylight（环境光）的
【Multiplier】值太高，VRayLight 灯光的参数还未调整。

Step 05 展开【Environment】面板，将【GI Environment（skylight）override】选项栏下的【Multiplier】
值修改为"0.1"。

Step 06 单击 按钮，渲染效果如图 9-18 所示。

图 9-17 曝光渲染效果　　　　　　　　　　图 9-18 渲染效果

此时，场景中的光线在灯光照明区域曝光过度，而在其他区域又明显光照不足，可以通过增大
V-Ray 灯光的大小来增加灯光照明范围，同时降低适当灯光强度。

Step 07　调整 VRayLight 灯光的【Multiplier】值为"15"，【Half-length】值为"20"，【Half-width】值为"20"。

Step 08　调整 VRayLight 灯光的位置与角度，如图 9-19 所示。

Step 09　单击 ◉ 按钮，渲染效果如图 9-20 所示。

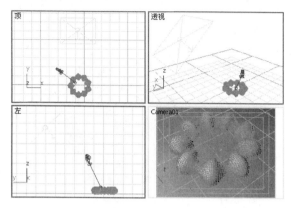

图 9-19　调整 V-RayLight 灯光位置

图 9-20　最终渲染效果

Step 10　调节好的场景保存为"V-Ray 灯光调节"文档。

　　V-Ray 灯光需要根据渲染结果一步一步地调整，通常需要通过多次调节才能得到较为满意的灯光照明。

　　若渲染结果的投影区域太黑，可在 VRayLight 灯光相对的位置再创建一盏灯光，强度和尺寸都不要太大，来补充照明。

9.4 草图渲染级别设置

　　在得到最终渲染结果之前，通常会比较频繁地查看每次修正的渲染效果，这个过程称为测试渲染，如果每次都以较高的精度去渲染视图会很浪费时间。这时并不需要精确的光照分布计算，为了提高测试速度，可以降低渲染参数的设置（主要是图像采样的设置）和输出分辨率大小。

Effect 04　草图渲染级别设置

Step 01　单击主工具栏中的 ⬚ 按钮，弹出【渲染场景：V-Ray Adv 1.5 RC5】对话框，选择【渲染器】选项卡。

Step 02　展开【Indirect illumination】面板，将【Secondary bounces】选项栏下的【Multipler】值修改为"0.8"，参数设置如图 9-21 所示。

Step 03　展开【Irradiance map】面板，单击【Built-in presets】选项栏下的【Current preset】选项，在弹出的下拉菜单中选择 Custom 选项。

Step 04　将【Basic Parameters】选项栏中，将【Min rate】的值修改为"-3"、【Max rate】的值修改为"-2"，其他参数保持不变，参数设置如图 9-22 所示。

Step 05　展开【System】面板，勾选【Frame stamp】选项栏下的复选框，如图 9-23 所示。

Step 06　这样便可在最终渲染图底部显示渲染所用的时间等信息。效果如图 9-24 所示。

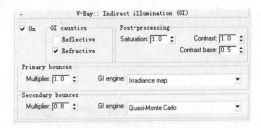

图 9-21 【Indirect illumination】面板

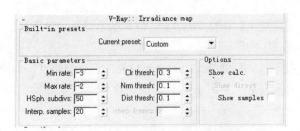

图 9-22 【Irradiance map】面板

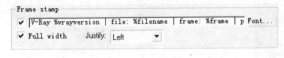

图 9-23 【System】面板

图 9-24 渲染效果

9.5 V-Ray 基本材质

V-Ray 材质的调节相对 3ds Max 9 的材质调节要简单一些，但是得到的材质质感却更加真实细腻。V-Ray 材质的调节也在 3ds Max 9 的【材质编辑器】内进行。

单击【材质编辑器】窗口中的 Standard 按钮，弹出【材质/贴图浏览器】对话框，如图 9-25 所示，在右侧列表中显示 V-Ray 渲染器加载的材质。

双击【VRayMtl】选项即可创建一个标准的 V-Ray 材质，此时，【材质编辑器】窗口中显示的是 V-Ray 材质的参数面板，如图 9-26 所示。

图 9-25 【材质/贴图浏览器】对话框

图 9-26 V-Ray 材质的参数面板

漫反射（Diffuse）主要用于表现材质的固有颜色，单击【Diffuse】选项右侧的　按钮，在弹出的【材质/贴图浏览器】对话框中可以为材质增加纹理贴图。图 9-27 所示为【Diffuse】选项栏。

图 9-27　【Diffuse】选项栏

（1）【Diffuse】：用于设置材质的漫反射颜色，也可以用后面的　按钮设置漫反射贴图。

（2）　按钮：单击该按钮，可以为材质增加纹理贴图，并覆盖材质的【Diffuse】设置。

（3）Roughness 0.0：该参数可以用于产生粗糙纹理的表面，例如皮肤或月球的表面。

下面以一个简单的场景学习 V-Ray 的材质。

Effect 05 ▎制作基本材质

Step 01　继续 Effect03 的内容。按键盘的 M 键，打开【材质编辑器】窗口。

Step 02　选择一个示例球，单击【材质编辑器】窗口中的 Standard 按钮，弹出【材质/贴图浏览器】对话框，在右侧列表中显示 V-Ray 渲染器加载的材质，双击【VRayMtl】选项创建一个标准的 V-Ray 材质。

Step 03　选择环形圆对象，单击 按钮，将此材质赋予对象。

Step 04　单击【Diffuse】右侧的颜色样本，调整材质颜色为（RGB：243、172、0）。

Step 05　选择地面对象，以相同的方式指定一个颜色为（RGB：210、210、210）的基础材质。

Step 06　单击主工具栏中的【渲染】 按钮。此时渲染的效果如图 9-28 所示。

图 9-28　渲染效果

9.6 V-Ray 反射材质

反射是表现材质质感的一个重要元素。自然界中的大多数物体都具有反射属性，只是有些反射非常清晰，可以清楚地看出周围的环境，有些反射非常模糊，周围环境变得非常发散，不能清晰地反映周围环境。图 9-29 所示为【Reflection】（反射）选项栏。下面详细介绍【Reflection】（反射）选项栏的选项。

图 9-29　【Reflection】（反射）选项栏

1.【Reflection】选项

【Reflect】（反射）：反射倍增器，通过右侧的颜色样本　来控制反射的强度，黑色为不反射，白色为完全反射。

2.【Max depth】选项

真实世界中对象之间的反射是无限次的，但是使用计算机模拟这一现象时显然不可能达到无限次的反射。在 V-Ray 中可以设定反射与折射的次数来降低运算量。

【Max depth】（最大深度）这个参数就是控制反射与折射的次数的。在【Refraction】（折射）选项卡下也有该选项。

设置反射颜色为白色，并将【Max depth】参数调整为 1，渲染后有些地方变成黑色。该参数控制在计算结束前光线可以反射的次数。1 意味着就产生一次反射，2 则意味着光线反射一次后再产生一次反射。

3.【Exit color】选项

当场景中有很多反射物体时，【Max depth】参数是降低渲染时间的一个办法，但是当反射深度很低时，【Exit color】（退出色）参数就会产生作用。在所有超出反射次数但是属于发生反射的区域，会使用【Exit color】显示。

保持【Max depth】参数为 1，改变【Exit color】为红色，渲染一次，可以很清楚地看到【Exit color】作用的区域。

将【Exit color】改回黑色，并调整【Max depth】参数的数值直到黑色区域消失，一般没有必要将这个参数设为高于"10"的数。这个参数数值越高，会耗费更多的时间，而效果并没有明显的提高。

下面继续 Effect05 的内容，练习制作反射材质。

Effect 06 ┃ 制作反射材质

Step 01 继续 Effect05 的内容。选择橘色材质，单击【Reflection】选项栏下【Reflect】选项右侧的颜色样本，将颜色设置为白色（RGB：255、255、255）。渲染效果如图 9-30 所示。

Step 02 将【Reflection】选项栏下【Reflect】选项右侧的颜色样本设置为（RGB：50、50、50）的灰色。渲染效果如图 9-31 所示。

图 9-30　渲染效果　　　　　　　　　　图 9-31　渲染效果

Step 03 将【Reflection】选项栏下【Reflect】选项右侧的颜色样本设置为（RGB：10、10、10）的灰色。渲染效果如图 9-31 所示。

图 9-32　渲染效果

4．反射环境

具有反射的材质渲染的结果和反射使用的环境关系很大，如图 9-33 与图 9-34 所示，材质的设定完全相同，只是【V-Ray::Environment】面板中【Reflection/refraction environment override】选项栏中反射环境的颜色不同，材质呈现的效果就不大一样。

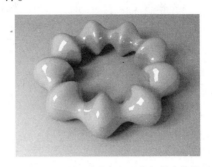

图 9-33　默认反射环境的颜色渲染效果　　　　图 9-34　反射环境的颜色为白色的渲染效果

（1）展开【Environment】面板，将【Reflection/refraction environment override】选项栏下的颜色样本修改为黑色。渲染效果如图 9-33 所示。

（2）将【Reflection/refraction environment override】选项栏下的颜色样本修改为白色。渲染效果如图 9-34 所示。

对于反射材质，通常会使用 HDRI 贴图反射/折射环境，这会使反射效果更加真实。HDRI 贴图还可以贴在【Environment】面板中【GI Environment（skylight）override】选项栏下的　None　贴图通道上，作为光源使用。注意使用 HDRI 作为光源时，渲染时间会长一些。

Effect 07　┃用 HDRI 贴图作为反射/折射环境

Step 01　继续 Effect06 的内容。

Step 02　打开材质编辑器，选择一个新材质样本球，单击 🔘 按钮，在弹出的对话框中双击【V-RayHDRI】，如图 9-35 所示。

Step 03　单击 Browse 按钮，载入一幅 HDRI 贴图，本书提供的 HDRI 贴图一般是【Mirrored ball】格式的，所以选择【Mirrored ball】方式。网上下载的免费 HDRI 贴图一般是【unwrapped】格式的，需要在 HDRISHOP 软件中将它改为【Spherical environment】格式，有些是【Angular map】格式，那么应该选择【Angular map】贴图方式。

Step 04　将刚创建的材质拖曳到【Environment】面板中【Reflection/refraction environment override】选项栏下的　None　贴图通道上，弹出【实例（副本）贴图】对话框，选择【实例】选项，单击　确定　按钮，如图 9-36 所示。

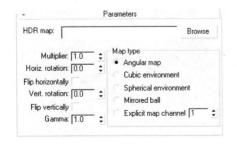

图 9-35　【Parameters】对话框　　　　　　图 9-36　【Environment】面板

Step 05 单击 按钮，反射也来自 HDRI。另外光线太强了，在【V-RayHDRI】面板中将【multiplier】参数降为"0.8"，再次渲染。通过调节【horizontal rotation】的参数可以改变反射和灯光的角度。HDRI 反射效果如图 9-37 所示。

图 9-37　HDRI 反射效果

Step 06 选择菜单栏中的【文件】/【保存】命令，将场景另存为"09_环形结.max"文件。将此场景的线架文件以相同名字保存在本书附盘的"Scenes\09"目录中。

5.【Fresnel Reflections】选项栏

菲涅尔反射效应是自然界中物体反射周围环境的一种现象，几乎所有反射物体都会产生菲涅尔反射现象。在物体一定的曲率角度内，物体表面正对着你的地方产生的反射比表面背离你的区域产生的反射轻微一些，即物体法线朝向人眼或摄像机的部位反射效果越轻微，物体法线越偏离人眼或摄像机的部位反射效果越清晰。

使用【Fresnel Reflections】（菲涅尔反射）可以更真实地表现材质的反射效果。在真实世界中，物体的菲涅尔反射现象与材料的 IOR 相关，但在 V-Ray 中，可以不参照材料的 IOR，而为不同的反射物体设置不同的 IOR，只有单击右侧的 L 按钮，下面的 fresnel IOR 参数才可以激活。图 9-38 所示为【Fresnel Reflections】下面的参数面板形态。

勾选【Fresnel Reflections】右侧的复选框，即可激活菲涅尔反射。

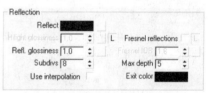

图 9-38　【Fresnel Reflections】参数

【Fresnel IOR】是一个非常重要的参数，数值越高，反射的强度也就越强，如金属、玻璃、光滑塑料等材质的【Fresnel IOR】可以设置为"5"左右，一般塑料或木头、皮革等反射较为不明显的材质则可以设置为"1.6"以下。

不同【Fresnel IOR】数值的反射效果如图 9-39 所示。

图 9-39　不同【Fresnel IOR】数值的反射效果

6.【Refl.glossiness】选项

在真实世界中，反射材质并不都是很清晰地反射周围环境，而往往会因发散变得很模糊，这时可以使用【Refl. glossiness】（反射光泽度，Reflection glossiness）选项值来模拟这个现象。

（1）【Refl. glossiness】：用于控制物体的反射模糊程度，其取值范围为 0～1。当值为"1"时，表示关闭该选项；当值小于"1"时才激活该选项。数值越小，材质的反射越模糊。【Refl. glossiness】的值为"1"时，表示 100%光滑，小于"1"则产生模糊的反射，这个参数很容易混淆。图 9-40 所示为设置不同【Refl. glossiness】值时的效果。

【Refl. glossiness】=1　【Refl. glossiness】=0.9　【Refl. glossiness】=0.8　【Refl. glossiness】=0.7　【Refl. glossiness】=0.6

图 9-40　设置不同【Refl. glossiness】值的效果

（2）【Subdivs】（细分）：用于控制平滑反射的品质，数值越高就越光滑，但是渲染速度会变慢；数值越小速度越快，但是会出现噪波。

Effect 08 ▎ 为反射材质增加模糊效果

Step 01 继续 Effect07 的练习。选择橘色的材质，将反射颜色改为中灰色，关闭菲涅尔反射选项。

Step 02 将【Refl. glossiness】参数由"1"改为"0.8"。

Step 03 开始渲染，效果如图 9-41 所示。

现在反射变得非常模糊，物体表面产生细小的凹凸颗粒的效果。若想创建三维效果，可以在【Bump】通道中贴一幅贴图，也可以用【Refl. glossiness】参数来代替，以加快渲染速度。

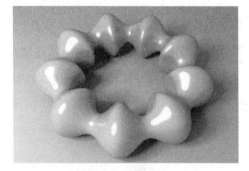

图 9-41　反射模糊效果

7.【Subdivs】选项

在【Refl. glossiness】选项下面的【Subdivs】（细分）选项可以控制平滑反射模糊,将参数改为 20 后进行渲染,模糊会变得很光滑。默认参数为"8"。【Subdivs】值为"8"是指有 8×8＝64 个采样点,【Subdivs】值为"20"是指有 20×20＝400 个采样点。【Subdivs】参数增加一倍,渲染时间将增加 4 倍。确保在使用高的【Subdivs】参数时,【AA sampler】为【Adaptive QMC】。如果想使用【Adaptive subdivision AA】,可以把【Subdivs】值降低到 3～10。在使用【Adaptive subdivision AA】采样时,【Subdivs】数值太低,画面会产生很多颗粒。若场景中有很多模糊反射,使用【Adaptive QMC】渲染时间会更短。

如果希望颗粒更平滑,增加【Subdivs】值会没有太大的效果,一般情况下不要将该参数设置大于 40,更好的办法是设置【QMC】采样中的参数。

在图 9-42 所示的【rQMC Sampler】面板中,将【Noise threshold】参数改为"0.001",再次渲染,可基本消除颗粒感,但同样会花费较多的渲染时间。

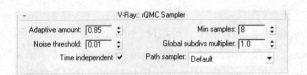

图 9-42 【rQMC Sampler】面板

设置【rQMC Sampler】面板中的参数可加速渲染，如将【Noise threshold】参数改为"0.05"，但需注意的是，该设置还会影响【Irradiance map】计算，还有 DOF、MB、Area shadows 等，所以降低【Noise threshold】参数会改进模糊效果，包括 GI 质量。

将【Noise threshold】参数改回"0.005"，在【System】面板中，激活【Frame stamp】（删除除 Rendertime 以外的部分），这种方法比前面的更好。

8.【Hilight glossiness】选项

高光是物件反射了亮度很高的物件或是灯光形成的亮点，这种亮度很高的物件或是灯光称为亮源。如果场景中并没有可以用来反射成为高光的亮源，某些渲染软件会以 Highlight（反射高光）或是 Specular 的功能来模拟。图 9-43 所示为 3ds Max 9 默认材质的【反射高光】选项栏。

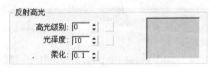

图 9-43 3ds Max 9 默认材质的
【反射高光】选项栏

V-Ray 渲染器以前的版本无法渲染假高光反射效果，现在提供了 Highlight glossiness（高光光泽度）功能模拟高光反射效果。注意，这个效果只有在场景中有灯光时才会产生，如聚光灯、点光源或是平行光，而 Skylight（天光）是不会产生效果的。

【Hilight glossiness】（高光光泽度）的取值范围为 0～1。当值为"1"时，表示关闭该选项；当值小于"1"时才激活该选项。数值越小，材质的高光范围越大，同时越模糊。

Effect 09 | 为反射材质增加高光模糊效果

Step 01　继续上 Effect08 的练习。

Step 02　创建一个 max 的聚光灯，位置如图 9-44 所示。将 V-Ray 矩形灯光先暂时隐藏。

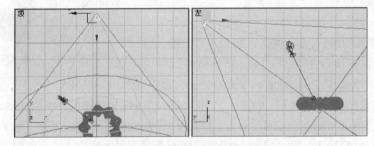

图 9-44　创建聚光灯

Step 03　聚光灯的参数设置如图 9-45 所示。

Step 04　将对象材质【Diffues】的颜色设置为灰色（RGB：210，210，210）。其他设定如图 9-46 所示。

Step 05　渲染场景，效果如图 9-47 所示，环形结上白色的亮点就是 Highlight glossiness。

图 9-45　聚光灯参数设置

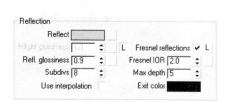

图 9-46　材质设定

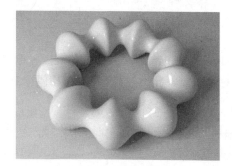

图 9-47　渲染效果

目前，【Hilight glossiness】的设置是与【Refl. glossiness】相关的，即只有使用【Refl. glossiness】，并且场景中有灯光时，【Hilight glossiness】效果才可见。

Step 06　单击【Hilight glossiness】选项右侧的 L 按钮，参数面板如图 9-48 所示，激活【Hilight glossiness】参数，并设置为"0.8"。【Refl. glossiness】设置为"0.8"。渲染效果如图 9-49 所示，反射是清晰的，同时增加了高光范围。

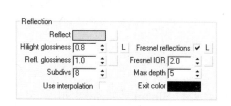

图 9-48　材质设定

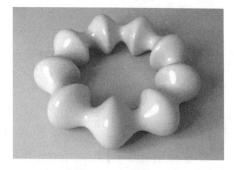

图 9-49　渲染效果

Step 07　选择菜单栏中的【文件】/【保存】命令，将场景另存为"09_环形结-高光模糊.max"文件。此场景的线架文件以相同名字保存在本书附盘的"Scenes\09"目录中。

如果只想要高光效果，并不需要反射模糊，可以参照以下方法设定。

【Refl. glossiness】设置为 1.0 就可以关闭反射模糊。但是反射还在，并且很清晰，锐利的反射与模糊的高光会产生不真实的效果，试设置【Hilight glossiness】为"0.75"，并设置【Refl. glossiness】为"1.0"再渲染。可能有的读者喜欢这样的材质效果，但它不真实：高光反射模糊同时环境反射却很清晰，这在真实世界中是不可能的。若只想渲染模糊的高光效果，必须关掉材质的反射。

Step 08 展开【Options】面板，如图 9-50 所示，取消勾选【Trace reflections】，再次渲染，效果如图 9-51 所示。现在材质只产生了假模糊反射，没有反射效果，这个材质很像标准的 max 材质效果。

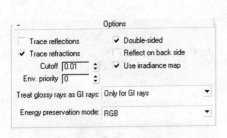

图 9-50 【options】面板

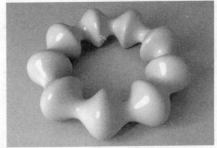

图 9-51 渲染效果

【Use interpolation】（使用插值法）复选参数可以加快模糊反射的计算速度，工作原理与计算 GI 中的 Irradiance map（光子贴图）相似。当勾选此选项时，就可以在其他面板中调整设置参数。

9. V-Ray 金属材质

金属也属于反射材质，下面学习创建一个基本的金属材质。创建一个新的材质，参照图 9-52（a）所示设置参数，这是基本的铬金属设置，把材质指定给给对象，进行渲染。效果如图 9-52（b）所示。

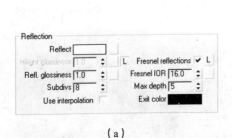

（a）

（b）

图 9-52 参数设置及渲染效果

10.【BRDF】面板

图 9-53 所示为【BRDF】面板，在这个面板中有 3 个类型：【Blinn】、【Phong】和【Ward shader】。这 3 个类型在使用时有 glossy reflections 效果显著。分别进行渲染，效果如图 9-54 所示，这个设置影响高光形态。Ward shader 通常用于金属质感。

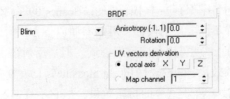

图 9-53 【BRDF】面板

图 9-54　【Blinn】、【Phong】和【Ward shader】效果

11．Anisotropy 各向异性

各向异性的反射可以在某些方向产生拉长的反射效果，读者可以在抛光拉丝金属上观察到，如平底锅的底部。用【Anisotropy】可以控制高光的形态。

【XYZ axis】参数可用于改变反射的方向，也可以使用【Map channel】贴图通道代替。【Rotation】参数用于控制旋转反射角度。图 9-55 所示为各向异性的反射效果。

图 9-55　各向异性的反射效果

9.7 ⎯ V-Ray 折射材质

除了最常使用的反射材质外，透明材质也相当的多，如玻璃制品、窗户、液体、透明塑料制品以及半透明的物件。

当光线从一种透明介质斜射入另一种透明介质时，会发生折射，例如，光线穿过空气射入玻璃物体时，光线会发生一定角度的弯折，当光线穿透玻璃物体射入空气中时又会发生折射。光线折射的程度，由材质的折射率（Index of Refraction，IOR）决定，折射率越大，光线发射偏离的角度就越大。

图 9-56 所示为【Refraction】（折射）选项卡。

1．【Refract】选项

【Refract】（折射）：设置透明材质的折射强度。右侧颜色按钮通过亮度控制折射强度。若有颜色会对材质染色，但是如果想要折射材质有颜色，最好通过【Fog color】选项来实现，该参数位于折射参数面板的右下角。

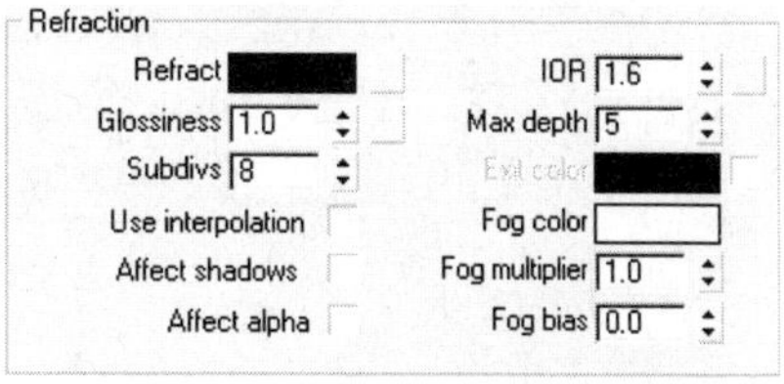

图 9-56　Refraction（折射）选项卡

2.【IOR】选项

透明对象都会对光线产生折射,折射率用 IOR 的数值来表示,新增的透明材质的折射率为1.55。图 9-57 所示为常见的透明对象的折射率。

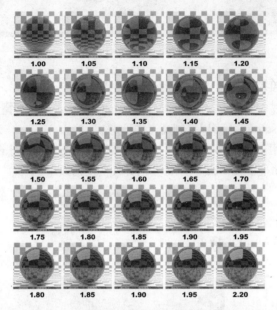

图 9-57　不同折射率的透明对象的材质变化

要注意的是,折射率越小,反射强度也会减弱,而且即使是增加 Fresnel IOR 的强度,都无法再增强反射强度的表现。

3.【Glossiness】选项

【Glossiness】(光泽度):透明材质的光泽度会影响其本身的透明度,光泽度常用来表现不同的玻璃质感,如较不透明的磨砂玻璃。透明材质的透明度虽然可以由【Diffuse】层的【Transparency】颜色来控制,但是其效果不如调整光泽度显得真实。【Glossiness】的缺点在于会明显增加渲染的时间。【Glossiness】值越小,光泽越不明显,越不透明,渲染时间也越长。不同【Glossiness】值对应的效果如图 9-58 所示。

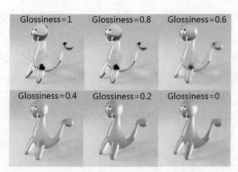

图 9-58　不同【Glossiness】值对应的效果

4.【Fog color】选项

【Fog color】(雾的颜色)是用某种颜色将折射光线染色,雾较厚的部分颜色变得更暗。试着渲染【Fog color】是浅绿色的效果。材质非常暗,只有在较薄的地方有些透明效果。【Fog color】和

【Fog multiplier】参数实际上是由吸收光线控制的，光线穿过材质后会被吸收，在物体内传播越长，就会被物体吸收更多，这就是为什么薄的部分比厚的部分颜色淡。图 9-59 所示为不同的雾色倍增值的效果。

图 9-59　不同的雾色倍增值的效果

【Fog multiplier】的预设值为 1，但是除了预设的白色（无色）外，使用其他非白色的颜色时，强度对透明对象颜色的影响很明显，调整时可以从 0.5 的强度慢慢向上加。

将【Fog multiplier】参数改为 0.05，渲染，雾效果减淡，更多的光线穿过物体，使得材质更通透。可以试验不同的【Fog color】/【Fog multiplier】比率效果，例如，可以比较浅色、饱和度高的、【Fog multiplier】数值大的颜色，与深色、饱和度低的、【Fog multiplier】数值小的颜色的不同效果。

5.【Affect shadows】选项

【Affect shadows】（影响阴影）选项，只有使用直接光源才可以使用。可以使用 V-Ray Arealight 作为光源。

（1）如果只使用了 object lights 或 VRaylights，想产生焦散，则勾选【GI caustics】选项，并设置较高的 GI 参数使焦散清晰。

（2）如果使用的是 VRaylights 灯光，并希望光线穿过折射物体，则勾选【Affect shadows】选项，产生假焦散；或者在【Caustics】面板中打开【Caustics】选项，设置相应的【Photon mapped caustics】选项。

（3）如果使用的是 max 灯光，并希望产生光子贴图焦散，则取消勾选【Affect shadows】，取消勾选【GI caustics】，在【caustics】面板中打开【Caustics】选项，设置相应的【Photon mapped caustics】选项。

9.8 V-Ray 半透明材质

V-Ray 半透明材质效果是一种比较特殊的半透明效果，蜡、皮肤、牛奶、果汁、玉石等都属于此类。半透明材质和玻璃或水一样，可以让光线穿过物体，且不发生弯曲（除非使用 IOR 产生弯曲），但会使光线穿越时发生散射。这种材质会在光线传播过程中吸收其中一部分光线，光线进入的距离不一样，被吸收的程度也不一样。图 9-60 所示为 SSS 半透明材质的效果。

有色玻璃可以利用【Refraction glossiness】参数制作，但是蜡烛或葡萄一类的材质就需要使用【Translucent】参数控制。当使用【Translucent】参数控制时，材质就会不清透，如蜡烛、皮肤、桔子汁、牛奶等，视线不能看透这种材质，但是光线可以穿透部分材质，并发生散射，例如：在你的手下面放一盏强光，从上面看手会变红，还能观察到骨头的位置，因为骨头阻挡了光线。调整这类材质时，需先在【Refraction】面板上勾选【Translucency】（半透明）复选项，而且必须在【Options】面板中取消勾选【Double Sided】（双面）复选项，否则材质会变暗。

【Translucency】（半透明）选项面板如图 9-61 所示，其中各子选项的作用如下。

图 9-60　SSS 半透明材质的效果

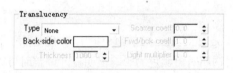

图 9-61　【Translucency】（半透明）选项

（1）【Translucent】（半透明）：控制材质的半透明效果，但是不要使用白色全透明，这会让光线被吸收过多而变黑，也不要使用黑色完全不透明，这会没有透光效果。可以尝试使用黑白色之间的灰色。

（2）【Thinckness】（厚度）：用于限定光线在物体表面下跟踪的深度。参数越大，光线在物体内部消耗得越快。

（3）【Scatter coeff】（散射系数）：设置物体内部散射的数量，"0"意味着光线在任何方向都进行散射，"1"代表光线在次表面散射过程中不能改变散射方向。

（4）【Fwd/bck coeff】（向前向后系数）：设置光线散射方向，数值为"0"时，光线散射朝向物体内部，数值为"1"时，光线散射朝向物体外部，数值为"0.5"时，朝物体内部和外部散射数量相等。

【Translucency】的设置和习惯的设置有些不同，你可以用极不相同的参数设置组合来得到相似的结果，但是在不同的灯光情况下，它们看起来会有极大的不同。【Translucency】设置还和【Refraction glossiness】和【Fog settings】有关，这些参数会一起起作用，但是 Fog color 是个极敏感的参数，会使材质产生极大的不同。有一个设置绝对不能使用，就是将颜色中的某个通道设置为255。通常情况下，可保持【Translucency】为白色，Refraction 颜色为灰色，然后使用【Diffuse】和【Fog color】来控制材质的颜色，然后利用参数【Fog multiplier】和【Translucency light multiplier】控制不同的光线穿透效果。

9.9 【Options】面板

【Options】面板用于设置光线跟踪、材质双面属性等，如图 9-62 所示。如果没有特殊要求，建议用户使用默认设置。

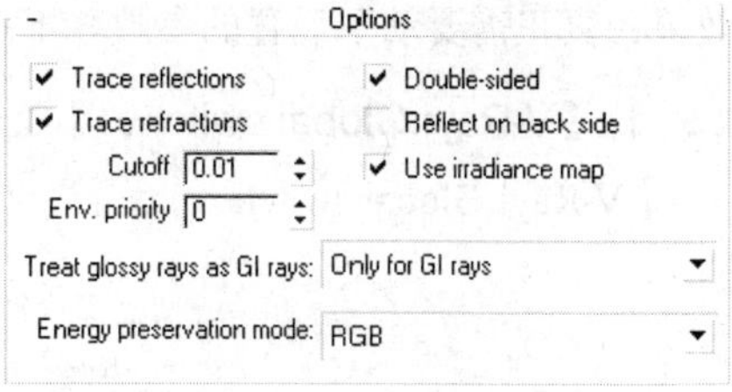

【Options】面板中各选项的具体作用如下。

（1）【Trace Reflections】（跟踪反射）：决定光线是否追踪反射。

（2）【Trace Refractions】（跟踪折射）：决定光线是否追踪折射。

（3）【Cutoff】（切断）：当光线的能量低于该剪切值时将停止追踪，是跟踪反射远度的阈值。可尝试将当前图像

图 9-62 【Options】面板

中的数值设置为 0.7。增加 Cutoff 数值的大小可以提高当场景中有很多反射物体时的渲染速度。

（4）【Double-sided】（双面）：勾选该项，则与物体法线相反的一面也会被渲染。

（5）【Reflect on back side】（背面反射）：强制 V-Ray 追踪物体背面的光线。勾选该项，会计算物体背面的反射。

（6）【Use irradiance map】：当使用光照贴图来进行全局照明时，也许会仍然要对赋了该材质的物体使用强制性全局照明，只需关闭该选项就可以达到目的。否则对于赋了该材质的物体的全局照明将使用光照贴图。注意，只有全局照明打开并且设置成使用光照贴图时该选项才起作用。如果取消勾选，材质中就不使用光照贴图，而会以 QMC GI 计算材质的光照贴图。这在有些物体小的阴影细节被 irradiance map 模糊掉时很有用。

9.10 【Maps】面板

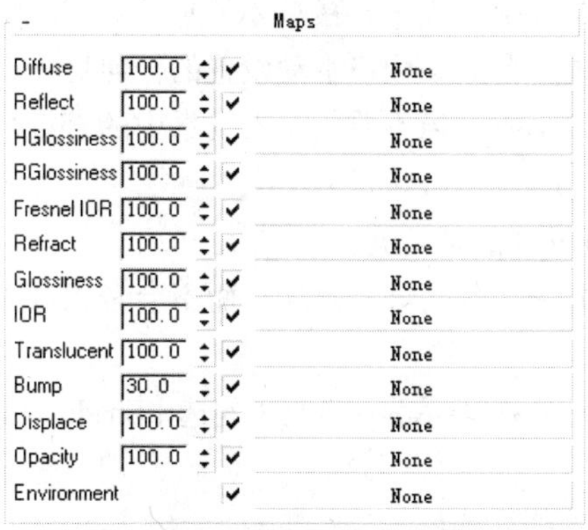

图 9-63 【Maps】面板

【Maps】面板用于为各个通道添加贴图，和 max 材质的通道类似，但有几个专业的通道，该面板如图 9-63 所示。

（1）【Bump】（凹凸）：模拟粗糙的表面，将带有深度变化的凹凸材质贴图赋予物体，经过光线渲染处理后，物体的表面就会呈现出凹凸不平的感觉，而无须改变物体的几何结构或增加额外的点面。

（2）【Displace】（置换）：与【Bump】相似，不过它使用图像或算法改变了物体的表面几何结构，效果比较好，但计算量大。

（3）【Reflect】（反射）：覆盖该材质的反射环境。

（4）【Refract】（折射）：覆盖该材质的折射环境。

9.11 【V-Ray】选项卡参数详解

V-Ray 渲染设置参数面板主要用于设置 V-Ray 全局控制、图像采样、环境设置、渲染输出等的参数设定。V-Ray 渲染参数是比较复杂的，但是大部分参数只需要保持默认设置就可以达到理想的

效果，真正需要动手设置的参数并不多。

1.【V-Ray::Global switches】面板

【V-Ray::Global switches】（全局转换）面板用于全局参数的设置，如图 9-64 所示。

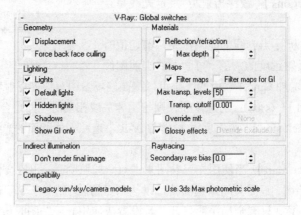

图 9-64 【Global switches】面板

（1）【Geometry】（几何体）选项栏

①【Displacement】（置换）：是否计算 V-Ray 贴图或材质中的置换效果。注意这个选项不会影响 3ds Max 自身的置换贴图。

②【Force back face culling】（强制背面消隐）：默认为关闭该选项，当该选项勾选时，物体法线方向背离摄影机或光源的表面不会被渲染，因此显示为透明。

（2）【Lighting】（灯光）选项栏

①【Lights】（灯光）：决定是否使用灯光，这个选项是 V-Ray 场景中直接灯光的总开关，这里的灯光不包含 max 场景的默认灯光。如果不勾选的话，系统不会渲染用户手动设置的任何灯光，即使这些灯光处于勾选状态，也是自动使用默认灯光渲染场景。所以当不希望渲染场景中的直接灯光时，只需取消勾选这个选项和下面的默认灯光选项。

②【Default lights】（默认灯光）：决定是否使用 3ds Max 9 的默认灯光。

③【Hidden lights】（隐藏灯光）：勾选的时候，系统会渲染隐藏的灯光效果，而不会考虑灯光是否隐藏。

④【Shadows】（阴影）：决定是否渲染灯光产生的阴影。图 9-65 所示为勾选与未勾选【Shadows】效果的比较。

（a）   （b）

图 9-65 勾选与未勾选【Shadow】效果比较

⑤【Show GI only】（仅显示全局光）：勾选的时候直接光照将不包括在最终渲染的图像中，但是在计算全局光的时候直接光照仍然会被考虑，最后只显示间接光照的效果。

（3）【Indirect illumination】（间接光照）选项栏

【Don't render final image】（不渲染最终图像）：勾选时，V-Ray 只计算相应的全局光照贴图（光子贴图、灯光贴图和发光贴图），而不会计算渲染的最终效果图，这对于渲染动画过程很有用。图 9-66 所示为勾选与未勾选【Don't render final image】效果比较。

（a）　　　　　　　　　　　　　　　（b）

图 9-66　勾选与未勾选【Don't render final image】效果比较

（4）【Materials】（材质）选项栏

①【Reflection/refraction】（反射/折射）：是否考虑计算 V-Ray 贴图或材质中光线的反射与折射效果。图 9-67 所示为勾选与未勾选效果的比较。

（a）　　　　　　　　　　　　　　　（b）

图 9-67　勾选与未勾选效果的比较

②【Max depth】（最大深度）：设置 V-Ray 贴图或材质中反射、折射的最大反弹次数。图 9-68 所示为【Max depth】= 2 和 15 时的效果。在不勾选的时候，反射折射的最大反弹次数使用材质贴图的局部参数来控制，当勾选时局部参数将会被它取代。

【Max depth】=2　　　　　　　　　　　【Max depth】=15

图 9-68　反弹 2 次效果与反弹 15 次的效果

③【Maps】(贴图)：是否使用纹理贴图。

④【Filter maps for GI】(纹理贴图)：是否使用纹理贴图过滤。

⑤【Max ttrasp. levels】(最大透明程度)：控制透明物体被光线追踪的最大深度。

⑥【Transp. cutoff】(透明度中止)：控制对透明物体的追踪何时终止。如果光线透明度的累计低于这个设定的极限值，将会停止追踪。

⑦【Override mtl】(材质代替)：勾选这个选项时，允许用户使用后面的材质槽制定的材质来代替场景中所有物体的材质来进行渲染。这个选项在调节复杂场景时很有用，如果用户不指定材质，将自动使用 3ds Max 9 标准材质的默认参数来代替。

⑧【Glossy effects】(光泽效果)：模糊反射或折射的光泽效果。

（5）【Raytracing】(光线追踪)选项栏

【Secondary rays bias】(二次光线偏置距离)：设置二次光线反弹时候的偏置距离。

2.【V-Ray::Image sampler】面板

【V-Ray::Image sampler】(图像采样)面板用于渲染图像采样级别的设置，如图 9-69 所示。V-Ray 采用几种方法来进行图像的采样。所有图像采样器均支持 max 的标准抗锯齿过滤器，尽管这样会增加渲染的时间。

（1）【Image sampler】(图像采样)选项栏

【Type】下拉列表中有 3 个选项：【Fixed rate】、【Adaptive QMC】和【Adaptive subdivision】采样器。

当选择【Fixed rate】(固定比率)选项时，会增加【Fixed image sampler】面板，如图 9-70 所示。这是最简单的采样方法，它对每个像素采用固定的几个采样。

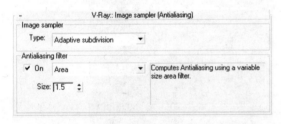

图 9-69 【Image Sampler】(图像采样)面板

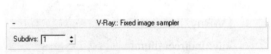

图 9-70 【Fixed image sampler】面板

【Fixed rate】(固定比率)是 V-Ray 中最简单的采样器，只有【Subdivs】(细分值)一个参数，用于调节每个像素的采样数。这种采样器渲染的精度不高，可以作为初步渲染时选用。

当选择【Adaptive QMC】(自适应准蒙特卡罗)选项时，会增加【Adaptive rQMC image sampler】面板，如图 9-71 所示。它是一种简单的较高级采样，图像中的像素首先采集较少的采样数目，然后对某些像素进行高级采样以提高图像质量。对于那些具有大量微小细节（如 V-RayFur 物体）或模糊效果（景深、运动模糊灯）的场景或物体，这个采样器是首选。它也比下面提到的【Adaptive subdivision】(自适应细分)采样器占用的内存要少。

①【Min subdivs】(最低细分值)：定义每个像素使用的样本的最小数量。一般情况下，这个参数的设置很少超过"1"，除非有一些细小的线条无法正确表现。

②【Max subdivs】(最高细分值)：决定用于高级采样的像素的采样数目。

③【Clr thresh】：所有强度值差异大于该值的相邻像素将采用高级采样。较低的值能产生较好的图像质量。

④【Show samples】(显示采样点)：在渲染中显示采样点的分布。

当选择【Adaptive subdivision】（自适应细分）选项时，会增加【Adaptive subdivision image sampler】面板，如图 9-72 所示。该采样器功能强大，在没有 V-ray 模糊特效（直接 GI、景深、运动模糊等）的场景中，它是最好的首选采样器，它使用较少的样本（这样就减少了渲染时间）就可以达到其他采样器使用较多样本所能够达到的品质和质量。但是，在具有大量细节或者模糊特效的情形下，它会比其他两个采样器更慢，图像效果也更差，这一点一定要牢记。理所当然的，比起另两个采样器，它也会占用更多的内存。

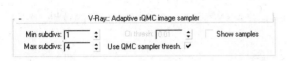

图 9-71　【Adaptive rQMC image sampler】面板

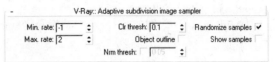

图 9-72　【Adaptive subdivision image sampler】面板

①【Min. rate】（最小比率）、【Max. rate】（最大比率）：定义每个像素使用的样本最小和最大数量。正式渲染时，可适当提高最大比率值。

②【Clr thresh】（极限值）：确定采样器精度，值越低采样效果越好，但所需时间也越长。

③【Object outline】（物体轮廓）：勾选时使得采样器强制在物体的边进行超级采样而不管它是否需要进行超级采样。注意，这个选项在使用景深或运动模糊的时候会失效。

④【Randomize samples】（随机采样）：勾选该选项，每次渲染的采样点都不同，当输出为动画时确保不要勾选以免画面闪烁。

（2）【Antialiasing filter】（抗锯齿过滤器）选项栏

①【On】（开启）：启用抗锯齿过滤器。

② 共有 6 种过滤器算法，包括【Sinc】函数、【Catmull Rom】函数、【Lanczos】函数、【Triangle】（三角形）、【Box】（立方体）、【Area】（面积）。

③【Size】（大小）：确定抗锯齿过滤器的精度。

3.【V-Ray::Indirect illumination】面板

【V-Ray::Indirect illumination】（间接光照）面板主要用于设置 V-Ray 间接照明（GI）、渲染引擎等的参数设定。其面板如图 9-73 所示。

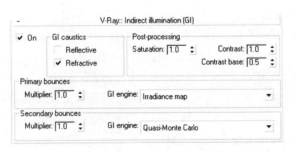

图 9-73　间接光照面板

（1）【GI caustics】（全局光照）选项栏

①【On】（开启）：勾选后将开启间接光照效果。

②【Reflective】（GI 反射焦散）：勾选后将会计算光线因反射而产生的焦散效果。默认是不勾选的，因为它会使渲染图像出现一些噪波。

③【Refractive】（GI 折射焦散）：勾选后将会计算光线因折射而产生的焦散效果，默认是勾选的。

（2）【Post-processing】（后期处理）选项栏

该参数区域的默认值已能产生比较精确的效果，建议一般情况下使用默认参数，当然用户也可以根据自己的需要进行调节。

①【Saturation】（饱和度）：设置图像的饱和度，数值越小，饱和度越低。

②【Contrast】（对比度）：设置图像的色彩反差亮度。

③【Contrast base】（基本对比度）：设置对比度增量的基础值。

（3）【Primary bounces】（初始引擎）选项栏

【Multiplier】（倍增值）：设置初始引擎光线的强度，默认值就可以得到一个很好的效果，建议不要修改。

初级【GI engine】共有 4 个：【Irradiance map】（发光贴图）、【Photon map】（光子贴图）、【Quasi Monte-Carlo】（准蒙特克罗）、【Light cache】（光照缓存），在下一节我们将对其进行详细讲解。

（4）【Secondary bounces】（次级引擎）选项栏

【Multiplier】：设置次级引擎光线的强度。

次级【GI engine】共有 3 个：【Photon map】（光子贴图）、【Quasi Monte-Carlo】（准蒙特克罗）、【Light cache】（光照缓存）。

4.【V-Ray::Environment】面板

【V-Ray::Environment】（环境）面板用于环境光、背景、折射和反射环境的设置，如图 9-74 所示。

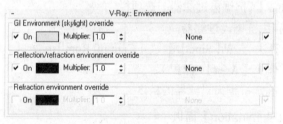

图 9-74 【Environment】面板

（1）【GI Environment（skylight）override】全局光照（天空光）：用来模拟自然光的真实效果，只有开启了【Indirect illumination】（间接光照）里的【GI】后才可以选中，单击 █████ 按钮，在弹出的【设置颜色】对话框中设置天空光的颜色（默认为淡蓝色）。后面的参数为天空光的倍增值（默认值为 1）。也可以单击 None 按钮，设置 HDRI 贴图来模拟全局照明。

（2）【Reflection/refraction environment override】（反射/折射环境）：用来设定物体的反射/折射环境颜色与强度，也可以用贴图进行调节，不选中时，该参数由材质的局部参数来控制。

（3）【Refraction environment override】（折射环境）：勾选该选项，可以使折射环境不同于反射环境。若不勾选，则折射环境会使用反射环境的设定。

5.【V-Ray::Irradiance map】面板

当初始引擎设置为【Irradiance map】（发光贴图）方式时，会显示此参数面板，如图 9-75 所示。该方式只是计算场景中某些特定点的间接照明效果，然后对剩余的点进行插值计算。其优点如下。

（1）远快于直接计算，特别是具有大量平坦区域的场景。

（2）产生的内在噪波较少。

（3）发光贴图可以被保存和调用，从而加快渲染速度，但是可能会丢失一些细节，需要占用额外的内存。

下面介绍该面板的各选项。

（1）【Built-in presets】（内置预设）选项栏

【Current preset】（当前预设模式）：系统提供了 8 种系统预设的模式，如无特殊情况，这几种模式应该可以满足一般需要。

（2）【Basic Parameters】（基本参数）选项栏

该选项栏参数如图 9-75 所示。

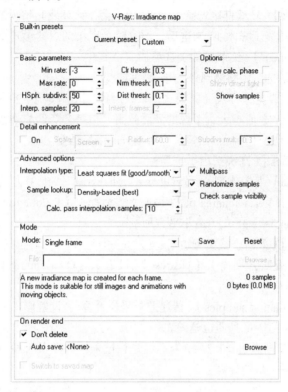

图 9-75　【Irradiance map】面板

①【Min rate】（最小比率）：设置间接光照首次反弹时的采样值，数值越大对光子的采样密度越大，图像品质也越高，但是会减慢渲染速度。

②【Max rate】（最大比率）：设置间接光照最终反弹时的采样值，一般要大于 Min rate 的值，或与它相等。

③【Clr thresh】（颜色阈值）：Color threshold 的简写，这个参数确定发光贴图算法对间接照明变化的敏感程度。较大的值意味着较小的敏感性，较小的值将使发光贴图对照明的变化更加敏感。

④【Nrm thresh】（法线阈值）：Normal threshold 的简写，这个参数确定发光贴图算法对表面法线变化的敏感程度。

⑤【Dist thresh】（间距阈值）：Distance threshold 的简写，这个参数确定发光贴图算法对两个表面距离变化的敏感程度。

⑥【HSph. subdivs】（半球细分）：Hemispheric subdivs 的简写，这个参数决定单独的 GI 样本的品质。较小的取值可以获得较快的速度，但是也可能会产生黑斑，较高的取值可以得到平滑的图像。它类似与直接计算的细分参数。需要注意的是，它并不代表被追踪光线的实际数量。光线的实

际数量接近于这个参数的平方值，并受 QMC 采样器相关参数的控制。

⑦【Interp. samples】（插值的样本）：Interpolation samples 的简写，定义被用于插值计算的 GI 样本的数量。较大的值会趋向于模糊 GI 的细节，虽然最终的效果很光滑，较小的取值会产生更光滑的细节，但是也可能会产生黑斑。

（3）【Options】（选项）选项栏

①【Show calc. phase】（显示计算阶段）：勾选后，在渲染时会显示发光贴图的计算过程，但同时会减慢计算速度。

②【Show direct light】（显示直接光照）：勾选后，会在计算发光贴图的同时显示直接光照。

③【Show samples】（显示样本）：勾选后，渲染时会以小圆点的形式显示发光贴图的采样点。

（4）【Detail enhancement】（细节增加）选项栏

①【On】（开启）：勾选后，将激活添加细节功能。

②【Scale】（缩放）：设置采样尺寸的模式，共有两种，【Screen】（屏幕）和【World】（世界）。

③【Radius】（半径）：数值越大，图像的品质越高，但是会降低渲染速度。

④【Subdivs mult】（细分倍增）：设置采样时细分的倍增数量。

（5）【Advanced options】（高级选项）选项栏

①【Interpolation type】（插补类型）：设置进行采样插补计算时的计算方式，共有 4 种，【Weighted average】（权重平均值）、【Least squares fit】（最小平方适配）、【Delone triangulation】（三角测量）和【Least squares w/voronoi weights】（最小平方加权）。

②【Sample lookup】（采样查找类型）：设置发光贴图中插补点的选择方法，共有 4 种，包括【Quad balanced】（最靠近四方平衡）、【Nearest】（最近）、【Overlapping】（预先计算的重叠）和【Density-based】（基于密度）。

③【Calc. pass interpolation samples】（传递差补采样计算）：设置修正采样算法时的采样数，数值越小，渲染速度越快，但图像品质也越差。

④【Multipass】（多步渐进）：勾选后，对已经进行过采样的像素与其邻近的未进行采样的像素进行对比，然后再进行下一步的计算。

⑤【Randomize samples】（随机采样）：勾选后，图像的采样样本将被随机放置。

⑥【Check sample visibility】（检查采样可见度）：检查样本的可见性，可以减少模型面太薄或相交而产生的漏光现象，但是会减慢渲染速度。

（6）【Mode】（模式）选项栏

①【Single frame】（单帧）：V-Ray 的默认模式，在渲染时，每一帧都会重新计算发光贴图。

②【Incremental add to current map】（多帧增加）：该模式只对第一帧的渲染图像计算一个发光贴图，然后对其进行优化，或直接应用于剩余的渲染帧。

③【Bucket mode】（块模式）：该模式会将发光贴图进行分散，应用于每一个渲染块区域。

④【From file】（从文件）：从文件导入一个已经计算好的发光贴图文件，在渲染时将一直使用这个发光贴图。单击 Browse 按钮，选用已保存的发光贴图。

（7）【Current Map】（存储当前贴图）选项栏

① 单击 Save 按钮，保存已经计算好的发光贴图，要注意的是须将【Post Render】中的【Don't Delete】复选框激活，否则 V-Ray 会在渲染完成后自动删除内存中的发光贴图。

② 单击 Reset 按钮，将清除内存中的发光贴图。

（8）【On render end】（渲染后）选项栏

①【Don't Delete】（不删除）：勾选后，当前已经计算好的发光贴图将被保存在内存中直到下一次渲染开始，取消勾选时，发光贴图将会在每一帧的渲染完成后自动删除。

②【Auto Save】（自动保存）：勾选后，发光贴图会在渲染完成后自动保存在指定目录。单击 Browse 按钮，设置保存目录，其存储路径中不能含有中文。

6.【V-Ray::Quasi-Monte Carlo GI】面板

当初始引擎或次级引擎设置为【Quasi-Monte Carlo GI 】（准蒙特卡罗）方式时，会显示此参数面板，如图 9-76 所示。

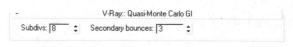

图 9-76 【Quasi-Monte Carlo GI 】面板

（1）【Subdivs】（细分）：设置在贴图计算过程中使用的近似样本数量。

（2）【Secondary bounces】（次级光线反弹）：只有在次级漫反弹设为准蒙特卡罗引擎时才会被激活，它用于设置次级光线来回反弹的次数。

7.【rQMC Sampler】（准蒙特卡罗采样）面板

QMC（Quasi Monte Carlo）是指前面曾经提到过的准蒙特卡罗采样器，面板如图 9-77 所示。它可以说是 V-Ray 的核心，贯穿于 V-Ray 的每一种"模糊"评估中——抗锯齿、景深、间接照明、面积灯光、模糊反射/折射、半透明、运动模糊等。QMC 采样一般用于确定获取什么样的样本，最终，哪些样本被光线追踪。与那些任意一个"模糊"评估使用分散的方法来采样不同的是，V-Ray 根据一个特定的值，使用一种独特的统一的标准框架来确定有多少以及多么精确的样本被获取。那个标准框架就是 QMC 采样器。顺便提一下，V-Ray 是使用一个改良的 Halton 低差异序列来计算那些被获取的精确的样本的。样本的实际数量根据下面 3 个因素来决定。

图 9-77 【rQMC Sampler】面板

（1）由用户指定的特殊的模糊效果的细分值（subdivs）提供。

（2）取决于评估效果的最终图像采样，例如，暗的平滑的反射需要的样本数就比明亮的要少，原因在于最终的效果中反射效果相对较弱；远处的面积灯需要的样本数量比近处的要少等。这种基于实际使用的样本数量来评估最终效果的技术被称为"重要性抽样"（importance sampling）。

（3）从一个特定的值获取的样本的差异。如果那些样本彼此之间不是完全不同的，那么可以使用较少的样本来评估；如果是完全不同的，为了得到好的效果，就必须使用较多的样本来计算。在每一次新的采样后，V-Ray 会对每一个样本进行计算，然后决定是否继续采样。如果系统认为已经达到了用户设定的效果，会自动停止采样。这种技术被称为"早期性终止"。

下面介绍【rQMC Sampler】面板的各选项。

（1）【Adaptive amount】（自适应数量）：控制早期终止应用的范围，值越大，杂点越多，默认值为"0.85"。值为"1.0"意味着在早期终止算法被使用之前被使用的最小可能的样本数量。值为

"0"则意味着早期终止不会被使用。

（2）【Min samples】（最小样本数）：确定在早期终止算法被使用之前必须获得的最少的样本数量。较高的取值将会减慢渲染速度，但会使早期终止算法更可靠。

（3）【Noise threshold】（噪波极限值）：在评估一种模糊效果是否足够好的时候，用于控制 V-Ray 的判断能力。在最后的结果中直接转化为噪波。较小的取值意味着较少的噪波、使用更多的样本以及更好的图像品质。

（4）【Global subdivs multiplier】（全局细分倍增）：在渲染过程中这个选项会倍增任何地方任何参数的细分值。使用这个参数可快速增加/减少任何地方的采样品质。

在使用 QMC 采样器的过程中，你可以将它作为全局的采样品质控制，尤其是早期终止参数：增加 Amount 或者增加 Noise threshold 抑或是减小 Min samples，可获得较低的品质，反之亦然。这些控制会影响到每一件事情：GI、平滑反射/折射、面积光等。色彩贴图模式也影响渲染时间和采样品质，因为 V-Ray 是基于最终的图像效果来分派样本的。

8.【V-Ray::Color mapping】面板

【V-Ray::Color mapping】（色彩贴图）面板用于对最终渲染图像的色彩进行纠正，如图 9-78 所示。

图 9-78 【Color mapping】面板

【Type】（类型）：定义色彩纠正使用的方式，共有 7 种方式。

（1）【Linear multiply】（线性倍增）方式

这种方式将基于最终图像色彩的亮度来进行简单的倍增，但是这种方式可能会导致靠近光源的点过分明亮。效果如图 9-79 所示。该方式可以保持图像的饱和度。其参数如下。

【Dark multiplier】=0.1　【Dark multiplier】=0.3　【Dark multiplier】=0.5　【Dark multiplier】=0.7　【Dark multiplier】=0.9

图 9-79　不同【Dark multiplier】的效果

①【Dark multiplier】（暗度倍增）：增大该数值，可以使画面的暗部变亮，减小该数值，则会使其变的更暗。图 9-79 所示为【Bright multiplier】值为"0.7"时，不同【Dark multiplier】值的效果。

②【Bright multiplier】（亮度倍增）：增大该数值，可以使画面的亮部变得更亮，减小该数值，则会使其变暗。图 9-80 所示为【Dark multiplier】值为"1"时，不同【Bright multiplier】值的效果。

【Bright multiplier】=0.1　【Bright multiplier】=0.3　【Bright multiplier】=0.5　【Bright multiplier】=0.7　【Bright multiplier】=0.9

图 9-80　不同【Bright multiplier】值的效果

（2）【Exponential】（指数倍增）方式

该方式不会产生非常明亮的曝光区域（如光源的周围区域等），但是较【Linear multiply】（线性倍增）方式图像色彩饱和度会变淡。

图 9-81 所示为【Bright multiplier】值为"0.7"时，不同【Dark multiplier】值的效果。

【Dark multiplier】=0.1　【Dark multiplier】=0.3　【Dark multiplier】=0.5　【Dark multiplier】=0.7　【Dark multiplier】=0.9

图 9-81　不同【Dark multiplier】值的效果

图 9-82 所示为【Dark multiplier】值为"1"时，不同【Bright multiplier】值的效果。

【Bright multiplier】=0.1　【Bright multiplier】=0.3　【Bright multiplier】=0.5　【Bright multiplier】=0.7　【Bright multiplier】=0.9

图 9-82　不同【Bright multiplier】值的效果

（3）【HSV exponential】（HSV 指数倍增）方式

与【Exponential】方式比较接近，【HSV exponential】方式也不会产生非常明亮的曝光区域，但是会维持图像的色彩饱和度。其效果如图 9-83 所示。

（4）【Intensity exponential】（强度指数）方式

【Intensity exponential】是对【Exponential】方式的一种优化，可以在维持图像色彩饱和度同时维持画面亮度。其效果如图 9-84 所示。

图 9-83　【HSV exponential】方式的效果　　图 9-84　【Intensity exponential】方式的效果

（5）【Gamma correction】（Gamma 值校正）方式

该方式可以自动校正图像的【Gamma】值，其参数如下。

①【Multiplier】（倍增）：控制整个画面的亮度倍增。

②【Inverse gamma】（反向 Gamma 值）：该数值越小，画面饱和度越低。图 9-85 所示为【Multiplier】值为"1"时，不同【Inverse gamma】值的效果。

【Inverse gamma】=0.1　【Inverse gamma】=0.3　【Inverse gamma】=0.5　【Inverse gamma】=0.7　【Inverse gamma】=0.9

图 9-85　不同【Inverse gamma】值的效果

（6）【Intensity gamma】（Gamma 值强度）方式

该方式会维持画面的饱和度，其值越小，画面亮度越高。图 9-86 所示为【Multiplier】值为"1"时，不同【Intensity gamma】值的效果。

【Intensity gamma】=0.1　【Intensity gamma】=0.3　【Intensity gamma】=0.5　【Intensity gamma】=0.7　【Intensity gamma】=0.9

图 9-86　不同【Intensity gamma】值的效果

（7）【Reinhard】方式

该方式的效果介于【Linear multiply】与【Exponential】之间，既可有效避免画面曝光，又可调整画面的饱和度。

①【Multiplier】：控制整个画面的亮度倍增。

②【Bum value】：其数值越小，越接近于【Exponential】的效果；数值越大，越接近于【Linear multiply】的效果。图 9-87 所示为【Multiplier】值为"1"时，不同【Bum value】值的效果。

【Bum value】=0.1　　【Bum value】=0.3　　【Bum value】=0.5　　【Bum value】=0.7　　【Bum value】=0.9

图 9-87　不同【Bum value】值的效果

（8）其他选项

①【Sub-pixel】（次像素）：勾选后，V-Ray 会在原有的像素基础上计算出次像素提高图像

品质。

②【Clamp output】（强制输出）：勾选后对图像进行强制输出，用来纠正参数设置不当而产生的输出错误。

③【Affect backgound】（影响背景）：勾选后，色彩贴图会影响背景的颜色。

9.【V-Ray::Camera】面板

【V-Ray::Camera】（摄影机）面板用于摄影机参数的设置，如图 9-88 所示。

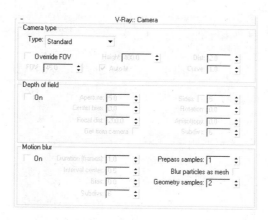

图 9-88 【Camera】面板

（1）【Camera type】选项栏

①【Type】（类型）：设定摄影机的类型，单击右边的参数框，弹出其下拉列表，其中包含 7 种类型的摄影机：【Standard】（标准）、【Sphencal】（球形）、【Cylindrical（point）】（点状圆柱）、【Cylindrical（ortho）】（正交圆柱）、【Box】（方形）、【Fish eye】（鱼眼）和【Warped sphencal】（扭曲球状）。

②【Override FOV】（代替视角）：该复选框可以代替 Rhino 4.0 的视角，只需使用默认值就可以了。

③【Height】（高度）：只有在选中【Cylindrical（ortho）】（正交圆柱）摄影机时才有效，用于设定摄影机的高度。

④【Auto-fit】（自动适配）：选择鱼眼摄影机是才被激活，V-Ray 将自动计算【Delta】值。

（2）【Motion Blur】（运动模糊）选项栏

①【On】：勾选时，激活运动模糊效果。

②【Duration（frames）】（持续时间（帧））：该参数用于设置曝光时间，数值越高，模糊效果越明显。

③【Interval center】（间隔中心）：设置运动模糊的时间间隔中心。值为 0 时表示运动模糊无时间间隔，而为 0.5 时表示时间间隔中心位于动画帧之间的中部。

④【Bias】（偏移）：设置运动模糊效果的偏移程度，参数值越大表示模糊越向后偏移。

⑤【Subdivs】（细分）：设置运动模糊效果的品质，参数越大，运动模糊效果品质越高。

⑥【Prepass samples】（再次采样）：计算发光贴图的过程中在时间段有多少样本被计算。

⑦【Blur particles as mesh】（将粒子作为网格模糊）：用于控制粒子系统的模糊效果，当勾选的时候，粒子系统会被作为正常的网格物体来产生模糊效果。然而，有许多的粒子系统在不同的动画帧中会改变粒子的数量。若不勾选，则使用粒子的速率来计算运动模糊。

⑧【Geometry samples】(几何结构采样):设置产生近似运动模糊的几何体采样参数,运动速度越快,该参数值也应相应越大。

10.【V-Ray::Default displacement】面板

【V-Ray::Default displacement】(当前置换)面板用于让用户控制使用置换材质而不使用 V-Ray Displacement Mod 修改器的物体的置换效果,如图 9-89 所示。

(1)【Override Max's】(替代 max):勾选的时候,V-Ray 将使用自己内置的微三角置换来渲染具有置换材质的物体。反之,将使用标准的 3ds Max 9 置换来渲染物体。

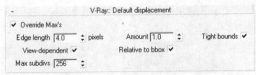

图 9-89 【Default displacement】面板

(2)【Edge length】(边长度):用于确定置换的品质,原始网格的每一个三角形被细分为许多更小的三角形,这些小三角形的数量越多就意味着置换具有更多的细节,同时渲染速度减慢,渲染时间增加,也会占用更多的内存,反之亦然。边长度依赖于下面提到的 View-dependent 参数。

(3)【View-dependent】(依赖视图):当这个选项勾选的时候,边长度决定细小三角形的最大边长(单位是像素)。值为 1.0 意味着每一个细小三角形的最长的边投射在屏幕上的长度是像素。当这个选项关闭的时候,细小三角形的最长边长将使用世界单位来确定。

(4)【Max subdivs】(最大细分数量):控制从原始的网格物体的三角形细分出来的细小三角形的最大数量,不过请注意,实际上细小三角形的最大数量是由这个参数的平方来确定的,例如,默认值是 256,则意味着每一个原始三角形产生的最大细小三角形的数量是 256×256 = 65536 个。不推荐将这个参数设置得过高,如果非要使用较大的值,还不如直接将原始网格物体进行更精细的细分。

(5)【Tight bounds】:当这个选项勾选的时候,V-Ray 将试图计算来自原始网格物体的置换三角形的精确的限制体积。如果使用的纹理贴图有大量的黑色或者白色区域,可能需要对置换贴图进行预采样,但是渲染速度将是较快的。当这个选项不勾选的时候,V-Ray 会假定限制体积最坏的情形,不再对纹理贴图进行预采样。

11.【V-Ray::Light Cache】面板

当初始引擎或次级引擎设置为【Light Cache】(灯光缓存)方式时,会显示此参数面板,如图 9-90 所示。

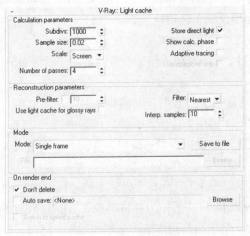

图 9-90 【Light Cache】面板

（1）【Calculation parameters】（计算参数）选项栏

①【Subdivs】（细分）：设置摄影机追踪路径的采样数量，计算时采用的是这个参数的平方。在初步渲染时可以采用较小的值。

②【Sample size】（样本尺寸）：设置采样时样本之间的距离。数值较小时可以得到比较细腻的图像效果。

③【Number of passes】（计算次数）：设置对灯光缓存的计算次数。

④【Store direct light】（保存直接光照）：勾选后，V-Ray 将在灯光缓存中保存直接光照的相关信息。

⑤【Show calc. phase】（显示计算阶段）：勾选后，在渲染时会显示灯光缓存贴图的计算过程，但同时会减慢计算速度。

（2）【Reconstruction parameters】（重建参数）选项栏

①【Pre-filter】（预过滤）：勾选后，会在渲染前对采样点进行过滤，依次检查每一个样本，根据需要对其进行修改。

②【Use light cache for glossy rays】（使用灯光缓存的光滑效果）：勾选后，光滑效果会被灯光缓存一起计算，有助于加速模糊反射。

③【Filter】（过滤）：设置在渲染时灯光缓存使用的过滤器类型，包括【None】（没有）、【Nearest】（最近的）和【Fixed】（固定）。

④【Interp. samples】（插值采样）：设置用于插补计算的样本数量。

（3）【Mode】（模式）选项栏

该区域的参数除【Fly through】（飞行模式）外，与【Irradiance map】的参数基本相同，读者可参阅相关章节的讲解。

【Fly through】（飞行模式）：选择该模式时将只计算第一渲染帧的灯光缓存贴图，并在后面反复使用而不会再修改。

12.【V-Ray::System】面板

在【V-Ray::System】（系统）面板中，用户可以控制多种渲染设定参数，如图 9-91 所示。

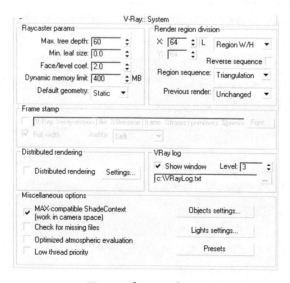

图 9-91　【System】面板

（1）【Raycaster params】（光线投射）选项栏

①【Max. tree depth】（最大树深度）：定义 BSP 树的最大深度，较大的值将占用更多的内存，但是渲染会很快，一直到一些临界点，超过临界点（每一个场景不一样）以后开始减慢。较小的参数值将使 BSP 树占用较少系统内存，但是整个渲染速度会变慢。

②【Min. leaf size】（最小树叶尺寸）：定义树叶节点的最小尺寸，通常这个值设置为"0"，意味着 V-Ray 将不考虑场景尺寸，来细分场景中的几何体。如果节点尺寸小于这个设置的参数值，V-Ray 将停止细分。

③【Face/level coef】：控制一个树叶节点中的最大三角形数量。如果这个参数取值较小，渲染将会很快，但是 BSP 树会占用更多的内存——一直到某些临界点（每一个场景不一样），超过临界点以后就开始减慢。

④【Dynamic memory limit】（动态内存限定）：定义动态光线发射器使用的全部内存的界限。注意这个极限值会被渲染线程均分，例如，已设定这个极限值为 MB，如果使用了两个处理器的机器并启用了多线程，那么每一个处理器在渲染中使用动态光线发射器的内存占用极限就只有 MB，此时如果这个极限值设置的太低，会导致动态几何学不停地导入导出，反而会比使用单线程模式渲染速度更慢。

⑤【Default geometry】（默认几何学）：在 V-Ray 内部集成了多种光线投射引擎，它们全部都建立在 BSP 树这个概念的周围，但是有不同的用途。这些引擎聚合在光线发射器中，包括非运动模糊的几何学、运动模糊的几何学、静态几何学和动态几何学。这些参数确定标准 3ds Max 9 物体的几何学类型。注意：某些物体（如置换贴图物体、V-RayProxy 和 V-RayFur 物体）始终产生的是动态几何学效果。

（2）【Render region division】（渲染块划分）选项栏

【Render region division】这个选项组用于控制渲染区域（块）的各种参数。渲染块是 V-Ray 分布式渲染系统的精华部分，一个渲染块就是当前渲染帧中被独立渲染的矩形部分，它可以被传送到局域网中其他空闲机器中进行处理，也可以被几个 CPU 进行分布式渲染。

①【X】：当选择 Region W/H 模式的时候，以像素为单位确定渲染块的最大宽度；在选择 Region Count 模式的时候，以像素为单位确定渲染块的水平尺寸。

②【Y】：当选择 Region W/H 模式的时候，以像素为单位确定渲染块的最大高度；在选择 Region Count 模式的时候，以像素为单位确定渲染块的垂直尺寸。

③【Region sequence】（渲染块次序）：确定在渲染过程中块渲染进行的顺序。注意：如果场景中具有大量的置换贴图物体、V-RayProxy 或 V-RayFur 物体的时候，默认的三角形次序是最好的选择，因为它始终采用同一种处理方式，在后一个渲染块中可以使用前一个渲染块的相关信息，从而加快了渲染速度。其他的在一个块结束后跳到另一个块的渲染序列对动态几何学来说并不是好的选择。

④【Reverse sequence】（反向次序）：勾选的时候，采取与前面设置的次序的反方向进行渲染。

⑤【Previous render】（先前渲染）：这个参数确定在渲染开始的时候，在 VFB 中以什么样的方式处理先前渲染图像。系统提供了以下方式。

【Unchanged】（不改变）：VFB 不发生变化，保持和前一次渲染图像相同。

【Cross】：十字交叉，每隔 1 个像素图像被设置为黑色。

【Fields】（区域）：每隔一条线设置为黑色。

【Darken】：图像的颜色设置为黑色。

【Blue】：图像的颜色设置为蓝色。

注意这些参数的设置都不会影响最终渲染效果。

（3）【Frame stamp】（帧印记）选项栏

就是我们经常说的水印，它可以按照一定规则以简短文字的形式显示关于渲染的相关信息。它是显示在图像底端的一行文字。

① 当勾选□复选框后，其右侧的文本输入框变为激活状态，在这里可以编辑显示的信息，但必须使用一些系统内定的指定用语，这些指定用语都以百分号（%）开头。V-Ray 提供的指定用语如下。

%V-Rayversion：显示当前使用的 V-Ray 的版本号。

%filename：显示当前场景的文件名称。

%frame：显示当前帧的编号。

%primitives：显示当前帧中交叉的原始几何体的数量（指与光线交叉）。

%rendertime：显示完成当前帧花费的渲染时间。

%computername：显示网络中计算机的名称。

%date：显示当前系统日期。

%time：显示当前系统时间。

%w：显示以像素为单位的图像宽度。

%h：显示以像素为单位的图像高度。

%camera：显示帧中使用的摄像机名称（如果场景中存在摄像机的话，否则是空的）。

%<maxscript parameter name>：显示 max 脚本参数的名称。

%ram：显示系统中物理内存的数量。

%vmem：显示系统中可用的虚拟内存。

%mhz：显示系统 CPU 的时钟频率。

%os：显示当前使用的操作系统。

② Font... 按钮：单击这个按钮可以为显示的信息选择一种不同的字体。

③【Full width】（全部宽度）：勾选后，显示的信息将占用图像的全部宽度，否则使用文字信息的实际宽度。

④【Justify】：指定文字在图像中的位置。注意这个图像不是指整个图像。系统提供了以下方式。

【Left】：文字放置在左边。

【Center】：文字放置在中间。

【Right】：文字放置在右边。

（4）【Distributed rendering】（分布式渲染）选项栏

该选项栏支持多台电脑联机渲染。将图像分割成若干小块分别同时进行渲染，可以大大提高渲染速度。

（5）【V-Ray log】选项栏

该选项栏用于控制 V-Ray 的信息窗口。

①【Show window】（显示窗口）：勾选后，在每一次渲染开始的时候都显示信息窗口。

②【Level】（级别）：确定在信息窗口中显示哪一种信息。

1：仅显示错误信息。

2：显示错误信息和警告信息。

3：显示错误、警告和情报信息。

4：显示所有信息。

③【Log file】：这个选项确定保存信息文件的名称和位置。默认的名称和位置是 C:\V-RayLog.txt。

（6）【Miscellaneous options】（兼容性）选项栏

V-Ray 在世界空间里完成所有的计算工作，然而有些 3ds Max 9 插件（如大气等）却使用摄像机空间来进行计算，因为它们都是针对默认的扫描线渲染器来开发的。为了保持与这些插件的兼容性，V-Ray 通过转换来自这些插件的点或向量的数据，模拟在摄像机空间计算。

①【Check for missing files】（检查缺少的文件）：勾选后，V-Ray 会试图在场景中寻找任何缺少的文件，并把它们列表。这些缺少的文件也会被记录到 C:\V-RayLog.txt 中。

②【Optimized atmospheric evaluation】（优化大气评估）：一般在 3ds Max 9 中，大气在位于它们后面的表面被着色（shaded）后才被评估，在大气非常密集和不透明的情况下这可能是不需要的。勾选这个选项，可以使 V-Ray 优先评估大气效果，而大气后面的表面只有在大气非常透明的情况下才会被考虑着色。

③【Low thread priority】（低线程优先）：勾选后，将促使 V-Ray 在渲染过程中使用较低优先权的线程。

④ Objects settings...（物体局部参数设置）按钮：单击该按钮会弹出【VRay object properties】对话框，如图 9-92 所示。在这个对话框中，可以设置 V-Ray 渲染器中每一个物体的局部参数，这些参数都是在标准的 3ds Max 物体属性面板中无法设置的，如 GI 属性、焦散属性等。

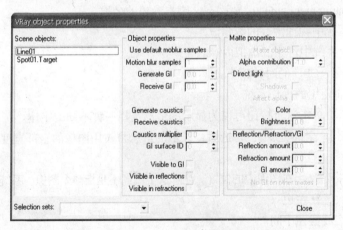

图 9-92 【VRay object properties】对话框

⑤ Lights settings...（灯光设置）按钮：单击该按钮会弹出【VRay light properties】对话框，如图 9-93 所示。在这个对话框中，可以为场景中的灯光指定焦散或全局光子贴图的相关参数设置，左边是场景中所有可用光源的列表，右边是被选择光源的参数设置。

⑥ Presets（V-Ray 预设）按钮：单击该按钮会弹出【V-Ray presets】对话框，如图 9-94 所示。在这个对话框中，可以将 V-Ray 的各种参数保存为一个 text 文件，以便于快速地再次导入它们。如果需要将当前预设参数存储在一个 V-Ray.cfg 文件中，这个文件位于 3ds Max 根目录的 plugcfg 文件夹中。在对话框的左边是 V-Ray.cfg 文件中的预设列表，右边是 V-Ray 的当前可用的所有预设参数。

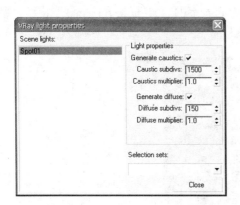

图 9-93 【VRay light properties】对话框

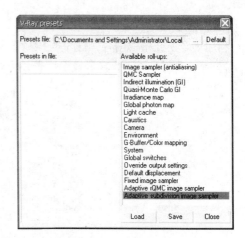

图 9-94 【V-Ray presets】对话框

小结

　　本章主要讲述了 V-Ray 渲染插件的相关知识，包括 V-Ray 的基础操作、V-Ray 灯光的类型与参数解释、V-Ray 各种类型材质的调节方式以及 V-Ray 选项卡的参数。

　　读者需要掌握 V-Ray 渲染器渲染的基础概念、V-Ray 材质调节的方式与 V-Ray 灯光的特性。读者可以先掌握相关的基础知识、V-Ray 渲染的流程与常用选项卡参数的含义。V-Ray 选项卡参数的选项比较多并且较复杂。在需要了解相关参数的作用与含义时，可以在 9.11 节中查找。

习题

一、填空题

　　1. 全局照明（Global Illumination，缩写为_____）是高级灯光技术的一种（还有一种_____，常用于室内效果图的制作），也叫做全局光照、间接照明（Indirect illumination）等。。

　　2. HDRI 图片除了包含色彩信息，每一点还包含_____。例如：普通照片中天空的色彩（如果为白色）可能与白色物体（纸张）表现为相同的 RGB 色彩。

　　3. 真实世界中对象之间的反射是无限次的，但是使用计算机模拟这一现象时显然不可能达到无限次的反射。在 V-Ray 中可以设定_____来降低运算量。

　　4. 光线折射的程度，由材质的_____决定，折射率越高，光线发射偏离的角度就越大。

　　5. _____材质会在光线传播过程中吸收其中的一部分光线，光线进入的距离不一样，被吸收的程度也不一样。

二、问答题

　　1. 简述"三点布光法则"中主光源、辅光源与背光的作用。

　　2. 简述草图渲染级别主要修改的几个参数及其含义。

三、操作题

利用本章所介绍的内容，打开本书附盘的"习题"目录下的"07_框架方体.max"模型，参照图 9-95 所示利用 V-Ray 为场景设置灯光并为对象调整材质。

图 9-95　效果图

第10章 构图与渲染

摄影机主要用于将最终作品展示给观众。摄影机的镜头如果运用得当，会使整个作品充满感染力，能够引起观众的共鸣。与现实生活中的摄影机非常相似，它也同样讲究取景、视角、景深等摄影技巧。

摄影机无法将三维场景中的所有物体都反映在输出的平面图像中，而且也没必要这么做，应当善于利用平面图像延伸，带给观众更多的想象空间。另外，在一幅平面图像中，并不需要所有的物体都清晰可见，可结合摄影机的景深特效来强调主体，淡化客体。

运用好摄影机更多还要靠镜头感觉，在日常的学习中，应多从好的摄影作品中学习镜头语言的表达方法和技巧。本章将着重介绍摄影机的取景、透视关系、虚实变化以及场景元素的取舍等内容。

【教学目标】

- 了解构图的基本知识。
- 了解摄影机的透视类型。
- 了解摄影机的取景方式。
- 了解 3ds Max 中摄影机的使用方法。
- 了解效果图输出的相关知识。
- 掌握渲染的方式及其使用方法。

10.1 构图基本知识介绍

摄影机取景与透视原理有着密不可分的关系,在讨论如何取景之前,应了解一下透视原理。在效果图制作过程中,有以下 3 种最常用的透视效果。

(1)一点透视:也称为平行透视,在方形物体的平面中,平行于画面的透视均称为平行透视,它的特点是只有一个灭点,在视觉上可产生集中、稳定和庄重有力的效果,如图 10-1 所示。

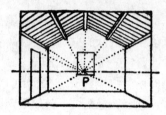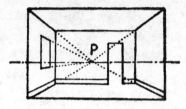

图 10-1 一点透视效果

(2)二点透视:仍以方形物体为例,除了垂直于地面的一组平行线的透视仍然保持垂直外,其他两组平行线消失于画面的左右两侧,从而产生两个灭点,这就是二点透视,如图 10-2 所示。这种透视在建筑绘画中应用最多。

(3)三点透视:在二点透视的基础上,垂直于地面的那一组平行线也产生透视,这就产生了 3 个灭点(位于画面的左右及上方),这种透视称为三点透视,如图 10-3 所示。三点透视多被用来表现高大雄伟的建筑物。

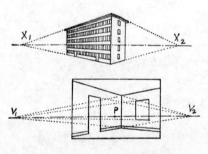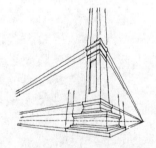

图 10-2 二点透视效果   图 10-3 三点透视效果

10.2 摄影机与构图

一个三维场景完成后,可以从任意角度观察它,也可以在任意位置摆放摄影机,但并不是所有的角度都能够达到满意的效果。可以从以下 3 个方面来考虑如何取景。

1. 透视角度

所谓的透视角度就是指从什么方向去观看场景。

2．镜头高度

常用的镜头高度是以标准成年人的高度为主，距离地面约为 1.6～1.8m，此时画面的透视感最真实。

3．镜头焦距

3ds Max 中的摄影机与真实摄影机镜头完全相同，其中镜头尺寸是用来描述镜头规格的参数，即镜头焦距的长度（以 mm 为单位）。根据镜头焦距的不同，摄影机大致分以下 3 类。

（1）标准镜头：这类镜头的焦距约在 45mm 左右，最接近人的正常视觉。3ds Max 默认的摄影机镜头为 43.456mm，这是一种非常接近人眼的焦距。

（2）长焦镜头：这类镜头的焦距大约在 85mm 以上，镜头越大，画面的透视效果越接近轴侧图。3ds Max 中的【User】视图可以理解成焦距为无穷大的镜头视图。这种镜头视野狭窄，只有通过增大视距才能看到建筑物的全貌，在制作鸟瞰的效果图中，这种镜头很常用。

（3）广角镜头：这类镜头的焦距大约在 35mm 以下，镜头越小，鱼眼透视效果越明显，因此会产生很大的透视失真，地平线明显隆起，直线会产生桶形变形，整个画面趋于圆形，中心凸起，边缘紧缩。除非想利用这种不寻常的透视效果来产生富有奇幻效果的画面，否则应尽量避免透视失真现象的出现。

10.2.1　摄影机类型

3ds Max 提供了两种摄影机。

（1）　自由　摄影机：将自由摄影机的目标点链接到运动的物体上，用来表现目光跟随的效果。

（2）　目标　摄影机：它可以绑定到运动目标上，随目标物体在运动轨迹上一同运动，同时进行跟随和倾斜。

这两种摄影机的参数完全相同，用法也相似，区别在于自由摄影机在视图中只能进行整体控制，不能单个操作投影点和目标点。

10.2.2　摄影机使用方法

画面的构图除了受到摄影机的取景角度及方向的影响之外，还将受到渲染设置中【图像纵横比】参数的控制，该参数可以改变输出图像的长宽比例，既可以输出横向图像，也可以输出纵向图像。

1．摄影机视图控制区

摄影机视图控制区按钮如下。

（1）↧（推拉摄影机）按钮：保持目标点与投影点连线方向不变，并在此线上移动投影点。单击此按钮，可弹出↧按钮和↧按钮。

↧（推拉目标）按钮：保持目标点与投影点连线方向不变，并在此线上移动目标点。

↧（推拉摄影机+目标）按钮：保持摄影机本身的形态不变，沿视线方向同时移动摄影机的投影点和目标点。

（2）↻（侧滚摄影机）按钮：旋转摄影机的角度。

（3）◉（环游摄影机）按钮：固定摄影机的目标点，使投影点围绕目标点旋转。按住此按钮不放，可弹出 ↔ 按钮。

（4）↔（摇移摄影机）按钮：固定摄影机的投影点，旋转目标点进行观测。

图 10-4　目标摄影机的
【参数】面板

2. 目标摄影机参数面板

目标摄影机的参数面板如图 10-4 所示。

（1）【镜头】：设置摄影机的焦距长度。

（2）【视野】：设置摄影机的视角。

（3）【备用镜头】：提供了 9 种常用镜头，以便快速选择。

10.2.3　显示安全框

当视图的长宽比例与输出大小的长宽比例不同时，渲染可到的图像范围会与在视图中观察到的范围不同，这时可以打开【显示安全框】选项来避免这种情况的发生。

在视图左上角的视图名称上单击鼠标右键，在弹出的快捷菜单中选择【显示安全框】选项，视图中会显示安全框。选择【显示安全框】选项前后的效果如图 10-5 所示。

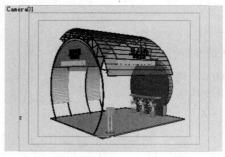

（a）　　　　　　　　　　　　　　　　　　（b）

图 10-5　选择【显示安全框】选项前后的效果

在视图中的安全框显示为多个同心矩形框。

（1）活动区域（最外层框）：该区域将被渲染，而不考虑视图的纵横比或尺寸。

（2）动作安全区（中间层框）：在该区域内包含的渲染动作是安全的。

（3）标题安全区（最内层框）：在该区域中包含的标题或其他信息是安全的。

10.3 景深特效

3ds Max 中的摄影机可以产生景深特效，景深特效是运用了多通道渲染效果生成的。所谓多通道渲染效果，是指多次渲染相同帧，每次渲染都有细小的差别，最终合成一幅图像，它模拟了电影特定环境中的摄影机记录方法。

Effect 01 | 景深特效

Step 01　打开本书附盘 "Scenes\10\静物\10_静物.max" 场景文件，渲染摄影机视图，没有任何景深设置。

`Step 02` 在视图中选择摄影机，单击 按钮，进入修改命令面板，在【参数】面板上勾选【多过程效果】/【启用】选项。

`Step 03` 将【目标距离】值设为 "77"，设置景深的焦点。

`Step 04` 单击 预览 按钮，摄影机视图将发生轻微抖动，停止后，就出现了景深预览效果。图 10-6（a）为预览前的摄影机视图，图 10-6（b）为预览后的摄影机视图效果。

`Step 05` 单击工具栏中的 按钮，渲染摄影机视图，效果如图 10-7 所示。

（a）预览前　　　　　　　　　（b）预览后

图 10-6　摄影机视图预览前后的效果比较　　　　图 10-7　摄影机视图的渲染效果

> 📵 **要点提示**：在渲染过程中，图像是由暗变亮逐渐显示出来的。观察此渲染视图，已经出现了景深效果。最前面的球仍然很清楚，但到最后一个球之间产生了渐进模糊效果，这是因为摄影机的目标点正好落在最前面的球上。

`Step 06` 选择菜单栏中的【文件】/【另存为】命令，将场景另存为 "10_静物-景深 max" 文件。将此场景的线架文件以相同名字保存在本书附盘的 "Scenes\10\静物" 目录中。

对摄影机景深效果的编辑修改要在【景深参数】面板中进行，其面板如图 10-8 所示。下面就针对其中的几个常用参数进行介绍。

图 10-8　【景深参数】面板

（1）【过程总数】：它决定了景深模糊的层次，也就是渲染景深模糊时的图像渲染次数。增加此值可以增加效果的精确性，但会增加渲染时间。

（2）【采样半径】：决定了模糊的偏移大小，即模糊程度，效果如图 10-9 所示。

【采样半径】：2　　　　　　　　　　　【采样半径】：5

图 10-9　不同的模糊程度渲染效果

10.4 效果图输出

所谓渲染，就是对场景进行着色处理，使其具有灯光及材质效果。在三维场景中，当建模、赋予材质和设置灯光等工作完成后，需要通过渲染摄影机视图生成二维图像，并可通过 Photoshop 等软件进行后期处理及打印出图。这部分工作将决定效果图最终的输出尺寸（即分辨率）。根据不同的用途，图像的输出尺寸是有差异的。3ds Max 渲染出的图像分辨率为 "72 像素/英寸"，因此一般输出 A4 图时，图像的像素点应保持在 800 像素×600 像素左右，而要出 A0 图时，图像的像素点应保持在 4000 像素×3000 像素以上，很显然这两种图纸的渲染时间相差很大，因此应根据不同的用途来设定像素大小，而且在制订工作计划时，应将合理的渲染时间计算在内，有时渲染是一个非常漫长的等待过程。

10.4.1 常用图像文件格式

在 3ds Max 中可以将渲染结果以多种文件格式保存，包括静态图像格式和动画格式。每种格式都有其对应的参数。

下面先来介绍 3ds Max 中的文件格式。

（1）BMP 格式：这是 Windows 平台标准位图格式，支持 8bit 256 色和 24bit 真彩色两种模式，它不能保存 Alpha 通道信息。

（2）CIN 格式：这是柯达的一种格式，无参数设置。

（3）EPS、PS 格式：这是一种矢量图形格式。

（4）FLC、FLI、CEL 格式：它们都属于 8bit 动画格式，整个动画共用一个 256 色调色板，尺寸很小，但易于播放，只是色彩稍差，不适合渲染有大量渐变色的场景。

（5）JPG 格式：这是一种高压缩比的真彩色图像文件，常用于网络图像的传输。

（6）PNG 格式：这是一种专门为互联网开发的图像文件。

（7）RLA 格式：这是一种 SGI 图形工作站图像格式，支持专用的图像通道。

（8）TGA、VDA、ICB、VST 格式：这是真彩色图像格式，有 16bit、24bit 和 32bit 等多种颜

色级别，它可以带有 8bit 的 Alpha 通道图像，并且可以无损质量地进行文件压缩处理。

（9）TIF 格式：这是一种位图图像格式，用于应用程序之间和计算机平台之间交换文件。

在实际工作中以上格式都是很常见的，而对于输出图像来说，如果只是为了预览及一般性用途，则常用 JPG 格式文件，因为这种格式文件较小，便于传递或大量存储，但由于这种文件格式采用了有损压缩算法，所以图像质量会有不同程度的下降，不适合正式出图用。作为正式出图的文件应采用 TGA 或 TIF 格式。

10.4.2 渲染方式及工具

在 3ds Max 的主工具栏右侧，提供了几个专门用于渲染的按钮，分别是 ▦ 按钮、 ▦ 按钮和 ▦ 按钮。

（1） ▦ （渲染场景对话框）：该按钮用于进行场景渲染，它是标准的渲染工具。单击此按钮，可打开【渲染场景】对话框，进行参数设置后完成渲染工作。快捷键为 F10 。

（2） ▦ （快速渲染）：按默认设置快速渲染当前激活窗口中的场景。快捷键为 Shift+Q 。

（3） ▦ （交互式渲染）：它提供了一个渲染的预览视图，当改变场景中物体的材质及灯光时，可以实时地反映到渲染图上。

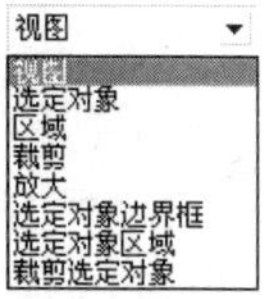

在 ▦ 按钮旁是 视图 ▾ （渲染类型）下拉列表，其中有 8 个可选项，如图 10-10 所示，可以从中选择要渲染的范围。

（1）【视图】：渲染当前激活视图中的全部内容。

（2）【选定对象】：渲染当前激活视图中被选择的物体。

（3）【区域】：渲染当前激活视图中的指定区域。选择此项渲染时，再单击 ▦ 按钮，会在激活视图内出现一个虚线范围框，形态如图 10-11 所示。通过调节该范围框可以调节要渲染的区域，单击右下角的 确定 按钮，可以对所选区域进行渲染。【区域】渲染结果如图 10-12 所示。

图 10-10　渲染范围选项

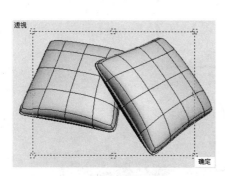

图 10-11　进行区域渲染时的虚线范围框

图 10-12【区域】渲染结果

（4）【裁剪】：只渲染裁剪框以内的部分，会将范围框外的图像裁剪掉，渲染结果如图 10-13 所示。

（5）【放大】：与【区域】渲染的使用方法相同，但渲染后图像的尺寸不同。【区域】渲染相当于在原效果图上切一块进行渲染。而【放大】渲染是将这切下的一小块进行放大渲染。选择该选项进行调节时，图像长宽比例保持不变，它的渲染结果如图 10-14 所示。

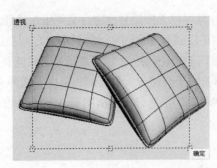

图 10-13　范围框与【裁剪】渲染结果

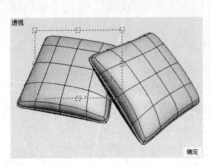

图 10-14　范围框与【放大】渲染结果

（6）【选定对象边界框】：在多物体的场景中，只渲染被选择的物体，功能与【选定对象】选项功能相似，但是它可以计算当前所选范围框的外表比例，并渲染指定图像的宽和高。选择此项后，再单击　按钮，出现【渲染边界框/选定对象】对话框，如图 10-15 所示，在这里可以设置边界框的宽和高。【选定对象边界框】的渲染结果如图 10-16 所示。

图 10-15　【渲染边界框/选定对象】对话框形态

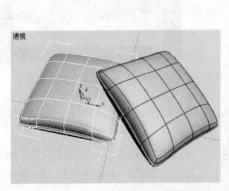

图 10-16　【选定对象边界框】渲染结果

【选定对象区域】、【裁剪选定对象】：与【选定对象边界框】选项的用法基本相同，它们分别是【区域】与【裁剪】选项的延伸，在这里就不再赘述了。

10.5 渲染输出设置

单击主工具栏中的 按钮，可打开【渲染场景】对话框，如图 10-17 所示，此对话框内的【公用参数】面板用于基本渲染设置，对任何渲染器都适用。下面重点介绍 3ds Max 常用的渲染输出设置选项。

（1）【时间输出】栏：确定将要对哪些帧进行渲染。

①【单帧】：只对当前帧进行渲染，得到静态图像。

②【活动时间段】：对当前活动的时间段进行渲染，当前时间段来自屏幕下方时间滑块的显示。

③【范围】：手动设置渲染的范围，这里还可以指定为负数。

（2）【输出大小】栏：确定渲染图像的尺寸大小。

在这里除了使用系统列出的 6 种常用渲染尺寸外，还可以通过修改【宽度】和【高度】值来自定义渲染尺寸。当激活【图像纵横比】选项左侧的 按钮时，系统就会自动锁定长度和宽度的比例。

图像纵横比=长度/宽度

（3）【选项】栏：对渲染方式进行设置。在渲染一般场景时，最好不要改动这里的设置。

（4）【渲染输出】栏：用于选择视频输出设备，并设置渲染输出的文件名称及格式。单击 文件... 按钮来设置输出的文件名称和格式。注意，该栏在窗口底部，当前窗口中未能显示。

图 10-17 【渲染场景】对话框形态

10.6 计算渲染出图的像素点

在渲染出图时，首先要根据工作计划，了解这幅图以后的用途及幅面尺寸。下面以一幅 1.0m（宽）×1.5m（高）画幅的效果图为例，详细介绍如何计算最终图像的像素点。

通常所做的效果图只要能保证每英寸有 72 个像素点，就基本可以满足大型喷绘效果图的要求。3ds Max 渲染出来的图像其默认像素为 72 像素/英寸，但若要算出 1.0m × 1.5m 图像的相应长宽像素值，就要与 Photoshop 相配合，这是最简单也最精确的方法。

Effect 02 ▌ **在 Photoshop 中确定像素点数**

Step 01 进入 Photoshop CS4 中文版系统。选择菜单栏中的【文件】/【新建】命令，在打开的【新建】对话框中单击 <u>确定</u> 按钮。

■ Step 02 ■ 选择菜单栏中的【图像】/【图像大小】命令，弹出【图像大小】对话框，修改此对话框中的参数，如图 10-18 所示。

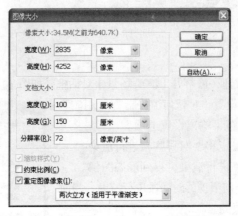

图 10-18 【图像大小】对话框中的参数设置

从图 10-18 中可以看到，当文档的宽度为"100cm"、高度为"150cm"时，画像的宽度为"2835"个像素点，高度为"4252"个像素点，这就是我们在 3ds Max 中需要设置的像素值。

⚠ **要点提示：**像素点也可以利用公式"厘米÷2.54×分辨率"来计算，因为分辨率的单位是"像素/英寸"，1 英寸=2.54 厘米。

■ Step 03 ■ 进入 3ds Max 系统。打开本书附盘"Scenes\05\05_展示.max"文件。

■ Step 04 ■ 单击 ⬚/📷/ **目标** 按钮，在顶视图中创建一个目标点摄影机，系统默认其名为"Camera01"，位置如图 10-19 所示。

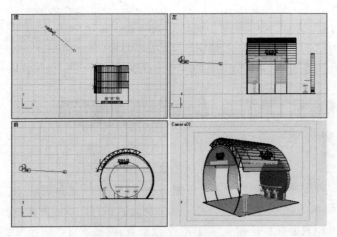

图 10-19 调整后的摄影机位置

■ Step 05 ■ 将透视图转换为摄影机视图后，在摄影机视图的图标上单击鼠标右键，在弹出的快捷菜单中选择【显示安全框】命令，便可以预览最终的取景画面。

■ Step 06 ■ 在渲染前将场景另存为"展示_Rend.max"文件。将此场景的线架文件保存在本书配套光盘的"Scenes"子目录中。

Step 07 单击主工具栏中的 按钮，弹出【渲染场景】对话框，在【输出大小】栏中修改【宽度】值为"2835"，【高度】值为"4252"，如图 10-20 所示。

图 10-20 【渲染场景】对话框中的设置

Step 08 单击 按钮，渲染摄影机视图。由于此幅图设置得很大，因此需要较长的渲染时间。

Step 09 等渲染成图后，单击渲染窗口中的 按钮，弹出文件选择对话框，在这个对话框中选择用于存储文件的路径， 按钮位置如图 10-21 所示。

Step 10 将渲染图以"展示.TIF"的名字保存起来，在保存的过程中会出现【TIF 图像控制】对话框，如图 10-22 所示。

图 10-21 渲染窗口中的工具设置

图 10-22 【TIF Image Control】对话框

Step 11 勾选【存储 Alpha 通道】选项，再单击 确定 按钮，即可将渲染图保存为".TIF"文件格式。此文件在本书配套光盘中的"彩图效果"子目录中。

小结

本章主要介绍了构图的基本知识、摄影机的透视类型、摄影机的取景方式、3ds Max 中摄影机的使用方法、效果图输出的相关知识、渲染的方式及其使用方法。

本章需要重点掌握像素点的计算方法，这也是在效果图制作过程中经常要遇到的问题，用与 Photoshop 相配合的方法可以轻松地找到正确的答案。待场景中的一切要素都设置完毕后，就可以渲染出图了，但这里出的图并不是最终的结稿图，这只是个胚胎，还需要在 Photoshop 中进行后期处理。

习题

一、填空题

1. 在二点透视的基础上，垂直于地面的那一组平行线也产生透视，这就产生了 3 个灭点（位于画面的左右及上方），这种透视称为_____。

2. 摄影机的类型有_____与_____。

3. 3ds Max 中的摄影机与真实摄影机镜头完全相同，其中镜头尺寸是用来描述镜头规格的参数，即_____的长度（以 mm 为单位）。

4. 当视图的长宽比例与输出大小的长宽比例不同时，渲染可到的图像范围会与在视图中观察到的范围不同，这时可以打开_____选项来避免这种情况。

二、问答题

1. 简述摄影机视图控制区按钮的使用方式。

2. 简述常用的图像文件输出格式。

三、操作题

利用本章所介绍的内容，为本书附盘的"习题/10_展示"目录下的"展示+材质+灯光.max"的模型输出【宽度】值为"1024"，【高度】值为"768"的效果图。效果如图 10-23 所示

图 10-23　效果图

第11章

综合案例——客厅效果图

本章以一个客厅效果图的完整制作过程为例，以 3ds Max + V-Ray + Photoshop 软件组合为主要制作工具，介绍室内效果图制作的方法与技巧。

详细介绍客厅效果图的制作方式。首先要在 3ds Max 中创建模型，并赋予基础材质和灯光，然后编辑材质和灯光，最后渲染出图，这是最简单快捷的制作效果图的方式。其最终效果如图 11-1 所示。

图 11-1 客厅最终效果图

【教学目标】

- 掌握室内效果图的制作方法与技巧。
- 熟悉室内效果图的制作流程。

11.1 建模

首先在 3ds Max 中创建模型。

11.1.1 创建基本墙体模型

Step 01 选择菜单栏中的【自定义】/【单位设置】命令,在弹出的【单位设置】对话框中选择【公制】选项,单击 米 ▼ 后的 ▼ 按钮,在下拉菜单中选择 毫米 ▼ 选项,将系统单位设置为"毫米"。参数设置如图 11-2(a)所示。

Step 02 单击 系统单位设置 按钮,弹出【系统单位设置】对话框,在【系统单位比例】下拉列表中选择【毫米】,单击 确定 按钮,参数设置如图 11-2(b)所示。

> **ⓘ 要点提示:**【系统单位比例】参数是指内部单位相对于实际尺寸的缩放比例。

Step 03 单击 ◥/◔/ 线 按钮,在顶视图中绘制如图 11-3 所示的线条(单位为 mm),注意在门的地方要添加节点。

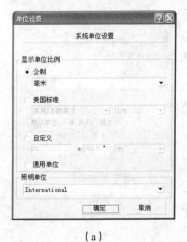

（a）　　　　　　　　　　（b）

图 11-2　绘制线型

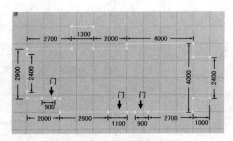

图 11-3　绘制线型

Step 04 选择创建好的图形,单击 修改器列表 ▼ 后的 ▼ 按钮,在下拉列表中选择【挤出】命令,将【数量】值修改为"2700",将图形挤出为体,效果如图 11-4 所示。

Step 05 选择挤出后的对象,单击 修改器列表 ▼ 后的 ▼ 按钮,在下拉列表中选择【法线】命令,将法线进行翻转。翻转法线后的效果如图 11-5 所示。

Step 06 单击 ◥/◉/ 目标 按钮,在顶视图中创建一盏目标摄影机,效果如图 11-6 所示。

Step 07 激活左视图,将摄影机与其目标点的高度均调整为 900mm,单击 ◢ 按钮,进入修改面板,单击【备用镜头】选项栏中的 24mm 按钮,将镜头调整为"24mm",同时【参数】面板的【镜头】参数也自动修改为"24mm",如图 11-7 所示。

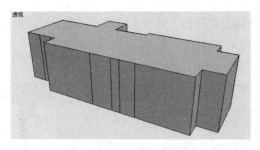

图 11-4　挤出效果

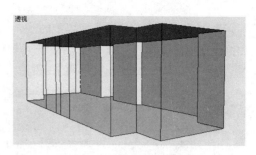

图 11-5　法线翻转后的效果

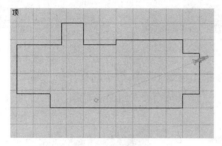

图 11-6　创建摄影机

图 11-7　调整参数

Step 08 激活透视图，按键盘上的 C 键，将视图转化为摄影机视图，效果如图 11-8 所示。

Step 09 再次选择挤出后的对象，在视图中单击鼠标右键，在弹出的菜单中选择【转换为】/【转换为可编辑多边形】命令，将对象转换为多边形进行编辑，并将转化后的多边形对象命名为"墙体"。

Step 10 进入修改命令面板，单击【选择】面板中 ⬙ 按钮，进入边子对象层级，选择如图 11-9 所示的两条边对象。

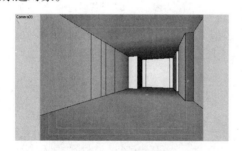

图 11-8　摄影机视图

图 11-9　选择边

Step 11 单击【编辑边】面板中的 连接 按钮，在两条边之间创建一条新的连线。选择新创建的连线，并修改状态栏中【Z】轴值为"2100"，调整该边的高度，效果如图 11-10 所示。

Step 12 单击【选择】面板中 ■ 按钮，进入多边形子对象层级，选择如图 11-11 所示的多边形。

图 11-10　新建连线

图 11-11　选择多边形

Step 13 单击【编辑多边形】面板中的 挤出 右侧的□按钮，弹出【挤出多边形】对话框，将【挤出高度】值修改为"-400"，然后单击 确定 按钮，形成门洞效果，如图 11-12 所示。

Step 14 以相同的方式挤出其他两个门洞，效果如图 11-13 所示。

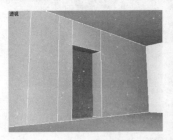 

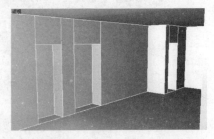

图 11-12　挤出门洞的效果　　　　　　　图 11-13　挤出其他两个门洞

Step 15 选择如图 11-14 所示的两条边对象，单击【编辑边】面板中的 连接 按钮，在两条边之间创建一条新的连线。选择新创建的连线，并修改状态栏中【Z】轴值为"2100"，调整该边的高度，效果如图 11-15 所示。

图 11-14　新建连线　　　　　　　　　图 11-15　选择多边形

Step 16 单击【选择】面板中 ■ 按钮，进入多边形子对象层级，选择如图 11-16 所示的多边形。

Step 17 按键盘上的 Delete 键将其删除，形成推拉门洞，如图 11-17 所示。

图 11-16　选择多边形　　　　　　　　图 11-17　门洞效果

Step 18 以相同的方式处理对面的多边形，形成窗户洞，如图 11-18 所示。

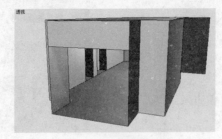

图 11-18　形成窗户洞

Step 19　单击【选择】面板中的 ▇ 按钮，结束子对象编辑。

11.1.2　制作吊顶与门窗

下面来继续制作吊顶和门窗

Step 01　激活顶视图，单击 ▨/◔/ ‍ 线 ‍ 与 ‍ 矩形 ‍ 按钮，在顶视图中绘制线条如图 11-19 所示。

Step 02　选择绘制好的图形，单击鼠标右键，在弹出的菜单中选择【转换为】/【转换为可编辑样条线】命令，将对象转换为样条线进行编辑。

Step 03　选择任意一个转换后的可编辑样条线图形，单击【几何体】面板的 ‍ 附加 ‍ 按钮，在顶视图中分别单击另外两个样条线，将 3 个样条线附加为一个整体。

Step 04　单击 修改器列表 ▾ 按钮，在下拉列表中选择【挤出】命令，将【数量】值修改为"60"，将图形挤出为体，将挤出后的多边形对象的【Z】轴值调整为"2550"，并将挤出后的多边形对象命名为"吊顶"，效果如图 11-20 所示。

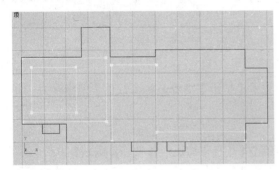

图 11-19　绘制图形

图 11-20　创建好的吊顶

Step 05　激活顶视图，单击 ▨/◔/ ‍ 线 ‍ 与 ‍ 矩形 ‍ 按钮，在顶视图中绘制线条，如图 11-21 所示。该样条线用于制作吊顶内的灯管。

Step 06　选择绘制好的图形，单击鼠标右键，在弹出的菜单中选择【转换为】/【转换为可编辑样条线】命令，将对象转换为样条线进行编辑。

Step 07　选择任意一个转换后的可编辑样条线图形，单击【几何体】面板的 ‍ 附加 ‍ 按钮，在顶视图中单击一个样条线，将 2 个样条线附加为一个整体。

Step 08　单击【选择】/⌒（样条线）按钮，进入样条线子对象层级，选择两条样条线，在【几何体】面板上 ‍ 轮廓 ‍ 按钮右侧的数值输入框中输入"60"，完成的效果如图 11-22 所示。单击 ⌒ 按钮，退出样条线子对象层级。

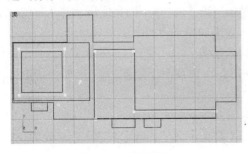

图 11-21　绘制图形

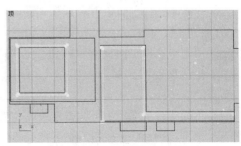

图 11-22　绘制图形

Step 09 单击 修改器列表 ▼ 按钮，在下拉列表中选择【挤出】命令，将【数量】值修改为"30"，将图形挤出为体，将挤出后的多边形对象的【Z】轴值调整为"2630"，并将挤出后的多边形对象命名为"吊顶内灯带"。

Step 10 下面为宽度为"1100mm"的门洞制作门。

Step 11 激活前视图，单击 ✎/✑/ 线 按钮，在前视图中绘制线条，如图 11-23 所示。

Step 12 选择绘制好的样条线图形，单击【选择】/∧（样条线）按钮，进入样条线子对象层级，在【几何体】面板上 轮廓 按钮右侧的数值输入框中输入"-60"，完成的效果如图 11-24 所示。单击∧按钮，退出样条线子对象层级。

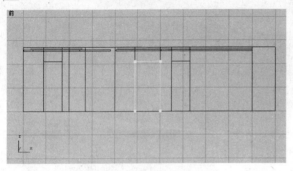

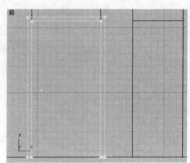

图 11-23　绘制图形　　　　　　　　　　　　　　图 11-24　轮廓效果

Step 13 单击 修改器列表 ▼ 按钮，在下拉列表中选择【挤出】命令，将【数量】值修改为"30"，将图形挤出为体，效果如图 11-25 所示。

Step 14 暂时将其他对象都隐藏以方便编辑。

Step 15 将挤出的实体转换为可编辑多边形，单击【选择】面板中 ▣ 按钮，进入多边形子对象层级，选择如图 11-26 所示的多边形（注意是门套背面的多边形）。按下键盘上的 Delete 键将其删除。

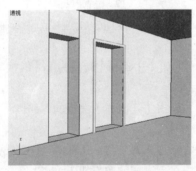

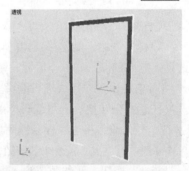

图 11-25　挤出为体　　　　　　　　　　　　　图 11-26　门套背面的多边形

Step 16 单击【选择】面板中 ✐ 按钮，进入边子对象层级，选择如图 11-27 所示的 3 条边，按住键盘上的 Shift 键，同时沿 y 轴拖曳鼠标 40 个单位，效果如图 11-28 所示。

Step 17 单击【选择】面板中 ✐ 按钮，退出边子对象层级。

Step 18 激活顶视图，单击 ✎/✑/ 矩形 按钮，在顶视图中绘制 3 个矩形，如图 11-29 所示。

Step 19 将样条线全部转为可编辑样条线，然后附加为一个整体。

Step 20 单击 修改器列表 ▼ 按钮，在下拉列表中选择【挤出】命令，将【数量】值修改为"30"，将图形挤出为体，效果如图 11-30 所示。

图 11-27　挤出为体

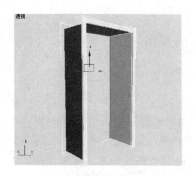

图 11-28　拖曳效果

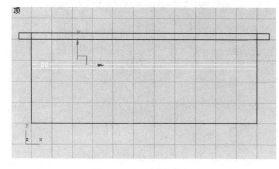

图 11-29　绘制图形

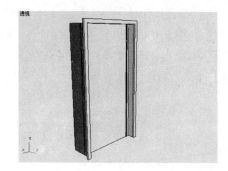

图 11-30　挤出为体

Step 21　导入本书附盘 "Scenes\11\11_门把手.max" 文件，效果如图 11-31 所示。

Step 22　将图 11-31 所示的对象成组，并命名为"门"。

Step 23　将门复制两个，调整位置到另外两个门洞中，并修改宽度使之适合门洞宽度。

Step 24　窗户的制作比较简单，方式和门的制作相似，读者可参阅相关步骤，完成的效果如图 11-32 所示。

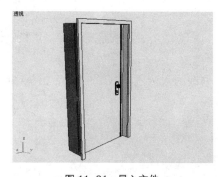

图 11-31　导入文件

图 11-32　完成窗户的制作

Step 25　选择菜单栏中的【文件】/【保存】命令，将此场景另存为"客厅墙体+门窗.max"文件。将此场景的线架文件以相同名字保存在本书附盘"范例\CH11"目录中。

11.2 灯光的设定

现在指定 V-Ray 渲染器，并设定测试用的草图级别的参数，再为场景创建灯光环境。

11.2.1　渲染参数设定

下面来进行渲染参数的设定。

Step 01　单击主工具栏的 ⊡ 按钮，弹出【渲染场景：默认扫描线渲染器】对话框。

Step 02　在该对话框面板内按住鼠标左键并向上拖曳，将显示该对话框底部的选项，单击对话框做底部的 **+ 指定渲染器** 展卷帘，单击【产品级】选项栏右侧的 … 按钮，单击【V-Ray Adv 1.5 R5】选项，即可将渲染引擎修改为 V-Ray 渲染器。

Step 03　创建客厅的基本灯光，在设置灯光前为了加速渲染测试速度，只给场景一个标准的基本材质，按 M 键打开材质编辑器，选择一个材质球调节漫反射，红黄蓝颜色值都为228。

Step 04　按 F10 键打开渲染设置面板，选择【V-Ray】选项卡，选择【渲染器】选项卡。

Step 05　展开【Global switches】面板，取消勾选【Lighting】选项栏下的【Hidden lights】与【Default lights】选项，如图11-33所示。

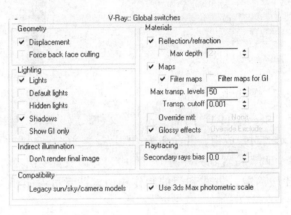

图11-33　【Global switches】面板

Step 06　选择【公用】选项卡，设置输出大小，如图11-34所示，并在面板底部选择摄影机视图，按下右侧的 🔒 按钮，这样可以锁定只渲染该视图。

Step 07　选择菜单栏的【渲染】/【环境】命令，将颜色修改为天蓝色（RGB：208、255、248），这样窗户洞外的环境就不会是黑色的了，如图11-35所示。

图11-34　【输出大小】选项栏

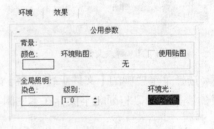

图11-35　【环境】选项卡

11.2.2　创建灯光

下面在场景中创建灯光。

Step 01 单击 / / **目标平行光** 按钮，在顶视图中拖动鼠标光标，创建平行灯光。调整其位置及参数，如图 11-36 所示。该灯光用以模拟太阳光。透过窗户在室内地面上形成阳光投射效果。

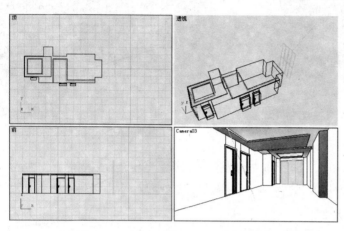

图 11-36 平行灯光位置及参数

Step 02 单击 / / VRay ▼ / **VRayLight** 按钮，在左视图上拖动鼠标光标，创建 V-Ray 灯光。调整其位置及参数，如图 11-37 所示。

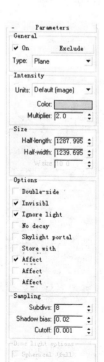

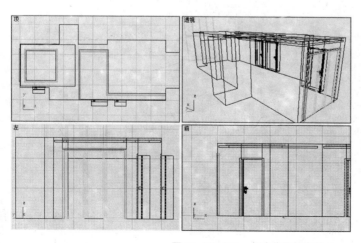

图 11-37 VRay 灯光位置及参数

Step 03 单击 按钮，渲染效果如图 11-38 所示。

Step 04 此时，天花板的区域没有照明，因此黑暗没有细节，展开【Indirect Illumination（GI）】面板，勾选【On】选项，激活 GI。单击 按钮，渲染效果如图 11-39 所示。从图中可以看到现在画面中没有全黑区域，照明也稍微明亮一些。

图 11-38　渲染效果

图 11-39　渲染效果

Step 05 但是场景的灯光还是太暗，需要再增加灯光来补充照明。单击 / / VRay ▼ / VRayLight 按钮，在顶视图上拖动鼠标光标创建 V-Ray 灯光。调整其位置及参数，如图 11-40 所示。

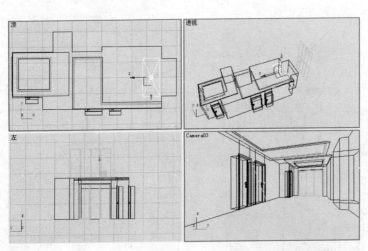

图 11-40　VRay 灯光位置及参数

Step 06 将刚创建的【VRay 灯光】镜像复制 4 份，调整大小、位置到如图 11-41 所示。其他参数保持不变。

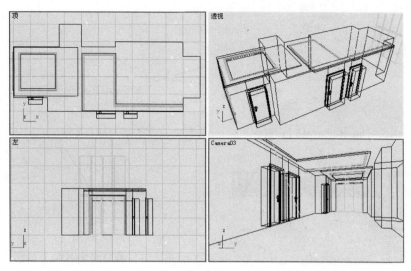

图 11-41　复制灯光

Step 07　单击 按钮，渲染效果如图 11-42 所示。

图 11-42　渲染效果

11.2.3　草图渲染级别设置

Step 01　选择【渲染器】选项卡，展开【Irradiance map】面板，单击【Built-in presets】选项栏下的【Current preset】选项，在弹出的下拉菜单中选择 Custom ▼ 选项。

Step 02　将【Basic parameters】选项栏中【Min rate】的值修改为 "-3"、【Max Rate】的值修改为 "-2"，其他参数保持不变，如图 11-43 所示。

Step 03　展开【System】面板，勾选【Frame stamp】选项栏下的复选框，如图 11-44 所示。

Step 04　选择菜单栏中的【文件】/【保存】命令，将此场景另存为 "客厅+灯光.max" 文件。此场景的线架文件以相同名字保存在本书附盘 "范例\CH05" 目录中。

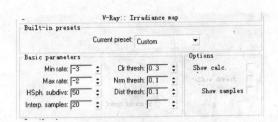

图 11-43 【Irradiance Map】面板

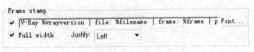

图 11-44 【System】面板

11.3 材质的设定

为了避免后期对象太多而混淆，在完成一些模型的创建后，应及时为其赋予材质，现在为灯带、墙面、地面与天花板设置材质。

11.3.1 灯带材质

下面为"灯带"对象赋予材质。

Step 01 选择"灯带"对象，单击主工具栏中的 ⚅ 按钮，打开【材质编辑器】对话框，选择一个示例球，单击 Standard 按钮，在弹出的【材质/贴图浏览器】对话框中选择【VRayLightMtl】选项，这是 V-Ray 发光材质。参数设定参照如图 11-45 所示。

Step 02 单击 🔘 按钮，渲染效果如图 11-46 所示。

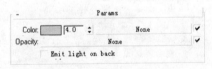

图 11-45 【VRayLightMtl】材质

图 11-46 渲染效果

11.3.2 墙体与地面

下面为墙体和地面赋予材质。

Step 01 由于墙体与地面是一个整体模型，所以先要将材质类型改为【多维/子对象】材质，并为对象设置材质 ID 号。选择"墙体 01"对象，单击 📝 按钮，进入修改命令面板，在 修改器列表 ▾ 中选择【UVW 贴图】命令，为对象添加 UVW 贴图坐标，再在修改器堆栈中选择【编辑多边形】层级，单击 ■ 按钮，进入【多边形】子对象层级。在前视图中选择如图 11-47（a）所示的多边形。

Step 02 在【多边形属性】面板中设置【材质】/【设置 ID】号为"2"，如图 11-48（b）所示，其余多边形的材质 ID 号都设置为"1"。

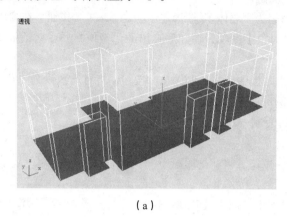

（a）

（b）

图 11-47　选择多边形

Step 03 关闭 ■ 按钮，退出子对象层级。

Step 04 单击主工具栏中的 ◈◈ 按钮，打开材质编辑器对话框，选择一个新的材质球，命名为"墙面"。单击 Standard 按钮，在弹出的【材质/贴图浏览器】对话框中选择【VRayMtl】选项，创建一个 V-Ray 材质。

Step 05 参照图 11-48 所示，设置材质的参数。

Step 06 再选择一个新的示例球，命名为"地面木纹"。单击 Standard 按钮，在弹出的【材质/贴图浏览器】对话框中选择【VRayMtl】选项，创建一个 V-Ray 材质。

Step 07 参照如图 11-49 所示，设置材质的参数。

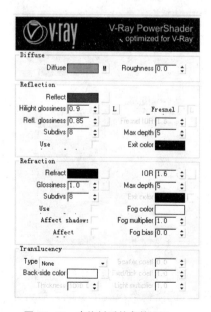

图 11-48　墙面材质的参数设置　　　　图 11-49　木纹材质的参数设置

Step 08 单击【Diffuse】右侧的 ___ 按钮，在弹出的【材质/贴图浏览器】对话框中选择【位图】

选项，然后单击 确定 按钮，在出现的【选择位图图像文件】对话框中选择本书附盘"Scenes\11\贴图\樱桃木地面.JPG"文件。单击 🔙 按钮，回到上一层参数面板。

Step 09 再选择一个新的示例球，命名为"墙体多维"。单击 Standard 按钮，在弹出的【材质/贴图浏览器】对话框中选择【多维/子对象】选项，在随后弹出的【替换材质】对话框中选择默认项，再单击 确定 按钮。

Step 10 在【多维/子对象基本参数】面板中单击 设置数量 按钮，将材质数设为"2"，分别将设置好的"墙面"与"地面木纹"的示例球拖曳到1号材质与2号材质的贴图通道上，并选择【实例】复制方式，如图11-50所示。

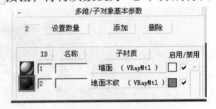

图 11-50　调整材质

Step 11 选择"墙体"对象，单击 🔙 按钮，将此材质赋予"墙体"对象。

Step 12 再选择一个新的示例球，命名为"门木纹"。单击 Standard 按钮，在弹出的【材质/贴图浏览器】对话框中选择【VRayMtl】选项，创建一个Vray材质。

Step 13 参照图11-51所示，设置材质的参数。

Step 14 再单击【Diffuse】右侧的 按钮，在弹出的【材质/贴图浏览器】对话框中选择【位图】选项，然后单击 确定 按钮，在出现的【选择位图图像文件】对话框中选择本书附盘"Scenes\11\贴图"目录中的"木纹.jpg"文件，如图11-52所示。单击 🔙 按钮，回到上一层参数面板。

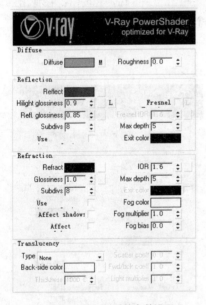

图 11-51　墙面材质的参数设置

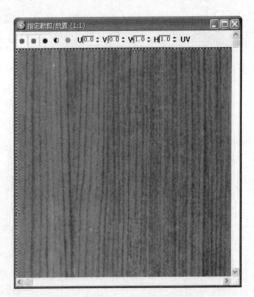

图 11-52　木纹材质的参数设置

Step 15 选择除了"门把手"以外的"门"对象，单击 🔙 按钮，将设置好的"门木纹"材质赋予对象。

Step 16 再选择一个新的示例球，命名为"门把手"。单击 Standard 按钮，在弹出的【材质/贴图浏览器】对话框中选择【VRayMtl】选项，创建一个V-Ray材质。

Step 17 参照图11-53所示，设置材质的参数。

Step 18 选择"门把手"对象，单击 🔙 按钮，将设置好的"门把手"材质赋予对象。

Step 19 单击 按钮，透视图的渲染效果如图 11-54 所示。

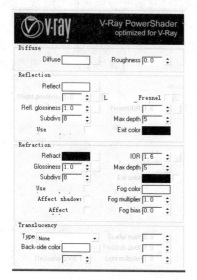

图 11-53　渲染效果

图 11-54　渲染效果

11.3.3　壁纸与电视背景墙

下面将电视背景墙分离为独立对象，并赋予材质。

Step 01 选择"墙体 01"对象，单击 按钮进入修改命令面板，单击 按钮进入【多边形】子对象层级，在视图中选择如图 11-55 所示的多边形，单击【编辑几何体】面板的 分离 按钮，将选择的多边形以"墙纸"为名分离为独立的对象。

Step 02 再选择一个新的示例球，命名为"墙纸"。单击 Standard 按钮，在弹出的【材质/贴图浏览器】对话框中选择【VRayMtl】选项，创建一个 V-Ray 材质。

Step 03 参照图 11-56 所示，设置材质的参数。

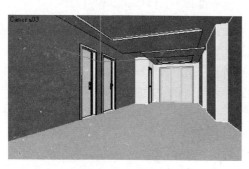

图 11-55　选择多边形

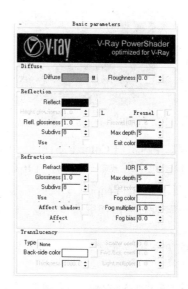

图 11-56　材质设定

Step 04 再单击【Diffuse】右侧的 ＿ 按钮，在弹出的【材质/贴图浏览器】对话框中选择【位图】选项，然后单击 确定 按钮，在出现的【选择位图图像文件】对话框中选择本书附盘 "Scenes\11\贴图\" 目录中的 "壁纸.jpg" 文件，如图 11-57 所示。单击 按钮，回到上一层参数面板。

Step 05 展开【Maps】面板，单击【Bump】通道右侧的 None 按钮，在弹出的【材质/贴图浏览器】对话框中选择【位图】选项，然后单击 确定 按钮，在出现的【选择位图图像文件】对话框中选择本书附盘 "Scenes\11\贴图\" 目录中的 "纸纹.jpg" 文件，如图 11-58 所示。单击 按钮，回到上一层参数面板。

图 11-57　壁纸.jpg

图 11-58　纸纹.jpg

Step 06 选择 "墙纸" 对象，单击 按钮，将设置好的 "墙纸" 材质赋予对象。

Step 07 导入本书附盘 "Scenes\11\" 目录中的 "电视背景墙组.max" 文件。

Step 08 复制 "墙纸" 材质，重命名为 "电视背景墙"。

Step 09 再单击【Diffuse】右侧的 ＿ 按钮，将【Diffuse】通道的贴图修改为本书附盘 "Scenes\11\贴图" 目录中的 "画 02.jpg" 文件，如图 11-60 所示。单击 按钮，回到上一层参数面板。

Step 10 展开【Maps】面板，将【Bump】通道的贴图修改为本书附盘 "Scenes\11\贴图" 目录中的 "纸纹.jpg" 文件。单击 按钮，回到上一层参数面板。

Step 11 选择 "电视背景墙" 对象，单击 按钮，将设置好的 "电视背景墙" 材质赋予对象。

Step 12 再选择一个新的示例球，命名为 "电视屏幕"。单击 Standard 按钮，在弹出的【材质/贴图浏览器】对话框中选择【VRayLightMtl】选项，创建一个 V-Ray 发光材质。

Step 13 参照图 11-60 所示，设置材质的参数。

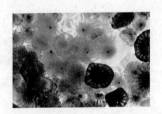

图 11-59　壁纸.jpg

图 11-60　【VRayLightMtl】材质

Step 14 再单击【Color】右侧的 ＿ 按钮，在弹出的【材质/贴图浏览器】对话框中选择【位图】选项，然后单击 确定 按钮，在出现的【选择位图图像文件】对话框中选择本书附盘 "Scenes\11\贴图" 目录中的 "画.jpg" 文件。单击 按钮，回到上一层参数面板。

Step 15 选择 "电视屏幕" 对象，单击 按钮，将设置好的 "电视屏幕" 材质赋予对象。

11.3.4　沙发与抱枕

下面导入沙发模型组，并赋予材质。

Step 01 导入本书附盘"Scenes\11"目录中的"沙发组.max"文件。

Step 02 再选择一个新的示例球,命名为"沙发"。

Step 03 参照图 11-61 所示,设置材质的参数。

Step 04 再单击【漫反射】右侧的 按钮,在弹出的【材质/贴图浏览器】对话框中选择【位图】选项,然后单击 确定 按钮,在出现的【选择位图图像文件】对话框中选择本书附盘"Scenes\11\贴图"目录中的"布纹.jpg"文件,如图 11-62 所示。单击 按钮,回到上一层参数面板。

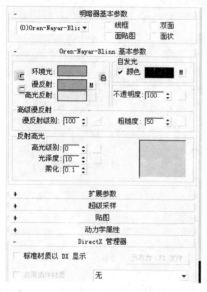

图 11-61 沙发材质

图 11-62 布纹.jpg

Step 05 展开【Maps】面板,将【漫反射颜色】通道的贴图拖曳到【凹凸】通道,并选择【实例】复制方式。

Step 06 单击【自发光】通道右侧的 None 按钮,在出现的【选择位图图像文件】对话框中选择【RGB 相乘】选项,然后单击 确定 按钮,如图 11-63 所示。

Step 07 单击【RGB 相乘参数】面板中【颜色#1】选项右侧的 None 按钮,在弹出的【材质/贴图浏览器】对话框中选择【衰减】选项,将【衰减类型】选项修改为"Fresnel",如图 11-64 所示。单击 按钮,回到上一层参数面板。

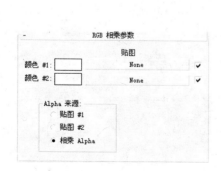

图 11-63 【RGB 相乘参数】面板

图 11-64 【衰减参数】面板

Step 08 将【颜色#1】选项右侧的贴图拖曳到【颜色#2】通道，并选择【实例】复制方式，如图 11-65 所示。

Step 09 单击 按钮，回到上一层参数面板。

Step 10 选择"沙发"对象，将调整好的材质赋予对象。

Step 11 复制"沙发"材质到一个新的示例球，命名为"抱枕"。

Step 12 将【漫反射颜色】通道与【凹凸】通道的贴图修改为本书附盘"Scenes\11\贴图"目录中的"布纹浅.jpg"文件，如图 11-66 所示，选择所有"抱枕"对象，将调整好的材质赋予对象。

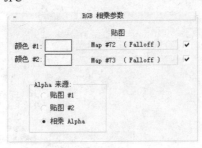

图 11-65 【RGB 相乘参数】面板

图 11-66 布纹浅.jpg

11.3.5 玻璃与陶瓷

下面为酒瓶与装饰品赋予材质。

Step 01 再选择一个新的示例球，命名为"陶瓷"。

Step 02 单击 Standard 按钮，在弹出的【材质/贴图浏览器】对话框中选择【VRayMtl】选项，创建一个 V-Ray 材质。参照图 11-67 所示，设置材质的参数。

Step 03 选择场景中所有瓷器装饰对象，将调整好的材质赋予对象。

Step 04 再选择一个新的示例球，命名为"酒瓶"。

Step 05 单击 Standard 按钮，在弹出的【材质/贴图浏览器】对话框中选择【VRayMtl】选项，创建一个 V-Ray 材质。参照图 11-68 所示，设置材质的参数。

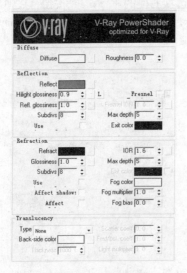

图 11-67 陶瓷材质

图 11-68 酒瓶材质

Step 06　选择场景中的酒瓶对象，将调整好的材质赋予对象。

Step 07　其他材质的设定比较简单，具体参数参考本书附盘"Scenes\11"目录中的"客厅+灯光+材质.max"文件的设定。

Step 08　单击 按钮，渲染效果如图 11-69 所示。

图 11-69　渲染效果

Step 09　选择菜单栏中的【文件】/【保存】命令，将此场景另存为"客厅+灯光+材质.max"文件。将此场景的线架文件以相同名字保存在本书附盘"Scenes\11"目录中。

11.4 输出设置

　　模型、灯光、材质都设置好以后，如果草图的渲染结果满意，就可以输出精度较大的图像了。通过光子图的方式可以加快渲染速度。先利用较小的渲染参数渲染图像，并将场景的光照分布文件保存下来（称为光子图），再设定较高的渲染参数，并导入光子图，这样在渲染时可以节省再次计算光照分布的过程，加快渲染速度。

11.4.1 保存光子图

　　材质调节完成后，先用草图级别渲染后，将光照分布保存为光子图，以此来提高高参的渲染速度。

Step 01　选择【公用】选项卡，设置输出大小，如图 11-70 所示。

Step 02　展开【Irradiance map】面板，单击【Built-in presets】选项栏下的【Current preset】选项，在弹出的下拉菜单中选择 Custom 选项。

Step 03　将【Basic parameters】选项栏的【Min rate】的值修改为"–3"、【Max rate】的值修改为"–2"，其他参数保持不变。

图 11-70 【输出大小】选项栏

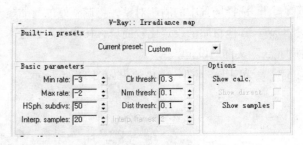

图 11-71 【Irradiance Map】面板

Step 04 单击 按钮。渲染结束后，展开【Irradiance map】面板，单击【Mode】选项栏下面的 Save 按钮，如图 11-72 所示，在弹出的【Save irradiance map】对话框中选择任意文件目录，以"低参 640. vrmap"为名保存光子图。

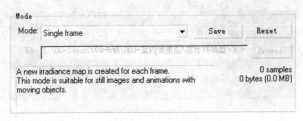

图 11-72 【Irradiance Map】

11.4.2 高参渲染级别设置

将渲染参数调整为高参，以输出画面更为精细的图像。

Step 01 选择【公用】选项卡，设置输出大小，如图 11-73 所示。

Step 02 展开【Irradiance map】面板，单击【Built-in presets】选项栏下的【Current preset】选项，在弹出的下拉菜单中选择 High ▼ 选项。其他参数设定如图 11-74 所示。

图 11-73 【输出大小】选项栏

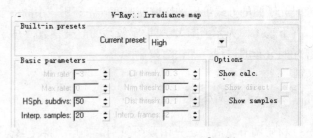

图 11-74 【Irradiance Map】面板

11.4.3 导入光子图

导入 11.4.1 小节中保存好的光子图。

展开【Irradiance map】面板，在【Mode】右侧的下拉列表中选择【From file】选项，在弹出的【Load irradiance map】对话框中选择前面保存的"低参 640.vrmap"文件，如图 11-75 所示。

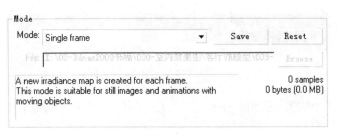

图 11-75 【Irradiance Map】面板

11.4.4　输出大小与路径

现在可以为最终输出的效果图设置图像的尺寸与输出路径。设置输出路径的好处是在完成渲染后系统会自动将效果图以指定的格式保存在指定的文件夹中。这在输出渲染时间很长的时候很有用，你可以在计算机渲染的时候离开去完成其他事情，而不必担心渲染完成后的保存问题。

Step 01 单击【渲染输出】选项栏下面的 文件… 按钮，在弹出的【渲染输出文件】中选择任意文件目录，以"客厅效果图"为名保存，在【保存类型】选项栏中选择【BMP 图像文件】选项，如图 11-74 所示。

Step 02 单击 按钮，渲染最终的图像。

图 11-76 【渲染输出】选项栏

图 11-77　最终渲染效果

小结

本章通过一个完整的案例介绍了客厅效果图的完整制作流程，读者在以后的工作中要灵活运用所学的知识并积累经验，以绘制出效果更好的室内效果图。

习题

利用本章所介绍的内容，参照图 11-83 所示的客厅效果，独立完成模型的创建、灯光的布置、材质的调整、渲染输出以及后期处理等流程。

图 11-78　客厅最终效果

第12章 综合案例——汽车建模及渲染

本章以一个汽车建模到渲染的完整制作过程为例，以 3ds Max + V-Ray 软件组合为主要制作工具，介绍工业产品多边形建模的方法与技巧，以及产品效果图的制作方法与技巧。汽车最终效果如图 12-1 所示。

图 12-1　汽车最终效果图

【教学目标】

- 掌握工业产品多边形建模的方法与技巧。

12.1 建模

首先在 3ds Max 9 中创建汽车的多边形模型。

12.1.1 创建基本的雏形

下面先创建汽车基本的雏形，可以在一个长方体的基础上通过切割形体的方式逐步细化。作为后面细分的基础，这个阶段要把握好形体的比例关系。

Step 01 单击 / / 切角长方体 按钮，在顶视图中创建一个【长度】、【宽度】、【高度】、【圆角】值分别为"340"、"780"、"220"、"0"，【分段】分别为"4"、"5"、"1"、"1"的方体。取消勾选【平滑】选项，参数设置如图 12-2 所示，透视图状态如图 12-3 所示。

图 12-2 创建方体 1

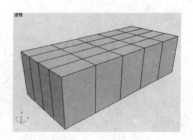

图 12-3 修改后的效果

Step 02 选择方体对象，在视图中单击右键，在弹出的快捷菜单中选择【转换为】/【转换为可编辑多边形】命令，将对象转换为多边形进行编辑。

Step 03 进入修改命令面板，单击【选择】面板中 按钮，进入顶点子对象层级，参照图 12-4 所示，在顶视图与前视图调整顶点的位置。

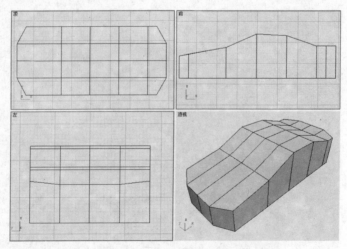

图 12-4 在顶视图与前视图调整顶点的位置

Step 04 单击【选择】面板中的 ■ 按钮，进入多边形子对象层级，选择如图 12-5 所示的多边形。按下键盘上的 Delete 键将其删除。

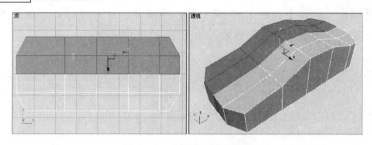

图 12-5 选择多边形并删除

Step 05 单击 ✐ 按钮，进入修改面板，单击 修改器列表 ▼ 后的 ■ 按钮，在弹出的下拉列表中选择【对称】修改器。点选【Y】选项，并勾选【翻转】选项，如图 12-6 所示。

Step 06 在修改堆栈面板中回到【可编辑多边形】层级。单击修改堆栈面板底部的 Ⅱ（显示最终结果开/关切换）按钮，使其变为 Ⅱ 状态。

Step 07 单击【选择】面板中的 ■ 按钮，进入多边形子对象层级，选择底部的多边形，如图 12-7 所示。

Step 08 按下键盘上的 Delete 键将其删除，删除后的效果如图 12-8 所示。

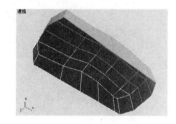

图 12-6 创建方体 2　　　　图 12-7 选择多边形 1　　　　图 12-8 删除后的效果 1

Step 09 单击【选择】面板中的 ·· 按钮，再进入顶点子对象层级，参照图 12-9 所示，调整顶点的位置，进一步修饰形态。

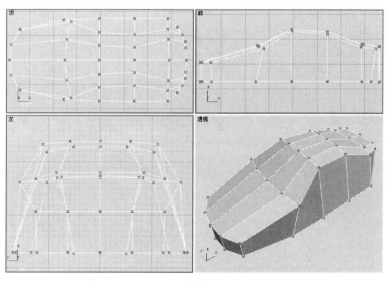

图 12-9 调整顶点的位置 1

Step 10 单击【编辑几何体】面板中的 切割 按钮，参照图 12-10 所示切割形体。

Step 11 进入顶点子对象层级，参照图 12-9 所示，调整顶点的位置，进一步修饰形态。

Step 12 单击【编辑几何体】面板中的 切片平面 按钮，切片平面 Gizmo 位置如图 12-11 所示。再单击下面的 切片 按钮，切片后的效果如图 12-12 所示。

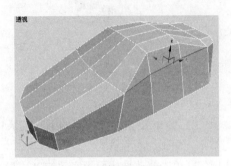

图 12-10　切割形体 1

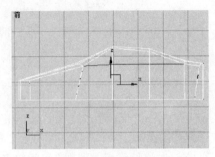

图 12-11　切片平面 Gizmo 位置 1

Step 13 单击【编辑几何体】面板中的 切割 按钮，参照图 12-13 所示，切割形体。

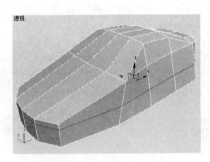

图 12-12　切片后的效果

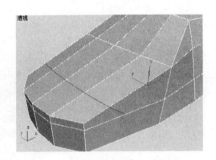

图 12-13　切片平面 Gizmo 位置 2

Step 14 进入顶点子对象层级，参照图 12-14 所示，调整所选顶点的位置，进一步修饰形态。

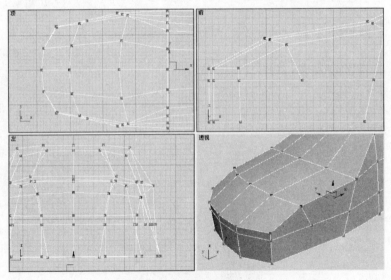

图 12-14　调整顶点的位置 2

Step 15 单击【编辑几何体】面板中的　切割　按钮，参照图 12-15 所示，切割形体。

Step 16 进入顶点子对象层级，参照图 12-16 所示，调整顶点的位置。

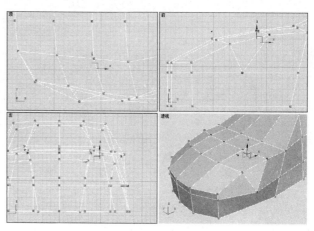

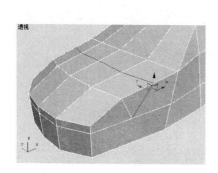

图 12-15　切割形体 2　　　　　　　　　图 12-16　调整顶点的位置 3

Step 17 单击【编辑几何体】面板中的　切割　按钮，参照图 12-17 所示，切割形体。

Step 18 再参照图 12-18 与图 12-19 所示，继续切割形体。

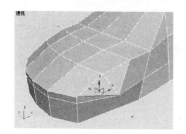

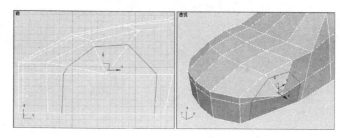

图 12-17　切割形体 3　　　　　　　　　图 12-18　切割形体 4

Step 19 单击【选择】面板中的 ■ 按钮，进入多边形子对象层级，选择如图 12-20 所示的多边形。

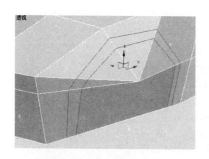

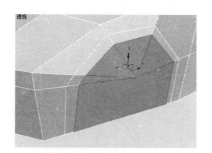

图 12-19　切割形体 5　　　　　　　　　图 12-20　选择多边形 2

Step 20 按下键盘上的 Delete 键将其删除，删除后的效果如图 12-21 所示。

Step 21 进入顶点子对象层级，参照图 12-22 所示，调整顶点的位置。

Step 22 再参照图 12-23 所示，调整汽车尾部顶点的位置。

Step 23 单击【编辑几何体】面板中的　切割　按钮，参照图 12-24 所示，切割形体。

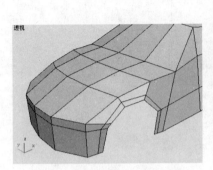

图 12-21 删除后的效果 2

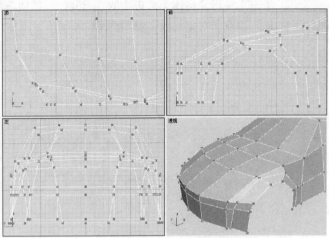

图 12-22 调整顶点的位置 4

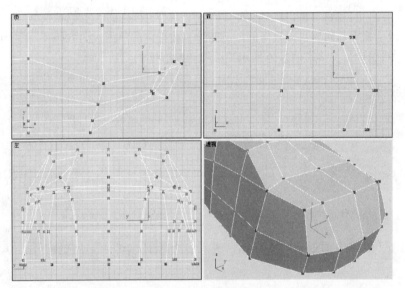

图 12-23 调整尾部的顶点

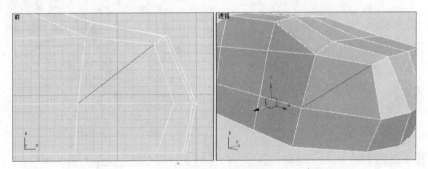

图 12-24 切割形体 6

Step 24 参照图 12-25 所示，继续切割形体。

Step 25 参照图 12-26 所示，继续切割形体。

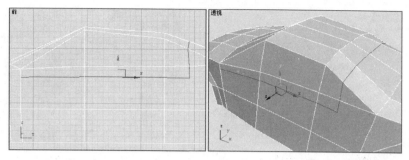

图 12-25　切割形体 7

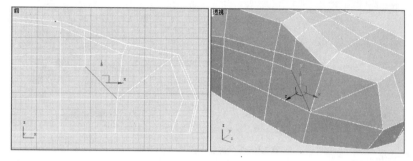

图 12-26　切割形体 8

Step 26　参照图 12-27 所示，继续切割形体。

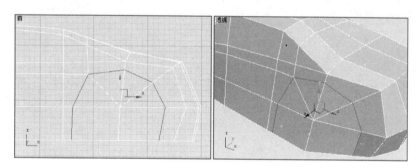

图 12-27　切割形体 9

Step 27　参照图 12-28 所示，继续切割形体。

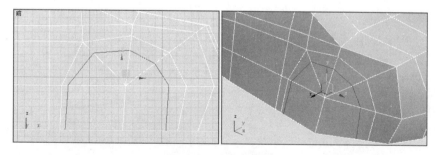

图 12-28　切割形体 10

Step 28　单击【选择】面板中的 ■ 按钮，进入多边形子对象层级，选择如图 12-29 所示的多边形。

Step 29　按下键盘上的 Delete 键将其删除，删除后的效果如图 12-30 所示。

Step 30　进入顶点子对象层级，参照图 12-31 所示，逐步调整顶点的位置。

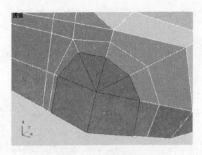

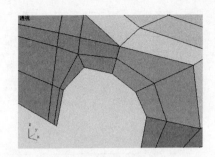

图 12-29　选择多边形 3　　　　　　　　图 12-30　删除后的效果 3

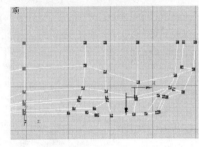

图 12-31　逐步调整顶点的位置 1

Step 31　单击【编辑几何体】面板中的　切割　按钮，参照图 12-32 所示切割形体。

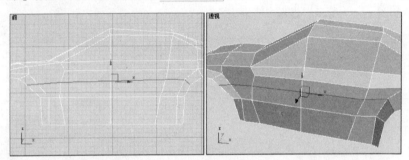

图 12-32　切割形体 11

Step 32　进入顶点子对象层级，参照图 12-33 所示，逐步调整顶点的位置。

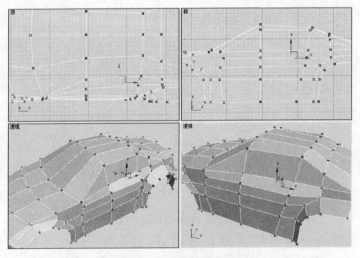

图 12-33　逐步调整顶点的位置 2

12.1.2 细分前脸

下面继续细分前脸的形态。

Step 01 单击【编辑几何体】面板中的 _____切割_____ 按钮，参照图 12-34 所示，切割形体。

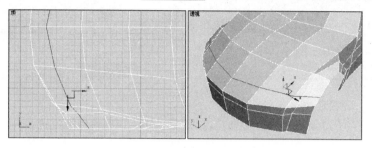

图 12-34 切割形体 1

Step 02 进入顶点子对象层级，参照图 12-35 所示，逐步调整顶点的位置。

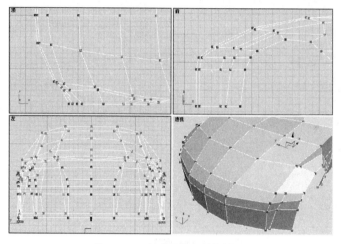

图 12-35 逐步调整顶点的位置 1

Step 03 单击【编辑几何体】面板中的 _____切割_____ 按钮，参照图 12-36 所示，切割形体。

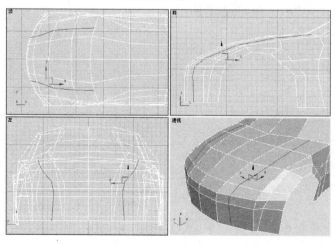

图 12-36 切割形体 2

Step 04 参照图 12-37 所示，继续切割形体。

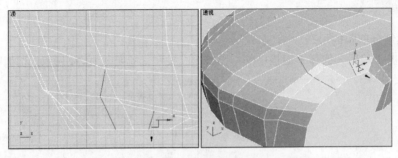

图 12-37　切割形体 3

Step 05 进入顶点子对象层级，参照图 12-38 所示，逐步调整顶点的位置。

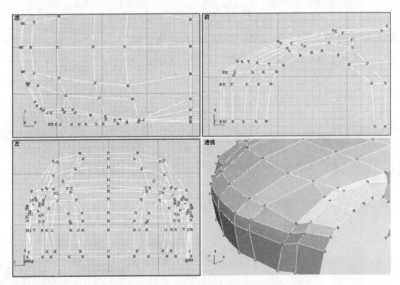

图 12-38　逐步调整顶点的位置 2

Step 06 选择菜单栏中的【文件】/【保存】命令，保存模型场景。

Step 07 参照图 12-39 所示，继续切割形体。

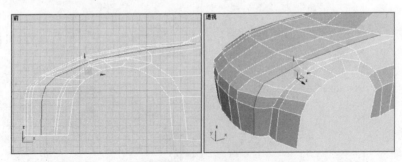

图 12-39　切割形体 4

Step 08 参照图 12-40 所示，继续切割形体。

Step 09 进入顶点子对象层级，参照图 12-41 所示，逐步调整顶点的位置。

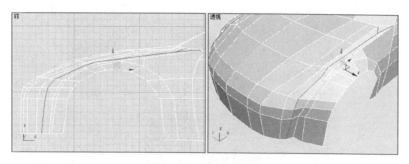

图 12-40 切割形体 5

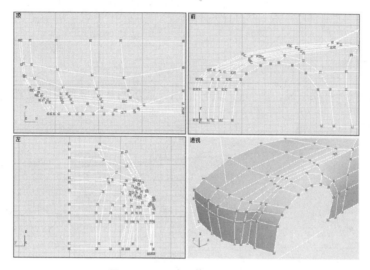

图 12-41 逐步调整顶点的位置 3

12.1.3 划分出前车灯

Step 01 单击【编辑几何体】面板中的 切割 按钮，参照图 12-42 所示，切割形体。

Step 02 进入顶点子对象层级，参照图 12-43 所示，逐步调整顶点的位置，使面块凹陷，形成车灯。

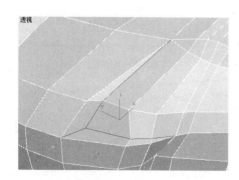

图 12-42 切割形体

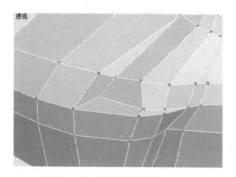

图 12-43 调整顶点的位置

Step 03 现在，前脸的状态如图 12-44 所示。

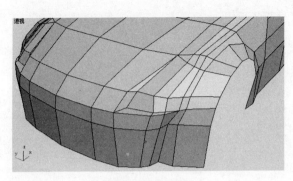

图 12-44　前脸状态

12.1.4　细分车顶

Step 01　进入顶点子对象层级，参照图 12-45 所示，逐步调整尾部顶点的位置。

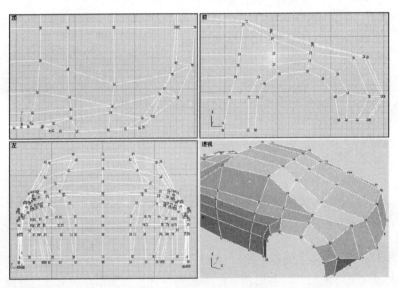

图 12-45　调整尾部顶点的位置 1

Step 02　单击【编辑几何体】面板中的 ___切割___ 按钮，参照图 12-46 所示，切割形体。

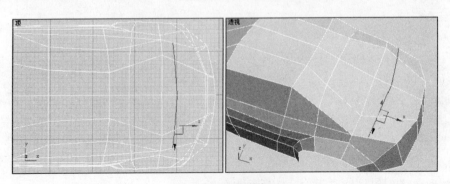

图 12-46　切割形体 1

Step 03 单击【编辑几何体】面板中的 ⬚切割⬚ 按钮，参照图 12-47 所示切割形体。

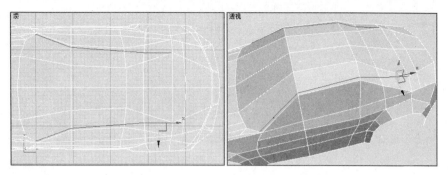

图 12-47　切割形体 2

Step 04 单击【编辑几何体】面板中的 ⬚切割⬚ 按钮，参照图 12-48 所示，切割形体。

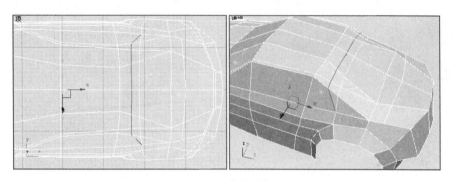

图 12-48　切割形体 3

Step 05 参照图 12-49 所示，继续切割形体。

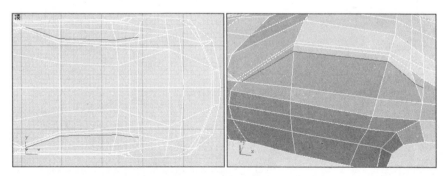

图 12-49　切割形体 4

Step 06 单击【选择】面板中的 ⬧ 按钮，进入边子对象层级，选择图 12-50 所示的边，按下键盘上的 Backspace 键将其移除。

Step 07 单击【选择】面板中 ·· 的按钮，进入顶点子对象层级，选择如图 12-52 所示的多余的点，按下键盘上的 Backspace 键将其移除。

Step 08 单击【选择】面板中的 ⬧ 按钮，进入边子对象层级，选择如图 12-53 所示的边。

Step 09 单击【编辑边】面板中 ⬚连接⬚ 右侧的 □ 按钮，弹出【连接边】对话框，将【分段】值修改为 "1"。然后单击 ⬚确定⬚ 按钮，连接后的效果如图 12-54 所示。

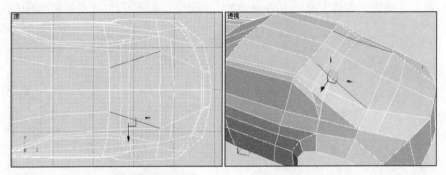

图 12-50　选择边 1

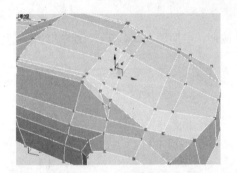

图 12-51　选择顶点 1

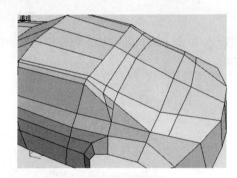

图 12-52　移除后的效果

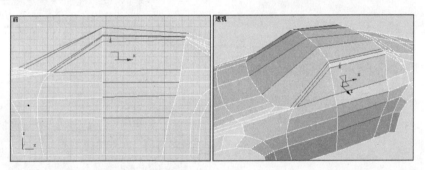

图 12-53　选择边 2

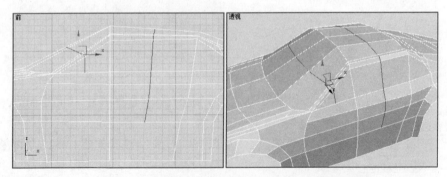

图 12-54　连接后的效果

Step 10　进入顶点子对象层级，参照图 12-55 所示，调整顶点的位置，使车顶更加圆滑饱满。

Step 11　现在，多边形的状态如图 12-56 所示。

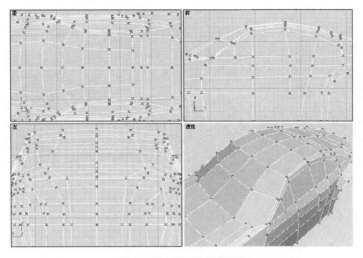

图 12-55 调整顶点的位置

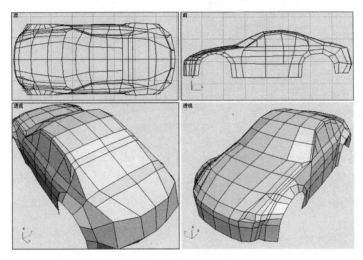

图 12-56 模型状态

12.1.5 细分尾部

Step 01 单击【编辑几何体】面板中的 **切割** 按钮，参照图 12-57 所示，切割形体。

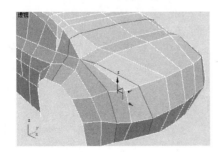

图 12-57 切割形体 1

图 12-58 切割形体 2

Step 02 进入顶点子对象层级，参照图 12-59 所示，逐步调整顶点的位置，使尾部更饱满。

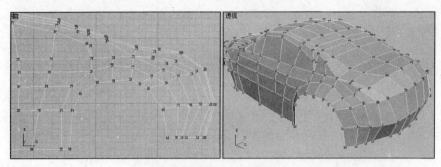

图 12-59　调整顶点的位置 1

Step 03　现在，汽车尾部的状态图 12-60 所示。

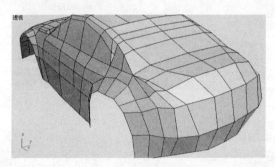

图 12-60　汽车尾部状态 1

Step 04　单击【选择】面板中的◁按钮，进入边子对象层级，选择如图 12-61 所示的边。

Step 05　单击【编辑边】面板中 连接 右侧的□按钮，弹出【连接边】对话框，将【分段】值修改为 "3"，然后单击 确定 按钮，连接后的效果如图 12-62 所示。

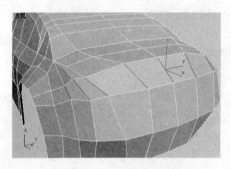

图 12-61　选择边 1

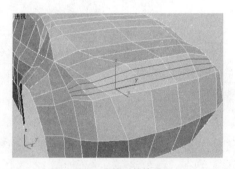

图 12-62　连接后的效果 1

Step 06　选择如图 12-63 所示的边，单击【编辑边】面板中 连接 右侧的□按钮，弹出【连接边】对话框，将【分段】值修改为 "2"，然后单击 确定 按钮。连接后的效果如图 12-64 所示。

Step 07　选择如图 12-65 所示的边，单击【编辑边】面板中 连接 右侧的□按钮，弹出【连接边】对话框，将【分段】值修改为 "2"，然后单击 确定 按钮，连接后的效果如图 12-66 所示。

Step 08　进入顶点子对象层级，参照图 12-67 所示，逐步调整顶点的位置，使尾部更饱满。

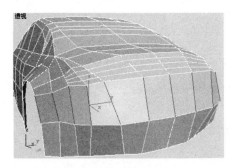

图 12-63　选择边 2

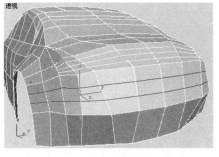

图 12-64　连接后的效果 2

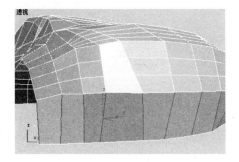

图 12-65　选择边 3

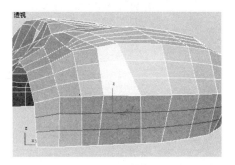

图 12-66　连接后的效果 3

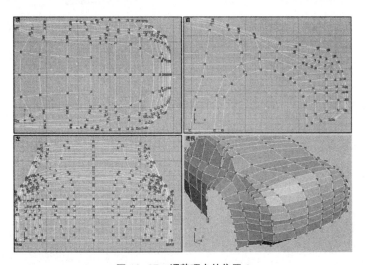

图 12-67　调整顶点的位置 2

Step 09 现在，汽车尾部的状态如图 12-68 所示。

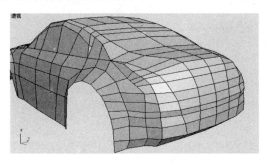

图 12-68　汽车尾部状态 2

12.1.6 处理轮包

Step 01 进入修改命令面板，单击【选择】面板中的 ◁ 按钮，进入边子对象层级，选择如图 12-69 所示的边。

Step 02 单击【选择】面板中的 循环 按钮，选择如图 12-70 所示的边。

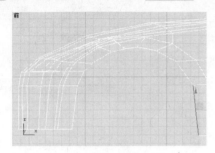

图 12-69 选择边

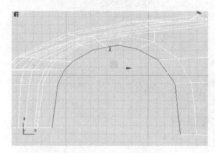

图 12-70 循环选择

Step 03 单击主工具栏中的 ▣（旋转并均匀缩放）按钮，按住 Shift 键复制并缩放边，效果如图 12-71 所示。

Step 04 单击主工具栏中的 ✛（选择并移动）按钮，沿 y 轴向下微移选中的边，效果如图 12-72 所示。

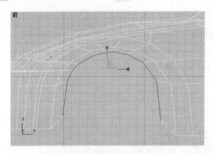

图 12-71 复制并缩放边

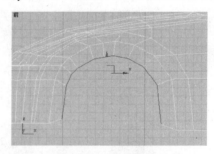

图 12-72 微移选中的边

Step 05 进入顶点子对象层级，参照图 12-73 所示，逐步调整顶点的位置。

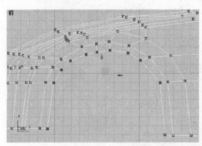

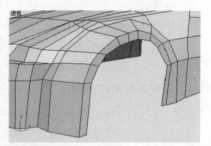

图 12-73 调整顶点的位置 1

Step 06 单击【选择】面板中的 ◁ 按钮，进入边子对象层级，选择如图 12-74 所示的边。

Step 07 切换到顶视图，单击主工具栏中的 ✛（选择并移动）按钮，按住 Shift 键，沿 y 轴向上复制并移动边，复制后的效果如图 12-75 所示。

Step 08 现在，汽车前轮包的状态如图 12-76 所示。

Step 09 以相同的方式处理后轮包，其效果如图 12-77 所示。

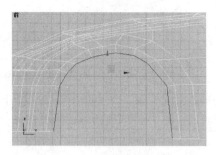

图 12-74　选中边

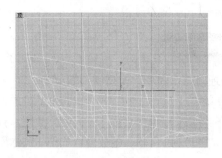

图 12-75　复制并移动边

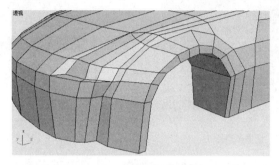

图 12-76　汽车前轮包状态

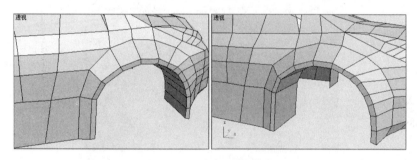

图 12-77　汽车后轮包状态

Step 10 进入顶点子对象层级，逐步微调顶点的位置，使形态更准确。现在汽车整体形态如图 12-78 所示。

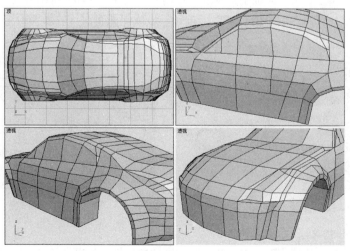

图 12-78　调整顶点的位置 2

12.1.7 细化形体

下面通过挤出命令为模型增加细节。

Step 01 单击【选择】面板中的 ■ 按钮，进入多边形子对象层级，选择如图 12-79 所示的多边形。

Step 02 单击【编辑多边形】面板中 挤出 右侧的 □ 按钮，弹出【挤出多边形】对话框，将【挤出高度】值修改为"−5"。参数设置如图 12-80 所示。

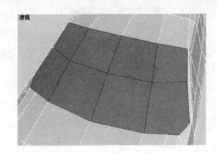

图 12-79 选择多边形 1

图 12-80 【挤出多边形】对话框

Step 03 然后单击 确定 按钮，形成前挡风玻璃，如图 12-81 所示。

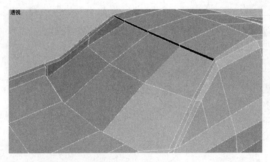

图 12-81 前挡风玻璃

Step 04 选择如图 12-82 所示的多边形。

Step 05 单击【编辑多边形】面板中 挤出 右侧的 □ 按钮，弹出【挤出多边形】对话框，将【挤出高度】值修改为"−5"。然后单击 确定 按钮，形成侧面车窗，效果如图 12-83 所示。

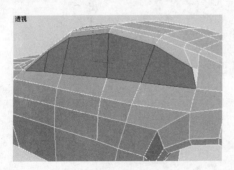

图 12-82 选择多边形 2

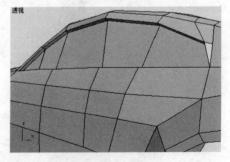

图 12-83 侧面车窗

Step 06 选择如图 12-84 所示的多边形。

Step 07 单击【编辑多边形】面板中 挤出 右侧的 □ 按钮，弹出【挤出多边形】对话框，将【挤出高度】值修改为"–5"。然后单击 确定 按钮，形成后面车窗，效果如图 12-85 所示。

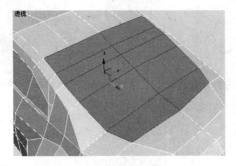
图 12-84　选择多边形 3

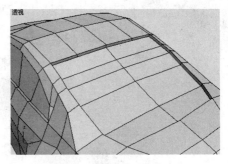
图 12-85　后面车窗

Step 08 选择整个对象，在视图中单击右键，在弹出的快捷菜单中选择【转换为】/【转换为可编辑多边形】命令，将对象转换为多边形进行编辑。

Step 09 单击【选择】面板中的 ■ 按钮，进入多边形子对象层级，选择如图 12-86 所示的多边形。按下键盘上的 Delete 键将其删除。

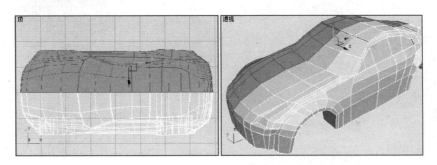
图 12-86　选择多边形并删除

Step 10 单击 ⚙ 按钮，进入修改面板，单击 修改器列表 ▾ 后的 ■ 按钮，在弹出的下拉列表中选择【对称】修改器。点选【Y】选项，并勾选【翻转】选项。

Step 11 单击【选择】面板中的 ⬦ 按钮，进入边子对象层级，选择如图 12-87 所示的边。

Step 12 单击【编辑边】面板中 连接 右侧的 ■ 按钮，弹出【连接边】对话框，将【分段】值修改为"1"、【滑块】值修改为"–40"，然后单击 确定 按钮，连接后的效果如图 12-88 所示。

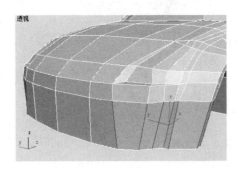
图 12-87　选择边 1

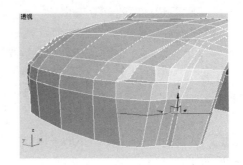
图 12-88　连接后的效果 1

Step 13 单击【选择】面板中的 ⠂ 按钮，进入顶点子对象层级，参照图 12-89（b）所示，调整顶点的位置，效果如图 12-89（b）所示。

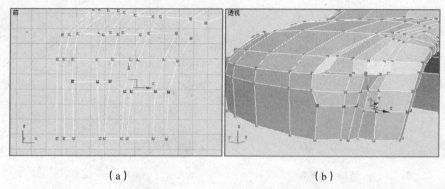

（a） （b）

图 12-89 调整顶点的位置

Step 14 单击【编辑几何体】面板中的 切割 按钮，参照图 12-90 所示，切割形体。

Step 15 参照图 12-91 所示，调整顶点的位置，效果如图 12-91 所示。

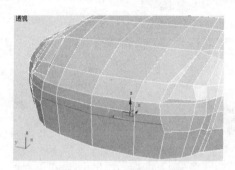 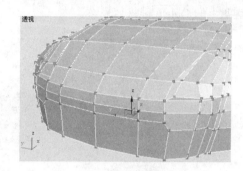

图 12-90 选择边 2 图 12-91 连接后的效果 2

Step 16 单击【选择】面板中的■按钮，进入多边形子对象层级，选择如图 12-92 所示的多边形。

Step 17 单击【编辑多边形】面板中 挤出 右侧的□按钮，弹出【挤出多边形】对话框，将【挤出高度】值修改为 "-5"。然后单击 确定 按钮，效果如图 12-93 所示。

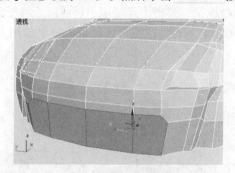 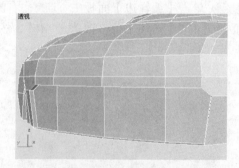

图 12-92 选择多边形 4 图 12-93 挤出效果 1

Step 18 选择如图 12-194 所示的多边形。按下键盘上的 Delete 键将其删除。删除后的效果如图 12-95 所示。

Step 19 选择如图 12-96 所示的多边形。单击【编辑几何体】面板中的 切片平面 按钮，切片平面 Gizmo 位置如图 12-97 所示。

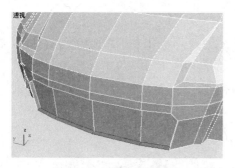

图 12-94　选择多边形 5

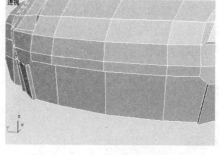

图 12-95　删除后的效果

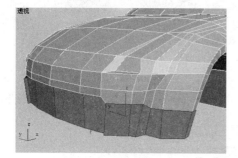

图 12-96　选择多边形 6

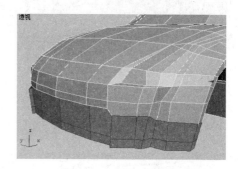

图 12-97　Gizmo 位置

Step 20　再单击下面的　　切片　　按钮，切片后的效果如图 12-98 所示。

Step 21　选择如图 12-99 所示的多边形。

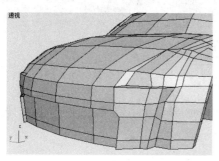

图 12-98　切片后的效果

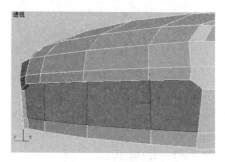

图 12-99　选择多边形 7

Step 22　单击【编辑多边形】面板中　挤出　右侧的□按钮，弹出【挤出多边形】对话框，将【挤出高度】值修改为 "-15"。然后单击　确定　按钮，效果如图 12-100 所示。

Step 23　现在汽车前脸的效果如图 12-101 所示。

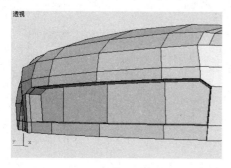

图 12-100　挤出后的效果

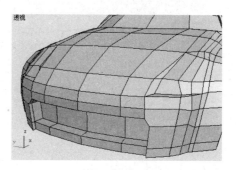

图 12-101　汽车前脸效果

Step 24 选择如图 12-102 所示的多边形。

Step 25 单击【编辑多边形】面板中 挤出 右侧的□按钮，弹出【挤出多边形】对话框，将【挤出高度】值修改为"-15"。然后单击 确定 按钮，效果如图 12-103 所示。

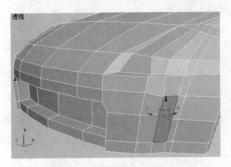

图 12-102 选择多边形 8

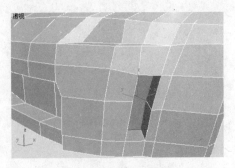

图 12-103 挤出效果 2

Step 26 保持多边形的选择状态，单击主工具栏中的 ✛（选择并移动）按钮，在顶视图微调位置，如图 12-104 所示。

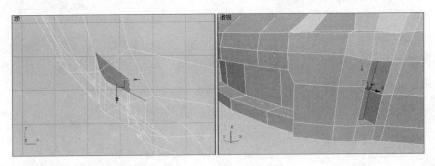

图 12-104 微调多边形位置

Step 27 选择整个对象，在视图中单击右键，在弹出的快捷菜单中选择【转换为】/【转换为可编辑多边形】命令，将对象转换为多边形进行编辑。

Step 28 选择如图 12-105 所示的多边形。

Step 29 单击【编辑多边形】面板中 倒角 右侧的□按钮，弹出【倒角多边形】对话框，如图 12-106 所示。将【挤出高度】值修改为"-15"。

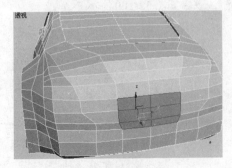

图 12-105 选择多边形 9

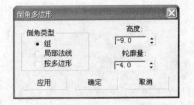

图 12-106 【倒角多边形】对话框

Step 30 然后单击 确定 按钮，效果如图 12-107 所示。

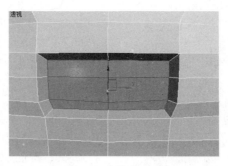

图 12-107　倒角多边形效果

Step 31 保持多边形的选择状态，单击主工具栏中的 ■（旋转并均匀缩放）按钮，在顶视图锁定 y 轴进行缩放，效果如图 12-108 所示。

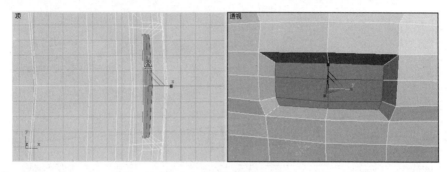

图 12-108　微缩多边形效果

12.1.8　划分车门

下面划分出车门。

Step 01 选择如图 12-109 所示的多边形，单击【编辑几何体】面板中的 切片平面 按钮，切片平面 Gizmo 位置如图 12-110 所示。

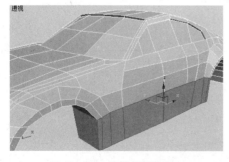

图 12-109　选择多边形 1

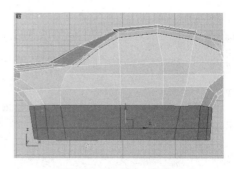

图 12-110　Gizmo 位置

Step 02 再单击下面的 切片 按钮，切片后的效果如图 12-111 所示。

Step 03 参照图 12-112 所示，再次切片。

Step 04 单击【选择】面板中的 ⋅⋅ 按钮，进入顶点子对象层级，参照图 12-113 所示，调整顶点的位置，效果如图 12-113 所示。

Step 05 单击【编辑几何体】面板中的 切割 按钮，参照图 12-114 所示，切割形体。

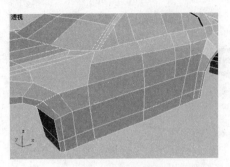

图 12-111　切片后的效果

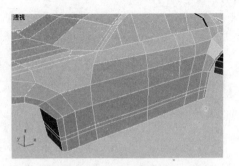

图 12-112　再次切片

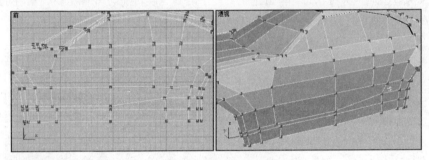

图 12-113　调整顶点的位置 1

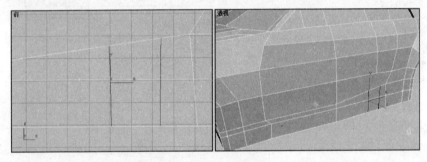

图 12-114　切割形体

Step 06　参照图 12-115 所示，调整顶点的位置。

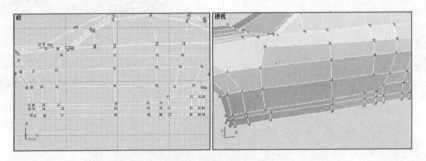

图 12-115　调整顶点的位置 2

Step 07　单击【选择】面板中的 ◁ 按钮，进入边子对象层级，选择如图 12-116 所示的边，按下键盘上的 Backspace 键将其移除。

Step 08　单击【选择】面板中的 ⸱⸱ 按钮，进入顶点子对象层级，选择如图 12-117 所示的多余的点，按下键盘上的 Backspace 键将其移除。

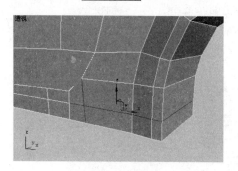

图 12-116　移除边

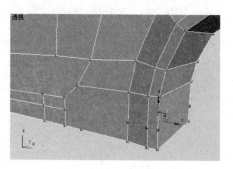

图 12-117　移除点

Step 09　选择如图 12-118 所示的顶点。

Step 10　在前视图中沿 y 轴向上移动到靠近上一个顶点，如图 12-119 所示。

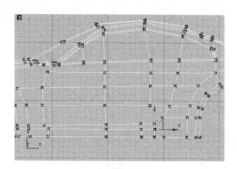

图 12-118　选择顶点 1

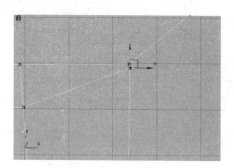

图 12-119　选择顶点 2

Step 11　选择如图 12-120 所示的两个顶点，单击【编辑顶点】面板中 焊接 右侧的 ▢ 按钮，弹出【焊接顶点】对话框，将【焊接阈值】的值修改为 "2"。然后单击 确定 按钮，将两个顶点焊接为一个。焊接效果如图 12-121 所示。

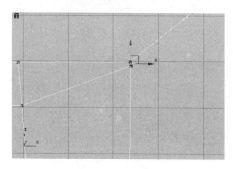

图 12-120　选择顶点 3

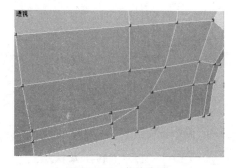

图 12-121　焊接效果

12.1.9　创建轮胎

Step 01　单击 🖉 / ◉ / 管状体 按钮，在前视图中创建一个【半径 1】、【半径 2】、【高度】值分别为 "45"、"43"、"55"，【分段】分别为："1"、"1"，【边数】分别为 "18" 的管状体。取消勾选【平滑】选项，参数设置如图 12-122 所示。

Step 02 右键单击主工具栏中的 ↻（旋转并旋转）按钮，在弹出的【旋转变换输入】对话框中，将【绝对：世界】的【Y】选项值设置为"10"，透视图状态如图 12-123 所示。

图 12-122 【参数】设置面板 1

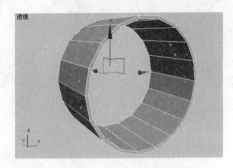

图 12-123 透视图状态

Step 03 单击 ◈ / ◉ / 管状体 按钮，在前视图中创建一个【半径 1】、【半径 2】、【高度】值分别为"15"、"5"、"10"，【分段】分别为"1"、"1"，【边数】分别为"6"的管状体。取消勾选【平滑】选项，参数设置如图 12-124 所示。

Step 04 右键单击主工具栏中的 ↻（旋转并旋转）按钮，在弹出的【旋转变换输入】对话框中，将【绝对：世界】的【Y】选项值设置为"30"。

Step 05 单击主工具栏中的 ↻（选择并旋转）按钮，参照图 12-125 所示，将两个对象对齐。

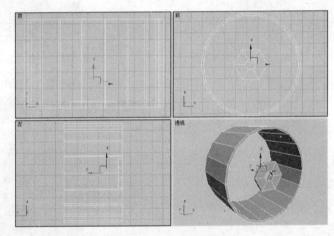

图 12-124 【参数】设置面板 2

图 12-125 对齐效果

Step 06 选择两个对象，在视图中单击右键，在弹出快捷的菜单中选择【转换为】/【转换为可编辑多边形】命令，将对象转换为多边形。

Step 07 选择较大的管状体对象，单击【选择】面板中的 ◁ 按钮，进入边子对象层级，选择如图 12-126 所示的边。

Step 08 单击【编辑几何体】面板中的 切片平面 按钮，在顶视图调整切片平面 Gizmo 位置，如图 12-127 所示。再单击下面的 切片 按钮。

Step 09 再将切面平面 Gizmo 沿 y 轴向上移动 4 个单位，再次单击下面的 切片 按钮。

Step 10 切片后的效果如图 12-128 所示。

Step 11 单击【编辑几何体】面板中的 附加 按钮，将另外一个较小的管状体附加为一个整体。

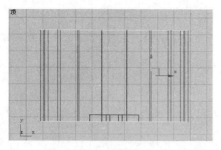

图 12-126 选择边 1

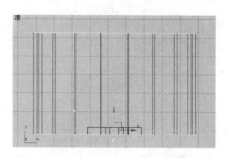

图 12-127 切面平面 Gizmo 位置

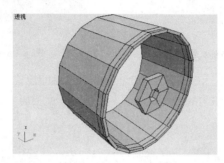

图 12-128 切片后的效果

Step 12 单击【选择】面板中的 ■ 按钮，进入多边形子对象层级，按住键盘上的 Ctrl 键，选择如图 12-129 所示的两个多边形。

Step 13 在【编辑多边形】展卷帘中单击 桥 右侧的□按钮，弹出【跨越多边形】对话框，修改【分段】为"2"，单击 确定 按钮。桥接后的效果如图 12-130 所示。

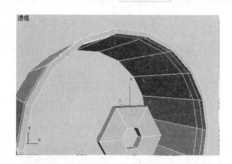

图 12-129 选择多边形 1

图 12-130 桥接后的效果 1

Step 14 选择如图 12-131 所示的两个多边形。在【编辑多边形】展卷帘中单击 桥 右侧的□按钮，弹出【跨越多边形】对话框，修改【分段】为"2"，单击 确定 按钮。桥接后的效果如图 12-132 所示。

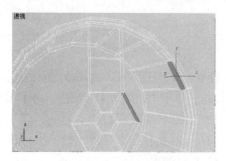

图 12-131 选择多边形 2

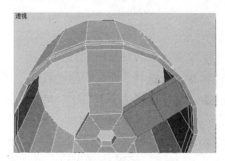

图 12-132 桥接后的效果 2

Step 15 以相同方式处理其他轮辐。效果如图 12-133 所示。

Step 16 单击【选择】面板中的 ··· 按钮，进入顶点子对象层级，选择如图 12-134 所示的点。

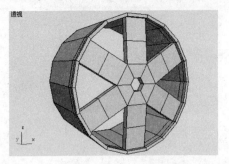

图 12-133　桥接效果

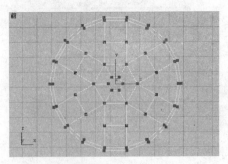

图 12-134　选择点 1

Step 17 参照图 12-135 所示，在透视图中沿 y 轴调整顶点的位置。

Step 18 完成后的效果如图 12-136 所示。

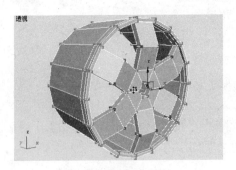

图 12-135　调整顶点位置 1

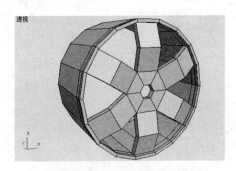

图 12-136　调整后的效果

Step 19 选择如图 12-137 所示的的点。参照图 12-138 所示，在顶视图中沿 y 轴调整顶点的位置。

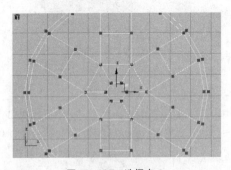

图 12-137　选择点 2

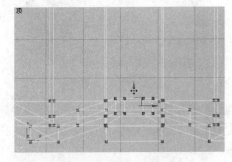

图 12-138　调整顶点位置 2

Step 20 完成后的效果如图 12-139 所示。

Step 21 单击【选择】面板中的 ◁ 按钮，进入边子对象层级，选择如图 12-140 所示的边。

Step 22 单击【编辑边】面板中　切角　右侧的 □ 按钮，弹出【切角边】对话框，将【切角量】值修改为 "0.2"，然后单击　确定　按钮。切角后的效果如图 12-141 所示。

Step 23 单击 ✔ 按钮，进入修改面板，单击 修改器列表 ▾ 后的 ■ 按钮，在弹出的下拉列表中选择【涡轮平滑】修改器。将【迭代次数】值修改为 "2"。平滑后的效果如图 12-142 所示。

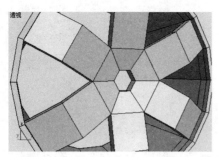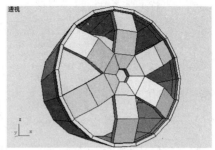

图 12-139　完成后的效果

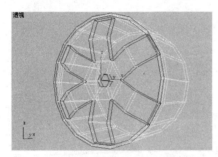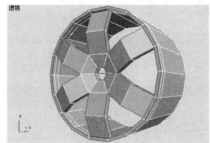

图 12-140　选择边 2

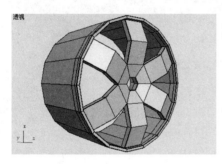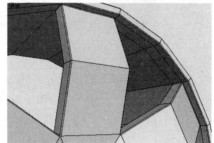

图 12-141　切角后的效果

Step 24 以相同方式创建出轮胎的其他部件，如图 12-143 所示。创建方式非常简单，这里就不再赘述。

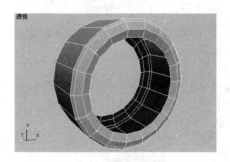

图 12-142　平滑后的效果　　　　　　图 12-143　创建轮胎

Step 25 此时轮胎的模型状态如图 12-144 所示。整个汽车的模型状态如图 12-145 所示。

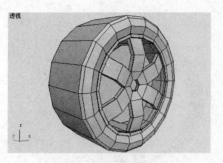

图 12-144 轮胎的模型状态

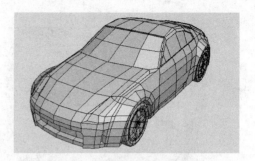

图 12-145 整个汽车的模型状态

12.1.10 拆分形体

下面将多边形对象按部件拆分为单个对象。

Step 01 单击【选择】面板中的 ■ 按钮，进入多边形子对象层级，选择如图 12-146 所示的多边形。

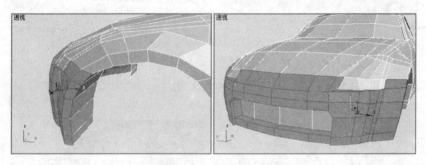

图 12-146 选择多边形 1

Step 02 单击【编辑几何体】面板中的 分离 按钮，以"前保险杠"为名分离多边形。

Step 03 选择"前保险杠"对象，在视图中单击右键，在弹出的快捷菜单中选择【转换为】/【转换为可编辑多边形】命令，再将对象转换为多边形进行编辑。

Step 04 选择分离出来的"前保险杠"对象，在视图中单击右键，在弹出的快捷菜单中选择【孤立当前选择】，进入孤立模式来编辑对象。

Step 05 单击【选择】面板中的 ⬧ 按钮，进入边子对象层级，选择如图 12-147 所示的边。

Step 06 单击【编辑边】面板中 挤出 右侧的 □ 按钮，弹出【挤出边】对话框，将【挤出高度】值修改为"-10"，将【挤出基面宽度】值修改为"0"。然后单击 确定 按钮，挤出后的效果如图 12-148 所示。

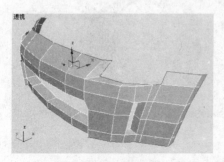

图 12-147 进入孤立模式 1

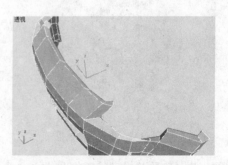

图 12-148 选择边界 1

Step 07 单击【选择】面板中的 ◁ 按钮，进入边子对象层级，选择如图 12-149（a）所示的边。

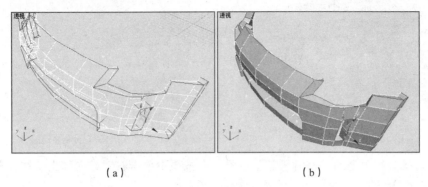

（a）　　　　　　　　　　　（b）

图 12-149　选择边 1

Step 08 单击【编辑边】面板中 切角 右侧的 □ 按钮，弹出【切角边】对话框，将【切角量】值修改为 "0.2"，然后单击 确定 按钮。切角后的效果如图 12-150 所示。

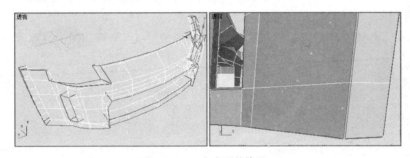

图 12-150　切角后的效果 1

Step 09 单击 ◢ 按钮，进入修改面板，单击 修改器列表 ▾ 后的 ■ 按钮，在弹出的下拉列表中选择【涡轮平滑】修改器。将【迭代次数】值修改为 "2"。平滑后的效果如图 12-151 所示。

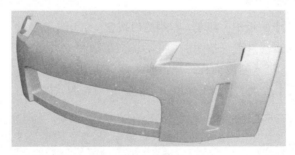

图 12-151　平滑后的效果 1

Step 10 单击 退出孤立模式 按钮，退出孤立模式。

Step 11 单击【选择】面板中的 ■ 按钮，进入多边形子对象层级，选择如图 12-152 所示的多边形。

Step 12 单击【编辑几何体】面板中的 分离 按钮，以 "前引擎盖" 为名分离多边形。效果如图 12-153 所示。

Step 13 选择 "前引擎盖" 对象，在视图中单击右键，在弹出的快捷菜单中选择【转换为】/【转换为可编辑多边形】命令，再将对象转换为多边形进行编辑。

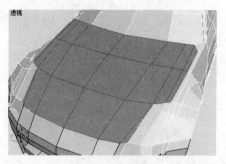

图 12-152 选择多边形 2

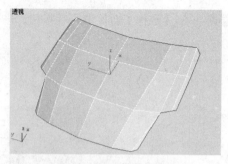

图 12-153 分离多边形

Step 14 选择分离出来的"前引擎盖"对象，在视图中单击右键，在弹出的快捷菜单中选择【孤立当前选择】，进入孤立模式来编辑对象。

Step 15 单击【选择】面板中的 ◁ 按钮，进入边子对象层级，选择如图 12-154 所示的边。

Step 16 单击【编辑边】面板中 挤出 右侧的 □ 按钮，弹出【挤出边】对话框，将【挤出高度】值修改为"-10"，将【挤出基面宽度】值修改为"0"。然后单击 确定 按钮，挤出后的效果如图 12-154 所示。

Step 17 单击【选择】面板中的 ◁ 按钮，进入边子对象层级，选择如图 12-155 所示的边。

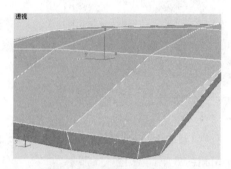

图 12-154 进入孤立模式 2

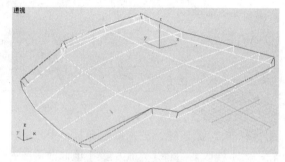

图 12-155 选择边界 2

Step 18 单击【编辑边】面板中 切角 右侧的 □ 按钮，弹出【切角边】对话框，将【切角量】值修改为"0.2"，然后单击 确定 按钮。切角后的效果如图 12-156 所示。

Step 19 单击 ☑ 按钮，进入修改面板，单击 修改器列表 ▼ 后的 ■ 按钮，在弹出的下拉列表中选择【涡轮平滑】修改器。将【迭代次数】值修改为"2"。平滑后的效果如图 12-157 所示。

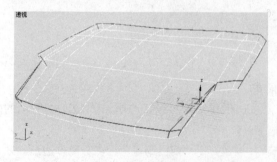

图 12-156 切角后的效果 2

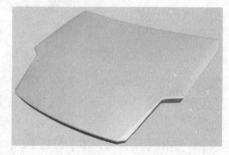

图 12-157 平滑后的效果 2

Step 20 单击 退出孤立模式 按钮，退出孤立模式。

Step 21 单击【选择】面板中的 ■ 按钮，进入多边形子对象层级，选择如图 12-158 所示的多边形。

Step 22　单击【编辑几何体】面板中的　分离　按钮，以"车门"为名分离多边形。

Step 23　选择"车门"对象，在视图中单击右键，在弹出的快捷菜单中选择【转换为】/【转换为可编辑多边形】命令，再将对象转换为多边形进行编辑。

Step 24　选择分离出来的"车门"对象，在视图中单击右键，在弹出的快捷菜单中选择【孤立当前选择】，进入孤立模式来编辑对象。

Step 25　单击【选择】面板中的 ◁ 按钮，进入边子对象层级，选择如图 12-159 所示的边，按下键盘上的 Backspace 键将其移除。

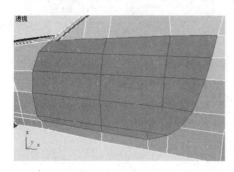
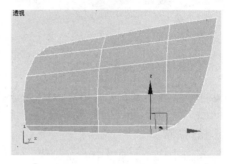

图 12-158　选择多边形 3　　　　　　　　　图 12-159　选择边 2

Step 26　单击【选择】面板中的 ·· 按钮，进入顶点子对象层级，选择如图 12-160 所示的多余的点，按下键盘上的 Backspace 键将其移除。移除后的效果如图 12-161 所示。

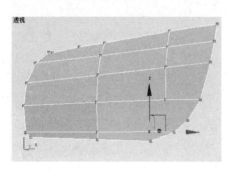
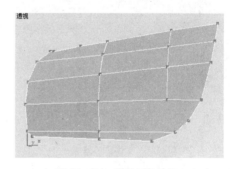

图 12-160　选择点　　　　　　　　　　图 12-161　移除后的效果

Step 27　单击【选择】面板中的 ■ 按钮，进入多边形子对象层级，选择如图 12-162 所示的多边形。

Step 28　单击主工具栏中的 ↻（旋转并旋转）按钮，在透视图中沿 x 轴旋转一定的角度。效果如图 12-163 所示。

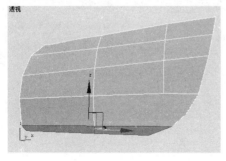
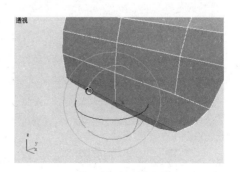

图 12-162　选择多边形 4　　　　　　　　图 12-163　旋转后的效果 1

Step 29 旋转后的效果如图 12-164 所示。

Step 30 单击【选择】面板中 ◐ 按钮，进入边界子对象层级，选择如图 12-165 所示的边界。

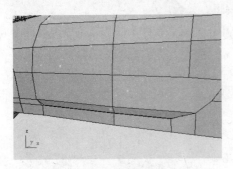

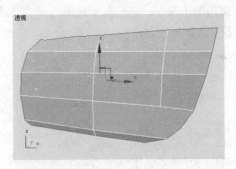

图 12-164 旋转后的效果 2

图 12-165 选择边界 3

Step 31 单击【编辑边界】面板中 挤出 右侧的□按钮，弹出【挤出边】对话框，将【挤出高度】值修改为 "-10"，将【挤出基面宽度】值修改为 "0"。然后单击 确定 按钮，挤出后的效果如图 12-165 所示。

Step 32 单击【选择】面板中的 ◁ 按钮，进入边子对象层级，选择如图 12-166 所示的边。

Step 33 单击【编辑边】面板中 切角 右侧的□按钮，弹出【切角边】对话框，将【切角量】值修改为 "0.2"，然后单击 确定 按钮，切角后的效果如图 12-167 所示。

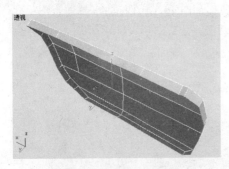

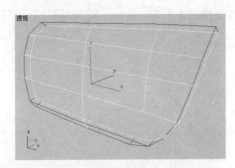

图 12-166 挤出后的效果

图 12-167 选择边 3

Step 34 单击 ✍ 按钮，进入修改面板，单击 修改器列表 ▾ 后的 ▦ 按钮，在弹出的下拉列表中选择【涡轮平滑】修改器。将【迭代次数】值修改为 "2"。平滑后的效果如图 12-168 所示。

Step 35 其他部件的处理方式相同，这里就不再赘述，最终效果如图 12-169 所示。

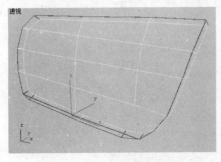

图 12-168 切角后的效果 3

图 12-169 平滑后的效果 3

Step 36 增加【涡轮平滑】修改器后的平滑效果如图 12-170 所示。

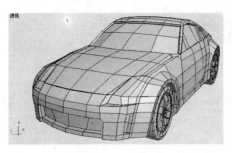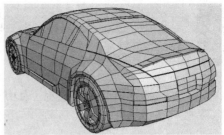

图 12-170　最终效果

Step 37　选择菜单栏中的【文件】/【保存】命令，将场景另存为"12_汽车.max"文件。将此场景的线架文件以相同名字保存在本书附盘的"Scenes\12"目录中。

Step 38　简单渲染效果如图 12-171 所示。添加材质后的最终渲染效果如图 12-172 所示。

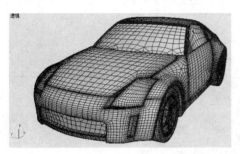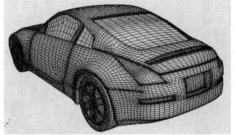

图 12-171　平滑效果

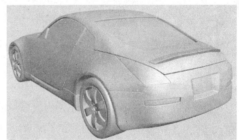

图 12-172　简单渲染效果

图 12-173　最终渲染效果

小结

本章详细讲解了一辆汽车的建模过程，其中涉及常用的多边形建模技术，希望读者仔细体会，并灵活运用。

习题

利用本章所介绍的内容，参照图 12-174 所示创建自行车的模型，此场景的线架文件以"12_自行车.max"为名保存在本书附盘的"习题"目录下。

图 12-174　自行车